动物疫病净化效应的经济学评估

张　锐◎著

Economic Evaluation on the Purification Effect of Animal Diseases

U0226338

经济管理出版社

ECONOMY & MANAGEMENT PUBLISHING HOUSE

图书在版编目（CIP）数据

动物疫病净化效果的经济学评估/张锐著.—北京：经济管理出版社，2021.2
ISBN 978 - 7 - 5096 - 7754 - 4

Ⅰ.①动…　Ⅱ.①张…　Ⅲ.①兽疫—防疫—评估　Ⅳ.①S851.3 - 34

中国版本图书馆 CIP 数据核字（2021）第 031096 号

组稿编辑：王格格
责任编辑：赵天宇
责任印制：黄章平
责任校对：董杉珊

出版发行：经济管理出版社
　　　　　（北京市海淀区北蜂窝 8 号中雅大厦 A 座 11 层　100038）
网　　址：www. E - mp. com. cn
电　　话：（010）51915602
印　　刷：唐山昊达印刷有限公司
经　　销：新华书店
开　　本：720mm × 1000mm/16
印　　张：15.5
字　　数：269 千字
版　　次：2021 年 2 月第 1 版　　2021 年 2 月第 1 次印刷
书　　号：ISBN 978 - 7 - 5096 - 7754 - 4
定　　价：88.00 元

前　言

2012 年，国务院出台的《国家中长期动物疫病防治规划（2012—2020 年)》明确提出要有效控制重大动物疫病，净化种畜禽主要疫病。其中，在净化种畜禽主要疫病中要求，积极引导和扶持种畜禽企业进行疫病净化，到 2020 年对 16 种动物疫病逐步进行控制、净化和消除，并争取实现全国所有种鸡场和种猪场达到净化标准。基于上述背景，本书以规模化养鸡场为研究对象，禽白血病和鸡白痢为具体净化的病种，通过研究分析疫病净化所产生的经济影响和社会影响，比较已净化养鸡场与未净化养鸡场之间的差异，其结论可以为养鸡场提供相应的实践参考，还能为国家相关部门提供决策支持。

对此，本书通过使用全国 297 个规模化养鸡场 2011～2015 年的调查数据，利用固定效应模型、随机效应模型、处理效应模型、成本收益分析、双重差分分析、倾向得分 + 双重差分分析、随机前沿分析等方法，发现疫病净化对养鸡场产生了诸多方面的影响。另外，本书还对美国家禽改良计划进行了梳理，从而形成对我国的经验借鉴。具体总结如下：

第一，实施疫病净化可以有效降低养鸡场鸡群的死亡率，平均下降了0.4%。通过分析疫病净化对不同养殖规模鸡群死亡率的影响，发现饲养规模为3.44 万～13.24 万只的效果最优。通过比较净化不同病种对各个鸡群健康指标的影响，发现养鸡场开展禽白血病净化更多地影响成年鸡的健康，而开展鸡白痢净化对雏鸡的影响最为突出。此外，疫病净化可以提升鸡群的后代繁育能力。已净化养鸡场的日最高产蛋率、种蛋合格率、种蛋受精率、受精蛋孵化率分别比未净化养鸡场的高 1.091 个、1.090 个、0.892 个、0.528 个百分点。

第二，养鸡场开展鸡白痢净化抗生素费用并未有明显降幅，但开展禽白血病净化以及同时开展两种疫病净化的养鸡场抗生素费用有了明显下降。就疫病净化对不同代次养鸡场抗生素使用的影响来看，祖代及以上养鸡场的净化效果最优，商品代养鸡场次之，混合代养鸡场最差。处在不同的净化阶段，抗生素费用削减的程度也不尽相同。在疫病净化的初期（前三年），禽白血病的净化效果较为突出，中后期（三年后）鸡白痢的净化效果更为优异。

第三，从总体收益的角度来看，已净化养鸡场的经济效益好于未净化养鸡场，蛋鸡场的净化效果优于肉鸡场，祖代及以上养鸡场的净化效果胜于其他代次的养鸡场。从单只鸡的净收益来看，疫病净化对单只肉鸡的利润影响大于蛋鸡，对混合代养鸡场单只鸡的利润影响大于其他代次。从不同年份的角度来看，仅有2011年未净化养鸡场的净收益及单只鸡净收益高于已净化场，其他年份均低于已净化场。

第四，养鸡场开展疫病净化后，每万只鸡的平均净收益比未净化养鸡场高大约4万元。开展疫病净化的第一年，养鸡场的净收益有了明显的增加，每万只鸡的净收益较净化之前平均增加了约4万元。但自疫病净化的第二年开始，这种增幅逐渐放缓且不明显。不过，一些坚持净化五年以上的养鸡场经济效益有了显著提升。

第五，疫病净化能够有效降低养鸡场的生产技术无效率，但实施不同病种的净化，其影响程度存在差异。具体来看，养鸡场开展鸡白痢以及其他疫病净化，可有效提高其生产技术效率，开展禽白血病净化虽也对生产效率产生了影响，但不显著；相比蛋鸡场而言，对肉鸡场生产技术效率的影响更大；区域之间一些病种的净化对养鸡场生产技术效率的影响表现也大不相同。

第六，美国家禽改良计划（NPIP）的顺利实施，为我国家禽疫病净化提供了可参考的范本。该计划执行后有效降低了鸡群患病概率，疫病防治成本大为下降，从而推动了家禽工业快速发展，使其占据全球市场的重要位置，保障了家禽产品的质量安全，增强了产业体系的竞争力。但是，我国在仿照美国NPIP的同时，需要紧密结合我国的国情、地方的实际情况以及兽医管理体制的改革，利用法律和经济的双重手段提高参与各方开展疫病净化的主动性。

通过上述分析，本书提出以下建议：①构建符合我国国情的净化模式，坚持分层实施，由易到难。②加大对动物疫病净化的宣传力度，让更多的规模化养鸡场甚至中小养鸡场（户）能充分认识到动物疫病净化的重要性，在结合自身实际条件的基础上，积极地开展疫病净化工作。③建立疫病净化的财政保障政策，加大对养鸡场的财政补贴力度，形成由政府牵头，各相关责任方共同承担的格局。④突出已净化养鸡的产品优势。利用市场机制和经济效益调动参与主体的积极性，确保企业在疫病净化上的投入和努力可以得到良好的经济回报和社会认可。⑤动物卫生部门积极与养鸡企业展开合作，了解企业落实政策的相关需求，努力为企业提供有关的技术配套，帮助企业制定符合自身特征的疫病净化方案。⑥结合养鸡场的具体特征和经营实际，有针对性、有重点地开展疫病净化工作。同时，养鸡场还需紧抓内部管理，加强行业内的联系与合作，以此实现全产业链的疫病净化。⑦需要国家制定相关的法律、法规推进动物疫病净化，淘汰落后的养鸡企业，并在时机成熟的情况下，逐步强制进行某些疫病的净化，从而实现我国预期的动物疫病净化目标。

　　本书的贡献在于拓展了已有动物卫生经济的理论边界，较为系统地评估了疫病净化对养鸡场产生的直接影响。传统的动物卫生经济分析主要从以下两个方面展开研究：一方面利用数据模拟的方式识别防控行为的影响；另一方面使用宏观数据或农户个体数据，通过核算其成本收益，探讨防控行为的可行性。目前，国内鲜有大量养殖企业（场）层面防控行为的调查研究。本书的价值在于：其一，增添了动物卫生经济的行为研究主体，采用大量企业样本数据展开分析；其二，从多个视角讨论防控行为的实际影响，即在原有的基础上使得研究思路更为多元化；其三，将多种经济计量分析方法引入，丰富了动物卫生经济的研究方法，推动了学科的更进一步发展。

　　希望本书的内容能起到抛砖引玉的作用，引起更多学者和业内人士的关注，重视疫病净化这项防控措施的价值，并进一步推广、采用这种方式，从而保障中国畜牧业的健康、长远发展。

目 录

第一章 引言 ⋯⋯⋯⋯⋯⋯⋯⋯⋯⋯⋯⋯⋯⋯⋯⋯⋯⋯ 1

    第一节 研究背景 ⋯⋯⋯⋯⋯⋯⋯⋯⋯⋯⋯⋯⋯⋯⋯ 1

    第二节 研究意义 ⋯⋯⋯⋯⋯⋯⋯⋯⋯⋯⋯⋯⋯⋯⋯ 5

    第三节 研究目标 ⋯⋯⋯⋯⋯⋯⋯⋯⋯⋯⋯⋯⋯⋯⋯ 6

    第四节 研究内容 ⋯⋯⋯⋯⋯⋯⋯⋯⋯⋯⋯⋯⋯⋯⋯ 7

    第五节 研究方法 ⋯⋯⋯⋯⋯⋯⋯⋯⋯⋯⋯⋯⋯⋯⋯ 9

    第六节 研究数据 ⋯⋯⋯⋯⋯⋯⋯⋯⋯⋯⋯⋯⋯⋯⋯ 10

    第七节 技术路线 ⋯⋯⋯⋯⋯⋯⋯⋯⋯⋯⋯⋯⋯⋯⋯ 11

    第八节 创新与不足 ⋯⋯⋯⋯⋯⋯⋯⋯⋯⋯⋯⋯⋯⋯ 12

第二章 理论基础与分析 ⋯⋯⋯⋯⋯⋯⋯⋯⋯⋯⋯⋯ 14

    第一节 概念界定 ⋯⋯⋯⋯⋯⋯⋯⋯⋯⋯⋯⋯⋯⋯⋯ 14

    第二节 理论基础 ⋯⋯⋯⋯⋯⋯⋯⋯⋯⋯⋯⋯⋯⋯⋯ 15

    第三节 理论分析 ⋯⋯⋯⋯⋯⋯⋯⋯⋯⋯⋯⋯⋯⋯⋯ 20

    第四节 本章小结 ⋯⋯⋯⋯⋯⋯⋯⋯⋯⋯⋯⋯⋯⋯⋯ 34

第三章 我国家禽养殖及疫病净化的现状分析 ⋯⋯⋯⋯ 35

    第一节 我国家禽养殖的现状分析 ⋯⋯⋯⋯⋯⋯⋯⋯ 35

    第二节 我国家禽疫病净化的现状分析 ⋯⋯⋯⋯⋯⋯ 43

    第三节 本章小结 ⋯⋯⋯⋯⋯⋯⋯⋯⋯⋯⋯⋯⋯⋯⋯ 51

第四章 疫病净化对养鸡场鸡群健康的影响分析 ⋯⋯⋯ 53

    第一节 疫病净化对养鸡场鸡群健康的影响机理 ⋯⋯ 54

第二节　疫病净化对鸡群病死率的影响 ……………………… 55

第三节　疫病净化对鸡群后代繁育的影响 …………………… 72

第四节　本章小结 …………………………………………… 82

第五章　疫病净化对养鸡场兽药使用的影响分析 ……………… 84

第一节　文献回顾 …………………………………………… 85

第二节　分析方法与指标 …………………………………… 86

第三节　不同病种净化对养鸡场抗生素使用的影响 ………… 92

第四节　不同病种净化对养鸡场抗生素使用的平均处理效应 … 98

第五节　不同病种净化对各个代次养鸡场抗生素使用的影响 … 99

第六节　不同净化时间对养鸡场抗生素使用的影响 ………… 100

第七节　本章小结 …………………………………………… 101

第六章　养鸡场开展疫病净化的成本收益分析 ………………… 103

第一节　文献回顾 …………………………………………… 104

第二节　分析指标与数据处理 ……………………………… 106

第三节　已净化与未净化养鸡场成本收益分析 …………… 107

第四节　不同特征已净化与未净化养鸡场成本收益分析 …… 110

第五节　不同特征已净化与未净化养鸡场单只鸡成本收益分析 … 112

第六节　本章小结 …………………………………………… 115

第七章　疫病净化对养鸡场净收益的影响分析 ………………… 116

第一节　文献回顾 …………………………………………… 116

第二节　疫病净化对养鸡场净收益的影响机理 …………… 118

第三节　分析方法与指标 …………………………………… 122

第四节　基于固定效应模型的估计结果 …………………… 128

第五节　基于双重差分模型的估计结果 …………………… 134

第六节　基于倾向性分值匹配＋双重差分模型的估计结果 … 138

第七节　本章小结 …………………………………………… 144

第八章　疫病净化对养鸡场生产效率的影响分析 ················· 146

　　第一节　文献回顾 ·· 146

　　第二节　疫病净化对养鸡场生产效率的影响机理 ··············· 148

　　第三节　分析方法与指标 ···································· 149

　　第四节　基于全部养鸡场的估计结果 ························· 155

　　第五节　基于不同类型养鸡场的估计结果 ····················· 161

　　第六节　基于不同地区养鸡场的估计结果 ····················· 162

　　第七节　本章小结 ·· 164

第九章　美国家禽疫病净化的实施方案及对我国的启示 ········· 166

　　第一节　执行背景 ·· 167

　　第二节　基本做法 ·· 168

　　第三节　实施成效 ·· 171

　　第四节　主要启示 ·· 175

　　第五节　本章小结 ·· 176

第十章　研究结论与政策建议 ······························· 177

　　第一节　主要结论 ·· 177

　　第二节　政策建议 ·· 180

参考文献 ··· 183

附　录 ·· 200

　　附录一　部分计量估计结果 ································· 200

　　附录二　部分成本收益计算结果 ····························· 211

　　附录三　调查问卷 ·· 220

　　附录四　养鸡场主要动物疫病净化的评定条件 ················· 232

　　附录五　养鸡场主要动物疫病净化的过程 ····················· 235

后　记 ·· 238

第一章　引言

第一节　研究背景

一、我国畜禽产业虽取得快速发展，但畜禽疫病危害日益加重

自改革开放以来，我国畜牧业得到了长足的发展，并取得了瞩目的成就。全国畜牧业生产总值从 2008 年的 20583.56 亿元增长到 2017 年的 30242.75 亿元，增幅为 46.93%，年均增长 5.2%。畜禽产品从严重匮乏到供应充足，2016 年全年猪牛羊禽肉产量 8364 万吨，其中禽肉产量 1888 万吨，较 2015 年增长了 3.4%，2016 年禽蛋产量 3095 万吨，较 2015 年增长了 3.2%。在国家政策保障和经济支持下，通过积极发展畜禽养殖业，合理利用地域资源，适度扩大饲养规模，科学养殖，使得畜牧业从家庭副业逐渐转变成带动农村发展的支柱产业。

然而，在我国农业经济不断转型升级的过程中，畜禽养殖业也面临着严峻的挑战。如饲料资源短缺[1]110-112，环境污染严重[2]1-3，饲养技术、生产设备落后[3]2，地方政府扶持力度薄弱[4]3-7等问题制约了我国当代畜牧业的发展。其中，较为严重的是危害日益扩大的畜禽疫病。由于当前动物疫病防控的形势严峻，加之疫病暴发的随机性，传播的广泛性，使得防控工作的落实难度加大[5]18-19。

此外，国内由于人畜混居现象十分普遍，人畜共患病的流行成为公共安全的一大隐患[6]19-22。据初步统计，已知的人畜共患病有上百种，1980 年以来，国内新发现或从国外传入的动物疫病达 30 多种。在我国危害较严重的牛结核病、牛（羊）布鲁氏菌病、牛（羊）炭疽病、猪伪狂犬病、猪囊虫病、日本血吸虫病，以及旋毛虫病等均未被有效控制[7]1-4。因此，需要加强重点疫病的预防和控制，降低人畜共患病的概率。

二、我国动物疫病防控工作成效显著，但缺乏系统高效的防控方式

动物疫病防控工作是社会公共卫生体系的重要组成之一。该项工作执行的好坏关系着国家畜牧经济的发展、农民有效增收，并且直接影响着广大人民的身体健康、公共卫生安全，以及社会的稳定。为了更有效地防控动物疫病，世界上各个国家都在努力探索契合本国实际的动物疫病预防措施，并且一些国家已经取得了成功防治动物疫病的经验。就我国实际来看，经过多年来防控工作经验的积累，也在一些重大动物疫病防控中取得了可喜的成绩，比如有效控制了传播较为广泛的口蹄疫、高致病性禽流感等动物疫病。

不过，我国的动物疫病防控任务仍然十分艰巨。随着养殖业生产规模的持续扩大，饲养密度的不断上升，畜禽被疫病感染的概率变大，新发疫病的概率也大大增加。加之我国幅员辽阔，存在着多种动物疫病，且病源复杂、流行范围较广。因此，全面提高动物疫病防治能力，降低动物疫病对经济社会发展和公共卫生安全的威胁尤为重要。

目前，动物疫病防控的方法和手段有很多，免疫接种、扑杀清群、无疫区建设是我国应用较为普遍的措施。其中，免疫接种是养殖场采取的最为常见的防控措施。自 20 世纪 80 年代以来，我国分别推行了猪瘟、口蹄疫、高致病性禽流感、高致病性猪蓝耳病的强制免疫[8]19-22，取得了良好的效果。不过，免疫只能对传染病三个环节中易感宿主起作用，它是防止动物染病的最后一道屏障，假如在这个环节存在问题，那么将极有可能引起动物患病[9]32-38，并且过度依赖免疫容易陷入思想误区，从而忽视隔离、消毒、检疫、监督、饲养管理、生物安全控制等措施的作用[10]35-36。

扑杀清群是国家控制和扑灭重大动物疫病的主要手段。Garner 和 Lack[11]9-32发现，对于疑似感染和已受感染的畜禽采取扑杀清群策略，可以减少负面的经济影响。但是，与强制免疫相比，扑杀清群需要充足的资金补偿作为后盾[12]26-31。2004～2006 年，国内因暴发高致病性禽流感，使死亡和被扑杀的家禽数量超过了 4000 万只，造成的经济损失巨大，而国家给予的补偿远不能弥补扑杀造成的损失[13]28-33，这给家禽养殖带来了严重的负面影响。

此外，为了保证区域内公共卫生安全，我国还积极开展无疫区建设。孙媛媛和浦华[14]18-22对我国 2006～2009 年无疫区建设进行效益评估，得出直接成本效益率为 4.5，经济效益显著。然而，在无疫区中由于缺乏财政投入，使基层执法队伍和技术人员力量薄弱、能力不足、素质不高，大大降低了执法的效率，造成国家公共资源的浪费。一些市县由于缺乏检测设备和试剂，即便有部分仪器也尚未得到及时的校验、维护和维修等，无法发挥其应有的作用[15]17-21。部分区域行政意识浓厚，导致无疫区的评估和国际认证落后[16]81-83，甚至某些区域将无疫区作为项目建设，并未做长远的规划和安排，缺乏系统建设，很难达到世界动物卫生组织的标准[17]7-14。

可见，我国已有的防控方法和手段在实现预期防控目标上有所欠缺，执行效果不佳。因此，亟须采用新的方式进行疫病防控。

三、动物疫病净化已成为发达国家核心防控措施，我国亟待推广

现有研究表明，传统的防控措施并不利于消灭动物疫病这个最终目标，只有通过开展疫病净化才是疫病消灭的基础和前提[18]1-4。动物疫病净化符合当前阶段疫病防控的规律，可以适应现今畜牧发展方式的转变，满足广大生产者和消费者需要的一项系统工程[19]24-25，并得到了很多国家的采用和推行。

从主要发达国家疫病净化的效果来看，取得的成效显著。美国在没有开展猪瘟净化之前，每年的经济损失约为5000万美元。自1961年9月6日起，美国执行了猪瘟净化方案，并于1978年1月31日彻底消灭了猪瘟。自此之后，美国的养猪场主再也没有因为猪瘟进行高额的资金投入或者遭受惨重的经济损失，一些猪及其产品的出口贸易也再未经受该病的负面影响，成功扑灭猪瘟的效益成本比高达13.2:1[20]3-9。澳大利亚政府在1970年制定了布病、结核病净化方案，通过采取免疫、检测、扑杀清群等措施，于1989年7月和1992年12月，分别完成了牛布病和结核病的净化，实现了预期防控的目标，并在国际贸易上争得了主动权，扩大了活牛及牛产品的出口。

随着很多比较先进的防控理念逐渐应用到疫病净化过程中，例如世界动物卫生组织（Office International Des Epizooties，OIE）强烈举荐的按区域进行疫病管理的理念[21]1-3，以及更为科学有效的技术措施，例如针对特定病原进行消灭（Specific Pathogen Free，SPF）的管理手段，实施全球或区域性动物疫病净化方案得到了各国政府的有效推动。如美国的家禽改良计划、生猪健康促进计划，德国的猪伪狂犬病净化计划，阿根廷的口蹄疫防控计划，泰国的禽流感预防控制规划等。其中，主要涉及的疫病有鸡白痢、禽流感、禽白血病、猪伪狂犬病、口蹄疫等，以此达到在一定区域或整个国家内根除疫病和病原微生物，以及保持动物健康的目的。

就我国而言，2017年农业部关于推进"农业供给侧结构性改革"的实施意见中明确指出要加强动物疫病的防控，大力开展种畜禽场动物疫病净化工作。国务院出台的《国家中长期动物疫病防治规划（2012—2020年)》中明确要求，在结合国家财政投入、国内外关注重点，以及疫病防控焦点的基础上，全面把握疫病流行态势，了解其分布规律，加强一系列预防措施，有效地针对并控制重大动物疫病，预防重要的外来流行性疫病以及重点人畜共患病，并逐步开展种畜禽主要疫病的净化。其中，在净化种畜禽重点疫病中提出，要努力引导和帮扶种畜禽企业执行疫病净化措施，并鼓励企业加大疫病防治经费的投入。截至2020年，对16种动物疫病逐步进行控制、净化和消除，并争取实现全国所有种鸡场和种猪场达到净化标准。为此，中国动物疫病预防控制中心实施了动物疫病净化统筹管理，从养殖场入手，逐场推进，旨在形成动物疫病净化的长效机制，从而实现规划中的要求。

四、目前缺乏科学全面地效果评估，鸡群疫病净化有待深入研究

由前文的政策和规划可知，种鸡场和种猪场是净化工作的重点对象。然而，我国动物疫病净化的实施现状有待深入分析，尤其是涉及种鸡场的研究。目前，仅有韩雪等[22-24]64-66,109-112,1490-1494对一些省份的种鸡场进行分析，该文献分别从养殖现状、种源分布、疾病预防检测、疫病净化进度四个方面展开讨论，结果显示：当前阶段我国种鸡场开展疫病净化工作的进程较为缓慢，亟须加快。此外，该研究认为需要建立动物疫病净化长效机制，完善疫病净化的有关法律法规，从而稳步有效地推进动物疫病净化工作。但是，上述研究仅以了解我国种鸡场的疫病净化现状为目标，为有关工作收集参考资料，并未对疫病净化带来的各种影响进行深入探讨，使得所获结论的启示意义受限。

从我国现代蛋鸡和肉鸡种业的发展来看，若想提升产业的整体竞争力，必须解决种源的疫病净化问题。考虑到已有研究缺少系统的对养鸡场疫病净化效果的影响评估，导致影响机理并未得到充分的解释和说明，无法全面地展现疫病净化产生的经济影响和社会影响，使政策对养鸡场进行疫病净化的指导性不强，影响了养鸡场开展疫病净化的积极性。

此外，从净化具体病种的角度来看，涉及养鸡场的主要有禽流感（Avian Influenza，AI）、新城疫（Newcastle Disease，ND）、鸡白痢（Pullorum Disease，PD）和

禽白血（Avian Leukosis, AL）病四种①。其中，前两者多为突发性疾病，以水平传播为主，而后两者多为慢性常见病，以垂直传播为主②。鉴于疫病净化的实施周期较长，对于慢性病的防治效果较好[22]62-64，所以本书主要考虑了鸡白痢和禽白血病这两个病种。不过，从已有的研究成果来看[22-24]64-66,109-112,1490-1494，涉及上述两种病的分析视角较为单一，缺乏对不同饲养特征养鸡场影响的探究，仅片面地分析了疫病净化对鸡群病死率和对养鸡场经济收入的影响，且多为单个或几个养鸡场的讨论，所得结论的适用性不强，无法为疫病净化政策提供有效的经验支持。

基于上述背景，提出了本书将要探讨的三个研究问题：

第一，为什么国家大力推行疫病净化政策，而未净化养鸡场参与的积极性却不高？是不是因为未净化养鸡场并不知道开展疫病净化后所产生的各种影响？所以不愿意执行疫病净化政策？

第二，对于已净化养鸡场来讲，实施疫病净化到底产生了什么影响？是不是降低了鸡群患病的概率？减少了兽药的投入？增加了养殖的效益？提高了生产的效率？目前尚未有统一的答案。

第三，不同类型、代次、地区的养鸡场开展疫病净化是否存在差异？差异有多大？不同的净化时间、不同的净化病种效果是否有区别，区别有多大？这些都是值得深思的问题。

为此，本书以规模化养鸡场为研究对象，禽白血病和鸡白痢为具体净化的病种，通过研究开展疫病净化所产生的经济影响和社会影响，比较已净化养鸡场与未净化养鸡场之间的差异，其结论可以为养鸡场提供相应的实践参考，还能为国家相关部门提供决策支持。

第二节 研究意义

本书的研究主要对禽白血病和鸡白痢净化的实施效果进行评估，并以此为切入点具体分析对养鸡场鸡群健康、兽药使用、经济效益和生产效率的影响。研究

---

① 资料来源：http://www.gov.cn/zwgk/2012-05/25/content_2145581.htm。

② 资料来源：中国动物疫病预防控制中心，《规模化养殖场主要动物疫病净化工作材料汇编（二）》2013年11月，第29～36页。

课题在畜禽养殖研究领域较为新颖，并且所得结论具有较为重要的理论价值和现实意义。

一、理论意义

通过对已有文献的梳理可知，目前关于养鸡场采取疫病净化措施的具体效果评估还尚有欠缺。国内现有研究主要围绕疫病净化的概念、意义、实施的可行性等，实证研究的文献较少。而国外的研究更多是结合本国国情所展开的分析，采用的研究范式与结论很难匹配我国养殖业的实际情况。在本书的研究中，将紧密结合我国养殖业的客观现实，以规模养鸡场为研究对象，分别从鸡群健康、兽药使用、经济效益和生产效率的视角分析疫病净化产生的影响。研究较为全面地构建了评估动物疫病净化影响的分析框架，提供了全新的研究思路，拓展了已有研究的边界，一定程度上丰富和完善了动物卫生经济理论、产业经济理论、生产者行为理论等。

二、现实意义

当前动物疫病问题已经成为制约我国现代养殖业发展的重要因素之一，由于以往研究并未把疫病净化对养鸡场的影响进行量化研究，使得对养鸡场的指导不够清晰。因此，对动物疫病净化效果进行评估将有助于引导养鸡场更为积极地开展疫病净化，更为合理地进行家禽养殖。这样不仅可以改善鸡群的健康状况、减少兽药的使用，提高养鸡场的经济效益和生产效率，以此保障人类的食品安全和身体健康，也有利于实现家禽养殖的协调、可持续发展。此外，动物疫病净化问题已经成为当前各级疫控中心政策出台和工作落实的重点，对该问题的研究也有助于为各级部门提供科学决策的依据，所以具有非常重要的现实意义。

第三节　研究目标

一、总体目标

本书的研究旨在分析开展动物疫病净化后对养鸡场鸡群健康、兽药使用、经济效益以及生产效率的影响，并探究这些影响背后的成因，以此为养鸡场提供疫病净化的实践参考，同时也为国家相关部门提供决策依据。

二、具体目标

（1）从养鸡场鸡群的病死状况和后代繁育两方面分析疫病净化带来的影响，探寻养鸡场开展疫病净化后明显改善的鸡群健康指标，据此为养鸡场提供开展疫病净化对鸡群健康影响的根据。

（2）实证分析养鸡场开展疫病净化后兽药使用的动态变化过程，从而为养鸡场日后兽药的合理使用提供借鉴。

（3）通过比较已净化与未净化养鸡场的成本、收益和利润，识别疫病净化对不同类型（蛋鸡、肉鸡）、代次（父母代、祖代及以上）、净化年份（2011～2015年）养鸡场的影响，以此为养鸡场提供开展疫病净化后成本、收益和利润变动的依据。

（4）分析疫病净化对养鸡场净收益影响的净效应，进一步探讨净化不同病种对养鸡场净收益的影响，由此为养鸡场提供疫病净化前后净收益变化的证据。

（5）考察疫病净化与养鸡场生产效率之间的关系，重点讨论开展疫病净化后养鸡场的生产效率是否有了显著提升，从而为养鸡场提供疫病净化对生产效率影响的结论。

（6）梳理美国家禽改良计划的实施背景、具体措施，以及执行后所产生的实际影响，从而提供符合我国国情的经验参考。

第四节　研究内容

本书主要包含下列八个部分：

第一部分，疫病净化的概念以及相关理论界定。本部分首先明确动物疫病防控、动物疫病净化以及种鸡的概念；然后提出全文的理论基础，包括动物卫生经济理论、生产者行为理论、规模经济理论等；最后分别从垂直差异化分析、技术传播与采用分析、疫病净化的个体与社会效益分析以及畜禽疫病控制的成本—效益分析四个方面展开理论分析。

第二部分，我国家禽养殖以及疫病净化现状的描述。本部分将从两个方面入手：一是统计分析全国家禽、家鸡、种鸡的饲养现状，包括年末存栏、出栏，成本收益情况等；二是交代本书所用数据的情况，包括样本选择、调查内容、样本特征等，并进一步结合养鸡场的基本特征，给出疫病净化现状描述的结果。

第三部分，识别疫病净化对养鸡场鸡群健康的影响。为了鉴识疫病净化对养鸡场鸡群健康的影响，本部分将基于两个视角展开研究：一是疫病净化对鸡群病死状况的影响；二是疫病净化对鸡群后代繁育的影响。首先，利用样本均值 T 检验比较已净化养鸡场和未净化养鸡场在 2011～2015 年各项鸡群健康指标的差异是否显著。其次，分析疫病净化对养鸡场鸡群的发病率、死亡率和淘汰率的影响，进一步区分疫病净化对不同规模养鸡场死亡率的影响。再次，探讨净化不同病种对各个成长阶段鸡群疫病发病率的影响。最后，分析疫病净化对鸡群的种蛋合格率、种蛋受精率、受精蛋孵化率和健母雏率的影响，并阐述其发生变化的原因。

第四部分，探讨疫病净化对养鸡场兽药使用的影响。本部分主要分析疫病净化与养鸡场兽药使用之间的关系。首先，统计分析养鸡场 2011～2015 年兽药使用的情况，判断其变化的趋势。其次，识别疫病净化对养鸡场兽药使用的影响程度，并进一步识别净化不同病种的影响效果，随后计算其平均处理效应。再次，探讨净化不同病种对兽药使用的影响。最后，考察疫病净化对养鸡场兽药使用的时序效应，分析不同净化阶段与兽药使用的关系。

第五部分，分析疫病净化对养鸡场成本收益的影响。本部分将从三个方面评估疫病净化对养鸡场成本收益的影响。首先，比较已净化和未净化养鸡场成本、收益和利润的差异。其次，分析疫病净化对不同类型（蛋鸡、肉鸡）、代次（祖代及以上场、父母代场、商品代场、混合代场）、地区（华北地区、华东地区、华南地区、华中地区、西南地区、西北地区、东北地区）及年份（2011～2015年）养鸡场净收益的影响。最后，讨论养鸡场开展疫病净化之后，不同类型、代次、地区及年份单只鸡净收益的差别。

第六部分，探究疫病净化对养鸡场净收益的影响。本部分主要研究疫病净化与养鸡场净收益之间的因果关系。首先，利用描述性统计分析法比较两种养鸡场净收益的时序变化。其次，推演疫病净化与养鸡场净收益之间的关系，拟从养鸡场的收入和成本两方面展开。再次，分析养鸡场开展疫病净化是否提高了养鸡场的净收益，进一步辨识不同净化时长对净收益的影响。最后，利用双重差分法、倾向分值匹配法＋双重差分法进行稳健性估计，并解释净收益变动的成因。

第七部分，判别疫病净化对养鸡场生产效率的影响。本部分主要探索疫病净化与养鸡场生产效率之间的关系。首先，建立随机前沿生产函数和技术效率损失函数。其次，分析随机前沿生产函数和技术效率损失函数估计的结果，识别技术效率损失值的时序变化，判断禽白血病是否净化、鸡白痢是否净化、其他疫病是否净化、是否降低了养鸡场的技术效率损失。再次，分析疫病净化对不同类型养鸡场技术效率损失的影响程度。最后，讨论疫病净化对不同地区养鸡场技术效率损失的影响程度，并给出出现不同影响的原因。

第八部分，梳理美国家禽改良计划的实施成效，并提供对我国的经验借鉴。本部分通过梳理美国家禽改良计划的实施方案，以及执行后所产生的具体影响，如经济影响、社会影响等，总结成功经验和历史教训，据此提出对我国的政策启示。

第五节　研究方法

1. 文献研究法

本书通过大量检索和研读文献，梳理国内外疫病防控的理论，以及疫病净化的相关理论，分析疫病净化对养鸡场的具体影响效应，归纳现有相关结论的缺陷之处。明确研究需要分析的问题、界定研究主题、范畴和内涵，提供解决思路，找出研究的理论基础，以及本书与已有研究的不同之处。

2. 问卷调查法

本书利用调查问卷，以此了解养鸡场的基本信息、饲养规模及日常管理变化情况、职工工资及福利年收入变动情况、疫病净化发生的有关成本、经营成本与收益变化情况，各项生产性能指标以及养鸡场内部的区位信息、档案管理、管理模式等。问卷将采用多阶段抽样的方法，综合运用分层抽样、PPS（Probability Proportionate to Size Sampling）抽样和简单随机抽样的方法开展相应的工作。

3. 统计分析法

本书借助 EXCEL、SPSS 以及 STATA 等统计分析软件对调查数据进行描述和分析。其中，在辨别已净化与未净化养鸡场的鸡群健康指标以及成本收益指标是否存在显著差异时，利用均值、标准差以及样本均值 T 检验等描述性统计方法加以区分。在比较已净化与未净化养鸡场的兽药使用费用、净收益以及营业收入时，使用两种养鸡场不同年份的样本均值进行比较，以此识别其时序效应。

4. 对比分析法

对比分析法是把不同类型的事物或同一类型不同时间的事物进行比较分析，从而探究它们的相同与不同之处。在本书中，多次使用对比分析法进行问题的解释与说明。第一，本书最核心的对比即已净化养鸡场与未净化养鸡场的差异，由此识别疫病净化带来的影响。第二，本书多次从净化不同的病种以及不同净化的时间讨论疫病净化对养鸡场产生的影响，并分析它们产生差异的原因。第三，为了比较不同饲养特征养鸡场开展疫病净化后的不同效果，本书分别从类型（蛋鸡、肉鸡）、代次（混合代、商品代、父母代、祖代及以上）、区域（七大区域）以及规模（四分位）展开分析，从而寻找它们之间的差别。

5. 计量分析法

本书基于定性分析的前提下，积极展开必要的经济计量分析，从而提高研究的科学性、准确性和可操作性。对此，在讨论疫病净化对鸡群健康的影响时，主要采用面板 Tobit 模型和处理效应模型展开分析。在探究疫病净化对养鸡场兽药使用的影响时，主要使用固定效应模型、随机效应模型、处理效应模型和倾向性分值匹配进行讨论。在分析疫病净化对养鸡场经济效益的影响时，主要利用成本收益法、双重差分法、倾向性分值匹配 + 双重差分法展开研究。在探讨疫病净化对养鸡场生产效率的影响时，主要运用面板随机前沿模型、随机效应模型、最小二乘法进行分析。

第六节 研究数据

本书使用的数据包括微观数据和宏观数据。微观数据来源于对全国 30 个省（自治区、直辖市），除去香港、澳门、台湾和西藏，297 个规模化养鸡场 1495 个场次的调查数据。首先，作者在中国动物疫病预防控制中心的鼎力协助下，完成了问卷设计初稿。其次，于 2016 年 7 月下旬分赴北京爱拔益加禽育种有限公司、北京市华都峪口禽业有限责任公司进行预调研，根据实地调研情况修改问卷。最后，在 2016 年 11 月底到 2017 年 6 月期间，收集了研究所需的全部数据。其中，为动态反映鸡白痢和禽白血病净化所产生的影响，此次调查收集了 2011～2015 年规模化养鸡场的数据。

本书涉及的宏观数据来自相关年份的《中国统计年鉴》、《中国畜牧兽医年鉴》（2014 年以前为《中国畜牧业年鉴》）、《中国农业年鉴》、《全国农产品成本收益资料汇编》等年鉴资料，以及国家统计局网站、Wind 资讯、农业部官网、中国畜牧业信息网等宏观数据发布平台。

第七节 技术路线

本书按照提出问题、理论分析、实证分析、规范分析和结论建议的思路构建了行文的分析框架（见图 1－1）。

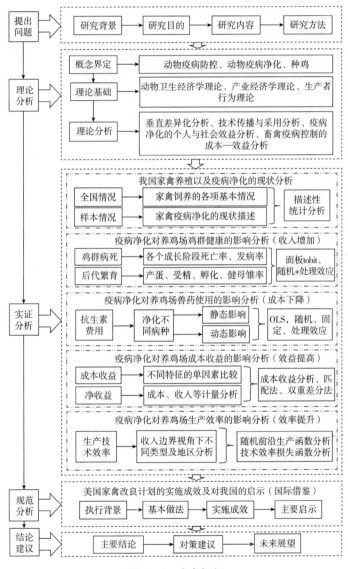

图 1－1 本书框架

在提出问题环节，基于国家大力推行疫病净化政策的宏观背景，以及结合养鸡场参与的积极性不高的实际，提出本书的研究问题，如为什么养鸡场不主动开展？是不是因为养鸡场无法明确疫病净化带来的影响？已经执行的，到底对养鸡场产生了何种影响？并在此基础上，明确本书的研究目标、内容及方法。

在理论分析环节，首先明晰疫病净化的概念，然后给出行文需要的理论基础，最后基于动物卫生经济学和产业经济学展开理论分析。

在实证分析环节，行文按照疫病净化对鸡群健康（收入增加）、兽药使用（成本下降）、成本收益（效益提高）、生产效率（效率提升）影响的逻辑安排了各章节的顺序，并利用多种经济计量分析方法进行研究，得出所需的结果。

在规范分析环节，通过梳理发达国家有关禽病的代表性净化方案，美国家禽改良计划的形成背景、主要措施以及实施成效，由此提出对我国的经验借鉴。

在结论建议环节，给出本书得到的研究结论，并结合我国的国情，提出符合实际的政策建议。

第八节　创新与不足

一、主要创新

（1）从实践层面来看，较为系统地评估疫病净化对养鸡场的影响，现实意义较为明显。本书的研究结合我国养鸡场的实际情况，构建了比较全面的分析框架，并利用全国的抽样调查数据，分别从鸡群健康、兽药使用、成本收益和生产效率四个方面探讨疫病净化产生的影响，分析视角新颖多样，研究结论可为养鸡场提供实践参考，并为国家相关部门提供决策依据。

（2）从理论层面来看，拓展了动物卫生经济的理论边界。传统的动物卫生经济分析主要从以下两个方面展开研究：一方面利用数据模拟的方式识别防控行为的影响；另一方面使用宏观数据或农户个体数据，通过核算其成本收益，探讨防控行为的可行性。目前，国内鲜有大量养殖企业（场）层面防控行为的调查研究。本书的价值在于：一是增添了动物卫生经济的行为研究主体，采用大量企业样本数据展开分析；二是从多个视角讨论防控行为的实际影响，即在原有的基础上使得研究思路更为多元化；三是将多种经济计量分析方法引入，丰富了动物卫生经济的研究方法，推动了学科的更进一步发展。

二、存在不足

（1）本书的主要结论适用于饲养规模较大的养鸡场，对中小规模养鸡场（户）的影响仍需深入讨论。

（2）受限于调查问卷的篇幅，本书仅收集了养鸡场 2011～2015 年抗生素费用的数据，具体使用了哪些抗生素，疫病净化后单只鸡抗生素的用量是否发生显著变化仍不清楚，未来研究可做进一步的细化。

（3）本书只计算了 2011～2015 年养鸡场成本、收益和净利润的变化量，研究所得结论只能反映当时净化阶段所取得的成效。鉴于疫病净化是一项长期性的工作，未来仍可持续核算其净化收益。

（4）虽然本书利用处理效应估计和倾向性分值匹配两种方法解决样本"自选择"的问题，但仍存在双向影响的可能性，后续可使用更为合适的工具变量以及计量模型来解决"自选择"问题。

（5）本书仅从养鸡场层面探讨了疫病净化政策的直接影响，欠缺对国家层面间接影响的讨论，尤其是缺乏社会效益的测算。另外，本书的分析视角限定于鸡群健康和经济效益两个方面，对生态环境、人类健康的影响仍可做深入的探究。

第二章 理论基础与分析

第一节 概念界定

动物疫病防控（Animal Disease Prevention and Control）基本内容包括跨界传播动物疫病的风险预防、突发动物疫病的现场处置、重大动物疫病的控制消灭。其中，风险评估、检疫监管和有效追踪是防控跨界传播动物疫病的主要措施，而扑杀清群、免疫接种、检疫监管、疫情监测、清洗消毒和无害化处理等措施是突发动物疫病应急和重大动物疫病控制消灭中经常采用的措施。动物疫病防控主要分四个阶段实施：第一阶段有效控制，第二阶段稳定控制，第三阶段基本消灭，以及第四阶段彻底消灭。其中，第一、第二、第三阶段主要采取强制免疫与应急扑杀相结合的措施，通过扩大流行病学的调查范围以及加强疫病的监管力度，对患病动物、同群畜禽、病原检测为阳性的动物、抗体检查为阳性的动物在各个阶段采取不同的扑杀政策。而到了第四阶段则停止免疫，主要是更进一步地强化监测与扑杀[25]5-20。

动物疫病净化（Animal Disease Clean - up），是指在某一个规定区域或养殖场内，依据对某一种疫病的流行病学调查结果以及对该病的监测结果，及时发现并淘汰各种形式的感染动物，使限定动物群中某种疫病逐渐被清除的疫病控制方法[26]100-120。实施疫病净化一般需要经历四个阶段：本底调查阶段、免疫控制阶段、病源清除阶段和净化维持阶段[27]77-79。通过引进无特定疫病的种群、培育健康动物、剖腹产培育无特定疫病动物、及时发现并淘汰各种形式的感染动物等行为，使得限定动物群中某种疫病逐渐被清除[28]40-43。疫病净化的最终效果有两种：一是无疫，即在规定的时间段内未出现受感染的病例；二是无感染，即在特定的区域范围内没有相关的病原[29]38-40。

现有的疫病净化方式包含垂直净化和水平净化两种[30]61-64。垂直净化主要应用于以"核心群—繁殖群—生产群"逐级引种扩繁的金字塔形养殖繁育体系[31]25-26。从引种开始建立净化核心群，并逐级应用于扩繁场和商品场，以建立SPF（Specific Pathogen Free）级核心种源为切入点，明确各项净化方案和净化技术，逐步开展核心群、扩繁群、商品群的畜禽群次级疫病净化，从而促进我国良种繁育体系的稳步发展[32]15-17。垂直净化中每级动物都需要应用净化疫病的配套技术手段，如生物安全措施、移动控制措施、监测措施、隔离淘汰措施等[19]24-25。通过采取上述方式，引进无疫病核心群，抓住疫病传播的源头，以最小的代价发挥最大的作用。水平净化是以区域为单位，通过划定净化范围、设立屏障、流通管理、生产无疫动物等措施，实现对疫病的区域化管理[19]24。例如，定义一个规定动物疫病动物卫生状况清楚的动物群体，通过采取风险分析、监测、诊断、预防、检疫、隔离、生物安全识别以及可追溯管理等措施达到净化目的[33-34]253-258,277。

种鸡（Breeding Hens），是指为了保持鸡种的优秀基因而专门养殖的鸡群，其生产的鸡蛋主要用于孵化，即为饲养的肉鸡或蛋鸡提供优质的鸡苗。常见的种鸡多为杂交品种，一般包含多个代次，诸如纯系、曾祖代、祖代、父母代、商品代等。

第二节　理论基础

一、动物卫生经济理论

动物卫生经济学最早可以溯源至1976年于英国伦敦召开的国际兽医流行病学以及经济学的研讨会，会议的核心内容旨在解决因欧洲畜牧业高速发展所造成的疫病控制成本的飙涨、经济收益的萎缩等问题。伴随着世界畜牧业的快速扩张，以及一些动物流行病的迅速扩散，各国开始越来越重视畜禽疫病以及有关动物产品的质量。此时，动物卫生经济学为畜禽养殖场（户）提供了最优控制决策的理论依据，同样也为国家动物疫病防控体制的设立奠定了制度基础，其学科的逐步发展逐渐引起了各国政府的关注和研究学者的青睐。

Otte 和 Chilonda（2000）[35]1-10曾指出动物卫生经济学不管对于普通养殖场

（户），还是一个国家或地区，都可以为动物疫病管理的决策者提供非常实用的帮助。2004 年，OIE（Office International Des Epizooties）提出了动物卫生经济学（Animal Health Economics）实际上是由兽医流行病学和经济学（Veterinary Epidemiology and Economics）的有效结合。国内学者浦华[36]14-15指出，动物卫生经济学是由兽医学、动物流行病学、公共卫生学、经济学等学科组成的交叉学科。谢仲伦[37]1-30则认为它是动物卫生管理的重要组成部分，也是政府进行动物卫生事业管理的核心手段，更是优化疫病控制策略、措施和方案的主要方法。它有利于确保疫病控制的利益主体实现帕累托改进，增强主体决策的科学化，高效地利用各种社会防疫资源。其主要解决三方面的问题：其一，核算疫病的经济损失；其二，当个体或者群体受到感染时，管理者可以做出最优决策；其三，进行疫病控制手段的成本效益分析[38]297-298。

　　动物卫生经济学在动物卫生的日常管理中可以看作为了帮助做出防控决策而以货币为基础，所形成的一个语言概念和框架[38]297-298，它扭转了原有动物卫生管理决策"做与不做"的绝对化。例如，图 2-1 给出了一个经济分析模型，主要包括人、产品和资源三个部分：人即是产品的决策者，也是需求者；产品包括普通货物以及可以满足人类需求的服务；资源则为生产和制造产品提供必要的服务配套以及物质基础。由资源转化为产品，货物及服务提供给人类。在这种机制下，动物疫病则是影响资源向产品转化的重要因素，它有可能增加资源的投入抑或降低产品的输出。例如，动物疫病的暴发可能提高动物群体的死亡率和淘汰率，减少了动物产品的供给。或是动物疫病延缓了动物的生长速度，增加了正常生产的投入（如饲料、药品、人力等）。

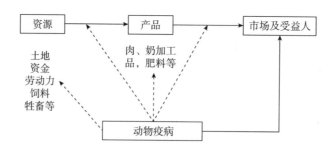

图 2-1　动物疫病影响的经济评估模型

就我国的实际情况来看，关于疫病控制的薄弱环节并非病原学研究，而是在动物流行病学的基础上进行"防—控—治—管"四个环节的有机协调问题，其问题的核心就是处理好"防—控—治—管"之间的经济学问题，亦是整个社会系统的经济协调问题。单纯来看，疫病防控的本质是"人—病"博弈的问题，实质上是动物疫病防控的时效问题、流行病学问题、经济分析问题、组织和协调问题，而经济学的分析与评价又是上述问题的基点和杠杆。因此，将传统的疫病防治技术、流行病学技术以及经济分析技术紧密结合，才能科学、有效地评估疫病以及疫病防控方案。可见，探讨疫病净化对养鸡场的具体影响，其本质就是评估疫病防控方案的经济性问题，有助于养鸡场更加深入地理解疫病净化的实际作用。

二、生产者行为理论

生产者行为理论最早起源于亚当·斯密有关"理性经济人"的假设，即在完全竞争市场中，各个参与主体全部为理性的"经济人"，以追逐最大化利润为目标开展生产经营活动。该理论主要用于市场参与者在生产经营过程中，对其行为的目的、选择及影响进行分析，核心思想在于所有的生产行为全部以最大化利益为基础，并以该标准进行选择优劣的判断。

就具体决策过程来看，生产者行为理论多被理性行为理论（Theory of Reasoned Action，TRA）以及计划行为理论（Theory of Planned Behavior，TPB）所解释。上述两个理论由 Ajzen Icek（1997）[39]888-918 和 Fishbein Martin（1991）[40]179-211 提出。前者认为个体行为是理性的，其个体特征不会对行为产生影响，而是通过主观规范（Subjective Norms）和行为态度（Attitude Toward the Behavior）对行为意向（Behavior Intention）产生影响，即行为可以通过个人意志力控制发生。而后者在前者的基础上，提出行为取决于行为意向，但行为意向会受到行为态度、主观规范和控制认知（Control Cognition）三方面的影响[41]15。此外，行为态度、主观规范和控制认知分别受行为信念、规范信念和控制信念的影响（见图 2 - 2）。

根据生产者行为理论，养鸡场的经济决策行为主要基于决策者的理性"经济人"和决策不可分性假设，以及可以在市场机会面前做出精确的利益判断和合理的资源配置[42-43]57-62,40-48。同时，考虑到外部信息的不全面、行为主体的受限、生产资源的稀缺，以及信息收集、分析和处理能力的薄弱，使养鸡场进行未知决

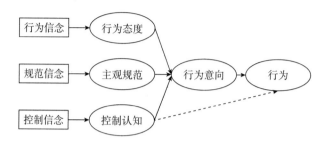

图 2 - 2 计划行为理论（TPB）示意图

策的风险大大增加，由此决定了决策者进行生产、销售、技术创新等行为决策的不可分性[43 - 44]40 - 48,399 - 418。简单来讲，可将疫病净化理解为一种新型疫病防控技术，养鸡场是否采用这项技术，需要考虑养鸡场以及其行为决策者自身的特征、外部竞争环境、国家宏观政策等因素的影响，但究其根本是要明确采用技术后的经济性。因此，为了更好地推行疫病净化政策，除了识别技术影响的纯效应，更要结合养鸡场以及其行为决策者的实际，有针对性地进行推广指导。

三、规模经济理论

规模经济是传统西方经济学的经典理论，从经济学的鼻祖亚当·斯密（Adam Smith）的《国富论》[45]8 - 10来看，劳动生产的改善，以及劳动力所表现出来的熟练技巧和精确判断，使得生产效率有所提高，同时分工带动了专业化，而专业化又促进了生产规模的扩大，即有序分工实现了规模经济[46]25。随后，在1996年出版的《新帕尔格雷夫经济学大辞典》中，将规模经济定义为"假设在已有的生产条件下，制造一个单位的单一或复合产品的平均成本，若在某一区间内递减，则被认为在该阶段存在规模经济，反之则为规模不经济"[47]928，如图 2 - 3所示。

此外，《西方经济学大辞典》对规模经济进行了细分，包含实际规模经济和货币规模经济两种。实际规模经济体现的是效率真正地提高所带来的单位生产成本的下降，可以使生产某种产品的要素投入变少，从而确保稀缺资源得到更高效地利用，以此提升社会的整体效益。货币规模经济仅反映获得市场力量的厂商能够以较低的价格购买生产投入要素，从而降低单位产品的生产成本，这里的获益仅是单个厂商，而不是整个社会。与实际规模经济相比，货币规模经济的受益群体、获利数量和影响范围是有限的[48]300-342。

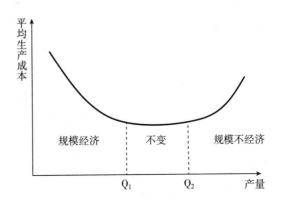

图 2-3 长期生产成本曲线

新古典理论学派的集大成者阿尔弗雷德·马歇尔（Alfred Marshall）[49]324-331 认为，规模经济可由两种途径形成：一是"内部规模经济"，主要依靠企业内部对资源高效地组织、分配和利用，从而提高经营效率，实现"内部规模经济"；二是"外部规模经济"，主要依靠企业间的分工与联合，或者是科学的区域布局，从而形成"外部规模经济"[50]11。此外，他还将规模经济报酬进行了划分，依据生产规模的变化，分为"规模报酬递增""规模报酬不变"和"规模报酬递减"三个阶段，如图 2-4 所示。

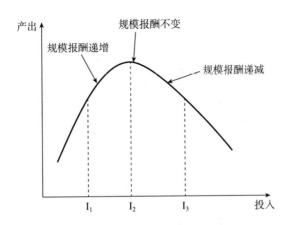

图 2-4 规模经济报酬的三个阶段

具体到本书，规模经济可以理解为养鸡场饲养规模的变化与产品生产成本变动之间的关系。一般来讲，如果养鸡场的家禽产品产量增幅大于饲料、人工、防疫等要素投入成本的增幅，则被认为存在内在规模经济。相反，如果养鸡场的家禽产品产量增幅小于饲料、人工、防疫等要素投入成本的增幅，则被认为出现了内在规模不经济。由此可见，饲养规模的变动已成为区分内在规模经济与内在规模不经济的重要指标。除此之外，饲养管理的科学化、专业化，生产设备的机械化、流程化，疫病防控的规范化、程序化等也是构成内在规模经济的重要因素。当然，养鸡场在从小规模向大规模发展的过程中，原则上会经历从内在规模经济向内在规模不经济的转化。

　　规模经济与规模不经济除了受养鸡场自身实际的影响，还受外部因素的影响，使养鸡场的长期平均生产曲线位置发生变化。从横向空间的角度来看，当某个地区的养鸡场都开展动物疫病净化，使区域的疫病防控水平明显提升，那么单个养鸡场也会从中受益，可有效避免动物疫病的扩散与传播。相反，如果养鸡场所在区域的疫病防控工作较差，则会出现外在的不经济，需要养鸡场增加疫病防控的人力、物力投入，给养殖生产者造成困难。从纵向产业链的角度来看，鉴于种禽一般按照世代分场养殖，以种鸡场为例，当祖代场开展疫病净化后，其生产的鸡苗（父母代种鸡）因携带的基因较好、病原较少，在父母代种鸡场的饲养过程中相应的投入就可有效降低。相对于父母代种鸡场而言，即形成了良好的外在规模经济效应。可见，是否出现外在规模经济或者外在规模不经济，会受到养鸡场以外的因素影响，其可以造成长期生产成本曲线的位置发生移动。

第三节　理论分析

一、垂直差异化分析

　　目前，现有文献对产品差异化的分析主要基于两方面视角：一是水平差异或者空间的差异，对此 Hotelling[51]41-57 将不同的消费者定位于不同的区位；二是垂直差异或者质量的差异，Gabszewicz 和 Thisse[52]340-359 及 Shaked 和 Sutton[53]1469-1483 把消费者质量偏好设定于由低到高的垂直区间之中。动物疫病净化目前已成为畜牧业供给侧结构性改革的重要手段，对畜牧经济的健康发展产生了突出影响。例如，利用动物疫病净化的方法，可有效提高畜禽产品的质量，降低动物的发病率和用药量，从源头上切断人畜共患病的传播途径，从本质上减少了治疗成本，从而保障了产品的安全性，彰显了良好的社会价值[54]97-98。因此，养鸡场是否开展疫病净化将影响家禽产品的质量，所以本书的研究适合在垂直差异的分析框架下进行。

产业组织理论一般从产品的信息结构、市场结构和消费者对质量偏好出发，考察标准规制对市场中产品质量的影响、厂商对产品规制的反映以及社会福利变动的影响。例如，Gabszewicz 和 Thisse[52]340-359认为两类厂商在面对不同质量偏好消费者的市场结构下，更愿意利用产品质量竞争来避免价格竞争，并以此扩大自身的市场份额。基于此，本书考虑了如下简单模型：

本书假设养鸡场所有的下游消费者全部相同，当他们购买养鸡场的价格为 p、质量为 s 的产品时，存在偏好 $U = \theta s - p$，否则，$U = 0$。此时，养鸡场选择价格为 p，质量为 s，并且质量为 s 时，单位生产成本为 c。此外，研究假定 θ 是下游消费者对质量的偏好参数，均匀分布在 $\underline{\theta} \geq 0$ 和 $\overline{\theta} = \underline{\theta} + 1$ 之间的消费人口之中，密度为 1。即，偏好 θ 按密度 $f(\theta) = 1$ 的方式在经济中分布，相应地在 $[\underline{\theta}, \overline{\theta}]$ 之间有累积分布函数 $F(\theta)$。相当于 $F(\theta) = f(\theta) = 1$，$F(\theta)$ 等于偏好参数小于 θ 的消费者比例。其中：

S_i：$S_2 > S_1$，两种养鸡场产品质量不同；

C_i：$C = C_1 = C_2$，两种养鸡场单位生产成本相同；

$\overline{\theta} \geq 2\underline{\theta}$，下游消费者的需求差异足够大；

$C + \dfrac{\overline{\theta} + 2\underline{\theta}}{3}(S_2 - S_1) \leq \underline{\theta} S_1$，市场被全部覆盖，即每个下游消费者购买两种养鸡场产品中的一个；

$\Delta S = S_2 - S_1$，两种养鸡场的质量差异；

$\overline{\Delta} = \overline{\theta} \Delta_S$，对已净化养鸡场产品需求的质量差异货币值；

$\underline{\Delta} = \underline{\theta} \Delta_S$，对未净化养鸡场产品需求的质量差异货币值。

在这里，构造一个市场被全部覆盖，两种养鸡场争夺下游消费者的供给均衡，即高 θ 下游消费者购买已净化养鸡场的产品，低 θ 消费者购买未净化养鸡场的产品。那么，下游消费者在产品消费时，存在差异的条件可以是：$\theta S_1 - P_1 = \theta S_2 - P_2$，即 $\theta = \dfrac{P_2 - P_1}{S_2 - S_1} = \dfrac{P_2 - P_1}{\Delta S}$。

当 $\theta S_1 - P_1 > \theta S_2 - P_2$，$\theta > \dfrac{P_2 - P_1}{\Delta S}$ 时，消费 S_2，即消费已净化养鸡场产品；

当 $\theta S_2 - P_2 > \theta S_1 - P_1$，$\theta < \dfrac{P_2 - P_1}{\Delta S}$ 时，消费 S_1，即消费未净化养鸡场产品。

另外，还需要假定：

当 $\theta S_2 - P_2 \geq 0$，$\theta \geq \dfrac{P_2}{S_2}$ 时，才能消费 S_2；

当 $\theta S_1 - P_1 \geq 0$，$\theta \geq \dfrac{P_1}{S_1}$ 时，才能消费 S_1。

由此，可以推出对两种养鸡场产品的需求函数，如式（2-1）所示：

$$D_2(P_1,\ P_2) = F(\bar{\theta}) - F\left(\frac{P_2 - P_1}{\Delta S}\right) = \bar{\theta} - \frac{P_2 - P_1}{\Delta S} \tag{2-1}$$

即，偏好参数超过 $\dfrac{P_2 - P_1}{\Delta S}$ 的消费者购买已净化养鸡场的产品，反之，则购买未净化养鸡场的产品。其中，$F(\bar{\theta})$ 和 $F\left(\dfrac{P_2 - P_1}{\Delta S}\right)$ 分别代表偏好 θ 小于 $\bar{\theta}$ 和 $\dfrac{P_2 - P_1}{\Delta S}$ 的消费者的比例。

$$D_1(P_1,\ P_2) = F\left(\frac{P_2 - P_1}{\Delta S}\right) - F\left(\frac{P_1}{S_1}\right) = \frac{P_2 - P_1}{\Delta S} - \underline{\theta} \tag{2-2}$$

假设两种养鸡场选择价格 P_i 从而实现利润最大化：

$$\pi_i = (P_i - C)D_i(P_i,\ P_j) \tag{2-3}$$

那么，它们的反应函数为：

$$P_2 = R_2(P_1) = \frac{P_1 + C + \bar{\Delta}}{2} \tag{2-4}$$

$$P_1 = R_1(P_2) = \frac{P_2 + C + \bar{\Delta}}{2} \tag{2-5}$$

当两种养鸡场质量差异 $\Delta S = 0$ 时，$P_1 = P_2 = C$。

当下游消费市场均衡时则有：

$$\begin{cases} P_1^c = C + \dfrac{\bar{\Delta} - 2\underline{\Delta}}{3} = C + \dfrac{\bar{\theta} - 2\underline{\theta}}{3}\Delta S \\[4mm] P_2^c = C + \dfrac{2\bar{\Delta} - \underline{\Delta}}{3} = C + \dfrac{2\bar{\theta} - \underline{\theta}}{3}\Delta S > P_1^c \end{cases} \tag{2-6}$$

此时，两种养鸡场所对应的需求为：

$$\begin{cases} D_1^c = \dfrac{\overline{\theta} - 2\underline{\theta}}{3} \\[3mm] D_2^c = \dfrac{2\overline{\theta} - \underline{\theta}}{3} \end{cases} \qquad (2-7)$$

两种养鸡场所获得的利润分别为：

$$\begin{cases} \pi^1(S_1, S_2) = (\overline{\theta} - 2\underline{\theta}) \times (\overline{\theta} - 2\underline{\theta}) \times \dfrac{\Delta S}{q} \\[3mm] \pi^2(S_1, S_2) = (2\overline{\theta} - \underline{\theta}) \times (2\overline{\theta} - \underline{\theta}) \times \dfrac{\Delta S}{q} \end{cases} \qquad (2-8)$$

从上述分析可知：

第一，已净化养鸡场会比未净化养鸡场收取更高的价格，且获得更高的利润。

第二，当两种养鸡场的质量相同时（$\Delta S = 0$），只能收取边际成本的价格。此时，两种养鸡场将无法实现盈利。

第三，在养鸡场优先考虑质量，尔后考虑价格时，最终可以推出 $\{S_1^c = \underline{S}, S_2^c = \overline{S}\}$ 或 $\{S_1^c = \overline{S}, S_2^c = \underline{S}\}$。

可见，只有当养鸡场的产品价格足够高时，养鸡场才会开展疫病净化。当下游消费者了解养鸡场实施疫病净化后的优势越多时，越能促使养鸡场开展疫病净化。即，增加掌握疫病净化信息的下游消费者数量，可以充分调动养鸡场实施疫病净化的积极性，从而保障所生产产品的质量。因此，足够展示疫病净化的优势，确保所售产品的价格，可有效激发养鸡场持续开展疫病净化的动力，进而提高其生产经营效率[55]139-147，确保产品的安全性。

二、技术传播与采用分析

需要说明的是，技术进步可能源于新技术的创造，也可能来自于新技术的采用。不过，技术创新却很少被瞬时采用。其主要受制于两方面原因：一是企业虽然期望需求的增长，但不希望在形成有效需求前投入大量的采用成本；二是企业期望技术的不确定性能有所下降或是降低技术的采用成本。但总体来看，技术的扩散路径呈现 S 形（即早期少量企业采用技术创新，随着时间推移，采用的过程加速；当部分企业已经采用时，这个过程则会减速），该结论已被 Mansfield 于

1968 年证明[56]534-537。

具体来讲，本书将考察疫病净化这项技术在家禽生产中的扩散过程。假定在第 0 期进行技术创新，并且任何养鸡场可以在未来 t 期以成本 C(t) 采用。假设采用成本为一次性支付，那么 C(t) 则为沉没成本。其中，$C'(t) < 0$，$C''(t) \geq 0$（采用成本随时间推移减速下降）。如果 C(0) 时数额较大，那么不存在企业在第 0 期采用。随着疫病净化政策的持续推进，每一个养鸡场都必须选择一个采用时间，那么养鸡场就无法延迟观察以及回应其竞争对手的行动。

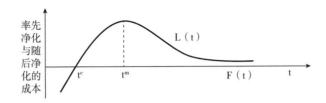

图 2-5　疫病净化技术的先占与扩散

图 2-5 给出的是率先开展疫病净化养鸡场的净收益与随后开展疫病净化养鸡场的净收益。均衡的采用时间 t^c 由 $V = C(t^c)$ 给出，如果养鸡场 A 计划在 t^c 之后采用，那么养鸡场 B 只需要稍早采用就会做得更好。这样，任何建议的 $t > t^c$ 的均衡采用时间 $\tilde{t}$，都容易被事先采用击败。假设仅有一个养鸡场可以采用疫病净化技术，那么该场需要选择采用期 t^m，以使 $[V - C(t)]e^{-rt}$ 最大化即可。其一阶条件为 $r(V - C(t^m)) = |C'(t^m)|$，即延迟的净收益 $(V - C(t^m))$ 利息等于相关成本的节约。需要注意的是 $V > C(t^m)$，这意味着 $t^m > t^c$。假如疫病净化技术专有，那么养鸡场采用时间会变晚。当然，也会出现极端情况，如果已净化养鸡场的产品差异显著，使得 C(t) 显著下降，未净化养鸡场也最终会采用。因此，上述分析可以很好地回答为什么越来越多的养鸡场开始重视疫病净化工作，并着手贯彻落实疫病净化政策，积极采用疫病净化技术。

三、疫病净化的个体与社会效益分析

如前文所述，畜禽产品关系着人类的饮食安全，具有较强的外部性。因此，各国政府都非常重视动物疫病的控制。疫病净化作为一种有效的疫病控制手段，目前也被广泛采用。考虑到实施疫病净化会造成诸多费用，例如政府部门的支

出、养鸡场的开销以及疫病净化的直接费用，本章将通过图 2-6 进行描述。

　　在图 2-6 中，GH 线表示执行疫病净化带给国家的效益，AB 线表示政府部门边际成本，CD 线代表养鸡场及相关利益群体的附加显性边际成本。如果仅考虑政府部门的支出，X_3 处为国家获得最高收益时疫病净化达到的最优水平，但是考虑到养鸡场及相关利益群体的费用时，最优的疫病净化水平将降至 X_2，并且再考虑到一些间接成本，最优点将再次降至 X_1。这就说明，完全以国家利益为中心，将会提高疫病净化的成本，增加养鸡场及相关利益群体的支出。

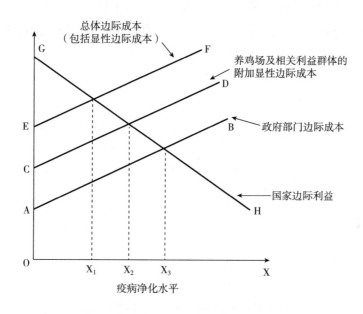

图 2-6　开展疫病净化带给有关部门的成本

　　在一些发达国家，通常将经济干预作为疫病防控的最后手段，只有出现市场失灵的局面，才会启用。但事实上，开展疫病净化可以减少疫病在其他群体发生和传播的风险，此时采取净化措施给社会带来的效益远远超过个人利益。可对于养鸡场而言，在采取疫病净化决策时，并未思索将会给社会带来额外的收益。此处就可以很好地解释为什么政府部门对已开展疫病净化的养殖场补贴力度较大，以及提供诸多政策配套来保障净化工作的顺利进行。

　　当然，结合本书的研究来看，一旦疫病出现负外部性特征时，就需要政府部门干预动物疫病的控制。虽然政府部门干预的手段多种多样，但最为常见的就是补贴养殖者控制疫病所发生的费用。即，疫病控制每单位费用的补贴应和 GH 线相等，方能确保养殖场获得最优的疫病控制效果。但前提是，养鸡场能够从疫病控制中获益。

在图 2–7 中，研究假定养鸡场可以从疫病净化中获得最大收益，AB 线代表养鸡场净化动物疫病的边际成本，CD 线代表养鸡场净化动物疫病的边际收益，EF 代表养鸡场净化动物疫病的边际社会利益。假设养鸡场的决策者以利润最大化为决策目标，他们从疫病净化决策中获得的最大经济利益在 M 处，但是最优的边际社会利益却要求疫病净化水平在 N 处，此时出现了一个难以实现的社会经济利益，即 PIQ 围成的三角形区域，这就要求政府部门做出相应的政策调整，从而提升养鸡场参与疫病净化的动力。

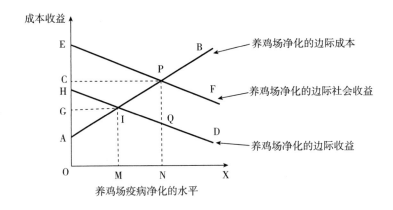

图 2–7　养鸡场进行疫病净化决策时个体利益与社会效益的识别

因此，国家推行疫病净化政策时需要考虑养鸡场参与的动机，否则将会影响国家政策的效果。在这种情况下，养鸡场优先思考的问题就是净化不同疫病所获得的经济收益。但事实是，养鸡场缺乏充盈的条件去执行政策，因而需要政府做好相关的配套工作。例如，支持净化技术的研究与开发、为有关专家提供研发便利等。当然，政府在制定疫病净化政策时，需要考虑经营收入差异、地区差异、疫病流行差异等，从而确保净化政策具备可操作性。

需要说明的是，社会成本效益分析不局限考量个体效益，同时还需考虑超越个体利益的疫病净化所触及的社会效益。单纯考虑养鸡场的经济效益，忽视隐匿的社会效益，将会低估国家疫病净化政策的效果。不过，本书将主要围绕养鸡场层面展开研究，社会效益的分析可在未来做进一步的探索。

四、畜禽疫病控制的成本—效益分析

动物卫生经济学分析通常将流行病学和经济学的研究方法结合在一起，从而解决动物卫生领域的有关问题，它可以应用在三个领域：①评估疫病防控的因果关系；②测算和分析损失；③讨论防控措施的效果。目前，动物卫生经济评估中最常用的就是"边际相等原则"思想，并通过成本收益分析，找到疫病优化控制的解决思路，而较为多见的就是由 Mcinerney 提出的畜禽疫病控制成本—效益分析模型。对此，本章将基于 Mcinerney 模型，从单一疫病净化和多种疫病净化两方面探讨这项防控措施的"经济可行性"。

事实上，动物疫病的暴发可以造成经济损失，但通过净化可以预防疫病的发生或降低效益的受损程度，进而避免经济损失。为此，Mcinerney 给出了避免损失函数，如式（2-9）所示：

$$L = A - F(E) \qquad (2-9)$$

其中，L 表示都能避免的损失，A 表示不开展疫病净化的损失，E 表示疫病净化的支出水平。

当然，更为简单的表达式如式（2-10）所示：

$$B = F(E) \qquad (2-10)$$

其中，B 表示疫病净化后的收益（规避的损失）。当 $E=0$，全部损失为 A，这是因为当 $E=0$ 时，$F(E)=0$。假定该函数与 McInerney 的避免损失函数为相同的形式，那么，它会以递减的速度增加并且上限为 A。这时，总效益函数可以描绘为图 2-8 中的 ODEG 曲线，它可能或者不可能到达极限 A。假如它能够达到 A，即说明疫病净化完全阻止了疫病的发生。总的成本可由 O 引出的一条 45°直线 OH 表示，当疫病净化支出水平最小时，效益值为 E_1。

1. 单一疫病净化的最优分析

假如本书仅考虑净化一种疫病，当式（2-11）最大时净收入 N 值最大。

$$N = B - C \qquad (2-11)$$

这时，它的必要条件为边际收益与边际成本相等，即：

$$F'(E) = 1 \qquad (2-12)$$

式（2-12）意味着动物疫病的净化支出需要持续进行，直至收回投入的成本。

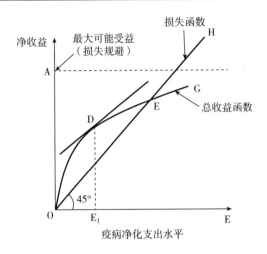

图 2-8 McInerney 模型的基本形式

假如出现图 2-8 中描绘的一般现象，那么投入在某种动物疫病净化的成本获得的收益可以由图 2-9 中的 JKM 曲线表示，并且边际收益可以由 JPQ 曲线表示。

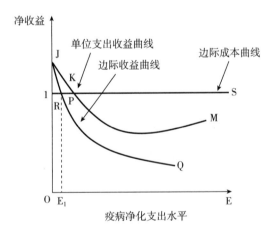

图 2-9 开展疫病净化的单位收益与成本曲线

从现实角度来看，单位支出收益曲线和边际收益曲线是递减的，这时如果动物疫病净化的支出减少，那么成本收益比将扩大。然而，如果仅考虑成本收益比，那么就很难达成动物疫病净化的边际收益等于边际成本这一最优原则，即无法获得疫病净化效益的最大值。当且仅当在支出水平为 E_1 时，疫病净化的净收益最大。当然，上述分析必不可少的假设就是，养鸡场已将现有的疫病净化资源得到了最大化的利用，并且对疫病净化投入的费用得到了最优化的使用。

2. 多种疫病净化的最优分析

对于养鸡场而言，经常需要面对多种疫病的预防问题，那么如何利用 McInerney 模型进行多种疫病净化的最优分析呢？假定养鸡场可能发生 $i = 1, 2, \cdots, n$ 种疫病，并且这些病种互不影响，净化费用互不交叉，如此可以在式（2 – 11）的基础上寻找效益的最大值 T：

$$T = \sum_{i=1}^{n} N_i = \sum B_i - C_i \tag{2 – 13}$$

同理，在式（2 – 10）的基础上，避免损失函数为：

$$T = \sum N_i = \sum [F_i(E_i) - C_i] \tag{2 – 14}$$

若要实现最大，则必要条件为：

$$F'_i(E_i) = 1; \quad i = 1, 2, \cdots, n \tag{2 – 15}$$

即净化各种疫病的支出要加大到从每种疫病净化后得到的收益等于净化该种疫病支付的成本。无论如何，如果 $F'_i < 0$，那么其必要条件能够自动满足。不过，如果疫病净化的单位支出收益如果小于1，那么疫病净化这种防疫方式就不值得推荐。当然，以上分析是基于疫病净化的资金不受限制的前提下做出的。在实际生产过程中，养鸡场并不能满足上述最优条件，因此资金在进行有效分配后，完全可以确保疫病净化的边际收益等于边际成本，实现疫病净化效益的最大化。

前文分析了多种疫病净化互不影响的情况，但事实是净化某种疫病，可以降低其他疫病暴发的可能性。在这种情况下，净化不同疫病的收益与成本是互相影响的，这时净收益可以表示为：

$$T = T(E_1, E_2, \cdots, E_n) \tag{2 – 16}$$

那么，式（2 – 16）净收益最大化的必要条件为：

$$\frac{\partial T}{\partial E_1} = \frac{\partial T}{\partial E_1} = \cdots = \frac{\partial T}{\partial E_1} = 0 \tag{2 – 17}$$

可见，对于任意疫病净化水平的支出来讲，当各种疫病的边际贡献相对于总效益的比率相等时，此时各种疫病净化的支出达到了最优的分配和平衡。

下面我们以净化鸡白痢和禽白血病的条件加以解释，这时总效益函数为：

T = T(E_1，E_2)   (2-18)

其讨论的焦点就是给定任意水平的疫病净化总支出，可以使总的净收益最大。假定 z 是一个给定的疫病净化支出。那么：

$$z = T(E_1，E_2) \qquad\qquad (2-19)$$

$T(E_1，E_2)$ 代表对应的动物疫病净化中能够得到的净收益曲线，其可以由图 2-10 中的 ABC 曲线表示。在没有限制条件的时候，总的净收益可以表示为：

$$T = T_1 + T_2 \qquad\qquad (2-20)$$

这是一种明显的线性关系，对任意指定水平的净收益 II_1 有：

$$II_1 = T_1 + T_2 \qquad\qquad (2-21)$$

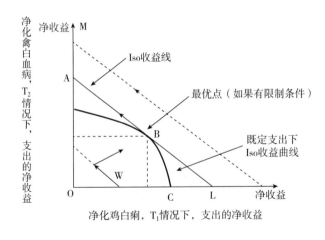

图 2-10　有限制条件下的两种疫病净化的经济学优先

假如 II_1 可以由图 2-10 中的 OM 表示，等净收益线（Iso-net Benefit）可由 ABL（斜率为 1）表示。图中 W 曲线与 ABL 平行且随着箭头向东北方向移动，疫病净化的净收益逐步递增。由此，如果支出为 z，在疫病净化的支出分配中 B 点为最优点，这时等净收益线可以到达最高点。在该点，净化禽白血病的净收益增加的速度与净化鸡白痢净收益增加的速度相等，其正切值为：

$$\frac{\partial T}{\partial E_1} \bigg/ \frac{\partial T}{\partial E_1} = 1 \qquad\qquad (2-22)$$

简化后为：

$$\frac{\partial T}{\partial E_1} = \frac{\partial T}{\partial E_1} \tag{2-23}$$

需要明确的是，随着疫病净化支出的不断提高，此处可以生成若干向右上方向移动的等净收益曲线。在图 2-11 中，曲线 DEF 代表了疫病净化支出水平比 z 高的等净收益。这时，E 点为进行疫病净化最合理的支出分配。如果支出水平不断发生变化，那么全部的最优点可以形成一条 OBEH 的曲线，可以称作最优效率路径。最大净收益要求在该路径上协调两种疫病的净化方案。当然从理论上讲，在没有支出约束的前提下，养鸡场可以在效率路径上进行支出，直至它的边际净收益为零，这种情况极可能在 G 点出现。

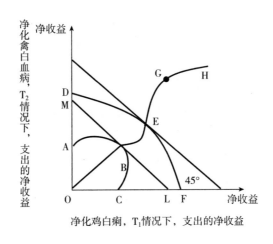

图 2-11　疫病净化支出的最优效率路径

此外，从以上分析中可得出两个结论：第一，如果净收益最大化，那么在任意的疫病净化支出水平，都可以获得最大化的净收益；第二，无论获得多少净收益，疫病净化的总支出也要求最小。

3. McInerney 模型的进一步改进

前文分析了净化单一或多种疫病的经济学问题，但在现实中，某些疫病可以在较低的净化支出水平就能够增加边际效益，虽然边际效益在逐步递减。那么，在这种情况下，总收益曲线可由图 2-12 表示。在该图中，曲线 OABCD 代表疫病净化所得的收益，直线 OF 代表疫病净化所付的费用。由图中不难发现，疫病净化支出的费用只有介于 E_1 和 E_3 之间，疫病净化才能获得净收益。对此，可以

将 E_1 和 E_3 看作收支平衡的点（临界值），当 $E = E_2$ 时，疫病净化获得最大净收益。

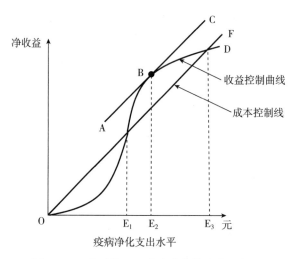

图 2 - 12　特殊情况下疫病净化的总收益曲线

图 2 - 13 给出了对应特殊情况下疫病净化的总收益曲线的每个单位曲线。其中，曲线 OHJK 是单位支出的收益，f（E）/E 对应图 2 - 12 的收益曲线 OABCD，曲线 ORST 为边际收益 f′（E）。直线 UV 表示疫病净化的平均边际成本，它的值等于 1。

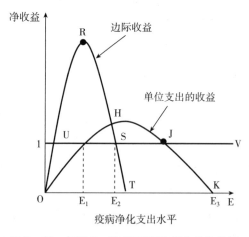

图 2 - 13　与图 2 - 12 相对应的每个单位曲线

当然，在某些情况下疫病净化也可能不产生收益，除非净化的支出低于某种最低水平。例如，开展疫病净化工作需要一定的启动费用，如果没有达到所需的最低支出，可能不会产生预期的效果。

在图 2－14 中，曲线 ABCD 为收益曲线，只有 $E > E_1$ 时，疫病净化才能获取收益，当 $E \leqslant E_1$，收益为零。当且仅当 $E \geqslant E_1$，$f' > 0$，$f'' < 0$，疫病净化的收益才能等于 $f(E)$。其中，当疫病净化支出达到 E_2 时，才会有净收益，当疫病净化支出达到 E_3 时，取得的净收益最大。

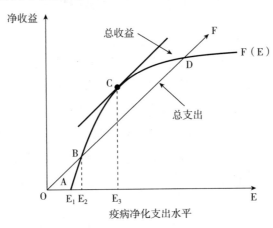

图 2－14 疫病净化达到一定支出水平才能产生收益的图解

此外，对应图 2－14 曲线的边际曲线如图 2－15 所示，边际收益的起始点为零，单位支出的平均收益起始点为负数。如果净化某种疫病从而获得效益，单位

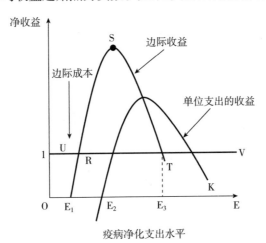

图 2－15 对应图 2－14 曲线的边际曲线图解

收益曲线需要超过单位成本曲线，这就要求净化某种疫病的成本收益比大于1。从图2-15来看，直线UV必须穿过单位成本收益曲线HJK。需要注意的是，当多种疫病净化的效益不互相影响时，那么净化的支出应仅给那些能从疫病净化中获得收益的病种。如果疫病净化的支出是有限的，那么经费应当优先分配给那些成本收益比大的病种。

第四节　本章小结

本章主要从三个方面展开讨论：第一，明晰动物疫病防控、动物疫病净化、种鸡的概念，并具体交代了疫病净化的阶段、效果和方式等内容；第二，梳理了本书的理论基础，包括动物卫生经济学理论、生产者行为理论和规模经济理论，并说明三者与本研究的关系；第三，从产业经济学和动物卫生经济学两个学科、四个视角探讨疫病净化的经济学基础，并总结可能产生的种种影响，从而为后文的进一步研究做好理论铺垫。

第三章 我国家禽养殖及疫病净化的现状分析

第一节 我国家禽养殖的现状分析

一、全国家禽生产情况

1. 家禽饲养的存栏与出栏情况

2000～2016年，我国家禽饲养的存栏量和出栏量稳步增加。2000年，我国家禽年出栏量为80.98亿只，2016年出栏量为123.7亿只，增幅为52.75%，年均增幅为3.3%。相比出栏量，存栏量的变化幅度较小。2000年全国家禽年底只数为46.4亿，到2016年仅为59亿只，增幅为27.16%，年均增幅为1.7%。总体来看，除了受禽流感影响的年度（2006年和2013年）外，其余年份家禽业的存栏量和出栏量均为正向增长（见图3-1）。

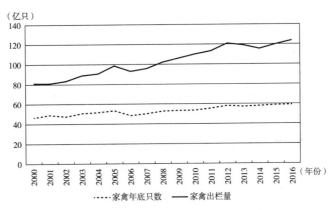

图3-1 2000～2016年我国家禽饲养的出栏和存栏情况

数据来源：Wind资讯，国家统计局官方网站。

2. 家禽产品的供给情况

从禽蛋产量的角度来看，我国家禽主要产品的供给有了小幅的增长。2000年全国禽蛋产量为2182万吨，2016年禽蛋产量为3094.9万吨，增加了912.9万吨，增幅为41.84%，年均增幅为2.6%。其中，在2000年，禽肉产量仅为1207.5万吨，到2016年变为1888.2万吨，增加了680.7万吨，增幅为56.37%，年均增幅为3.5%。相比而言，禽肉产量的增速略高于禽蛋产量的增速，但二者总体上呈现上升趋势（见图3-2）。

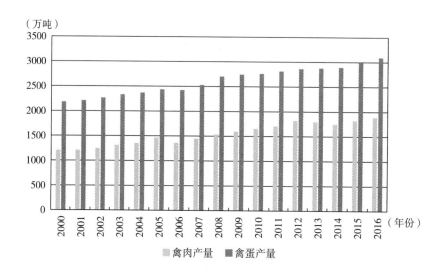

图3-2　2000~2016年我国家禽产品的供给情况

数据来源：Wind资讯，国家统计局官方网站。

3. 家禽产业产值的变化情况

从畜牧业产值的角度来看，整体上呈现了波动中快速提升的趋势（见图3-3）。2005年，全国畜牧业总产值仅为13310.78亿元，到2016年变为31703.2亿元，增加了18392.42亿元，增幅为138.18%，剔除通货膨胀后年均增幅为5.2%（以2005年为基期，畜牧业CPI为平减指数）。其中，2008年禽业总产值为4881.2亿元，占牧业总产值的23.71%。到2016年，禽业总产值变为7619.1亿元，占牧业总产值的24.03%，较2005年的比值微增了0.32个百分点。近八年间，禽业总产值增加了2737.9亿元，增幅为56.09%，剔除通货膨胀后年均增幅为2.98%（以2008年为基期，畜牧业CPI为平减指数）。

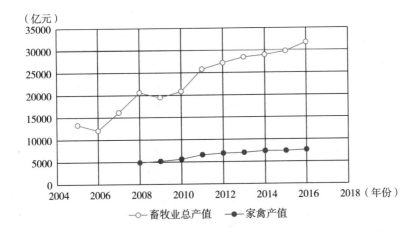

图 3 - 3 2004 ~ 2016 年我国畜牧业产值变化情况

数据来源：Wind 资讯，国家统计局官方网站。

二、全国种鸡饲养情况

1. 种鸡场的数量变化情况

表 3 - 1 给出了 2002 ~ 2016 年我国种鸡场数量的变化情况。由表可知，种蛋鸡场的数量变化呈现先上升后下降的趋势。其中，祖代蛋鸡场和父母代蛋鸡场的变化趋势与种蛋鸡场相同。2009 年，三类养鸡场的数量全部出现了峰值，分别为 1650 个、107 个、1543 个，随后开始急速下降。此外，种肉鸡场的数量也发生了较大幅度的变化，于 2010 年到达了顶峰，为 2208 个。其中，祖代肉鸡场在 2008 年数量最大，为 174 个，父母代肉鸡场的数量峰值出现在了 2010 年，为 2068 个，随后开始逐步回落。总体来看，所有类型养鸡场的数量都在减少。相比而言，种蛋鸡场的数量降幅更大。

表 3 - 1 2002 ~ 2016 年我国种鸡场数量的变化情况 　　　　　单位：个

年份	种蛋鸡场	祖代蛋鸡场	父母代蛋鸡场	种肉鸡场	祖代肉鸡场	父母代肉鸡场
2002	1165	53	1025	1250	82	1083
2003	1118	57	1053	1273	96	1168
2004	1139	69	1046	1389	127	1244
2005	1243	55	1137	1361	78	1210
2006	1246	60	1153	1437	91	1321

续表

年份	种蛋鸡场	祖代蛋鸡场	父母代蛋鸡场	种肉鸡场	祖代肉鸡场	父母代肉鸡场
2007	1260	51	1160	1657	98	1511
2008	1572	93	1479	2088	174	1914
2009	1650	107	1543	2206	160	2046
2010	1495	105	1390	2208	140	2068
2011	1215	92	1123	1804	126	1678
2012	1096	71	1025	1756	123	1633
2013	1092	81	1011	1902	138	1764
2014	1050	88	962	1829	145	1684
2015	944	58	886	1698	168	1530
2016	862	80	782	1469	143	1326

注：种蛋鸡场包括祖代蛋鸡场和父母代蛋鸡场，种肉鸡场包括祖代肉鸡场和父母代肉鸡场。

数据来源：《中国畜牧兽医年鉴》（2003～2017年）。

2. 种鸡场的存栏和出栏情况

表3-2给出了2003～2016年我国种蛋鸡场存栏和出栏情况。从存栏的角度来看，种蛋鸡场的存栏套数从2003年的1327万套增长至2016年的5398万套，增加了4071万套，增幅为306.78%，年均增幅为23.60%。其中，祖代蛋鸡场的存栏套数从2003年的89万套增长至2016年的427万套，增加了338万套，增幅为379.78%，年均增幅为29.21%。父母代蛋鸡场的存栏套数从2003年的1235万套增长至2016年的4971万套，增加了3736万套，增幅为302.51%，年均增幅为23.27%。相比而言，祖代蛋鸡场的存栏套数增速最快。从出栏的角度来看，祖代蛋鸡场的出栏套数从2003年的3994万套增长至2016年的6258万套，增加了2264万套，增幅为66.71%，年均增幅为5.13%。相较来看，祖代蛋鸡场存栏的年均增长速度远高于出栏的年均增长速度。

同时，由表可以看到种蛋鸡场和父母代蛋鸡场存栏量的最高点位于2014年，随后开始下降。然而，祖代蛋鸡场的存栏量早在2009年就到达了顶点，随后在波动中下滑。此外，祖代蛋鸡场的出栏量在2009年和2012年超过了一亿套，并自2012年后渐渐回落，2016年与高点相比下降了约5000万套，这主要与2013年暴发的禽流感密切相关。

表3-2　2003~2016年我国种蛋鸡场存栏和出栏情况　　单位：套

年份	种蛋鸡场存栏	祖代蛋鸡场存栏	父母代蛋鸡场存栏	祖代蛋鸡场出栏
2003	13271289	885992	12347297	39940823
2004	17477717	1175267	16302450	35965753
2005	17727387	1024996	16353677	17639244
2006	19850982	1075304	18775678	12918700
2007	25419560	2747372	22548658	15686597
2008	37158395	3332493	33825902	34074333
2009	41298043	4964331	36333712	112516806
2010	45076101	4703754	40372347	61269595
2011	45342524	4305210	41037314	81089166
2012	39484445	3523263	35961182	115125481
2013	56570672	4529482	52041190	89308551
2014	57723117	4004117	53719000	74677527
2015	56466288	3520893	52945395	61785309
2016	53984290	4269478	49714812	62579422

注：父母代蛋鸡场的出栏产品为商品代蛋鸡，不列入种鸡的考察范畴。

数据来源：《中国畜牧兽医年鉴》（2004~2017年）。

表3-3给出了2003~2016年我国种肉鸡场存栏和出栏情况。从存栏的角度来看，种肉鸡场的存栏套数从2003年的2868万套增长至2016年的9515万套，增加了6647万套，增幅为231.76%，年均增幅为17.83%。其中，祖代肉鸡场的存栏套数从2003年的186万套增长至2016年的782万套，增加了596万套，增幅为320.43%，年均增幅为24.65%。父母代肉鸡场的存栏套数从2003年的2677万套增长至2016年的8769万套，增加了6092万套，增幅为227.57%，年均增幅为17.51%。相比而言，祖代肉鸡场的存栏套数增速最快。从出栏的角度来看，祖代肉鸡场的出栏套数从2003年的3199万套增长至2016年的6023万套，增加了2824万套，增幅为88.28%，年均增幅为6.79%。

另外，从表中可知种肉鸡场以及父母代肉鸡场的存栏量于2013年到达了顶点，两者同时超过了1.2亿套，随后开始逐渐下滑。而祖代肉鸡场的存栏量于2015年达到了顶峰，为1100万套，之后2016年又降至780万套。从祖代肉鸡场的出栏量来看，自2008以来，多数年份超过了1亿套，其中2010年的出栏量最高，为 1.8 亿套，几乎是 2016 年出栏量的 3 倍。就最近两年来看，祖代肉鸡场的出栏量稳定在 6000 万套左右。

表 3 - 3   2003 ~ 2016 年我国种肉鸡场存栏和出栏情况   单位：套

年份	种肉鸡场存栏	祖代肉鸡场存栏	父母代肉鸡场存栏	祖代肉鸡场出栏
2003	28681069	1860728	26772541	31992905
2004	31792395	4203239	27589156	23848683
2005	39421036	3065642	35745053	39004091
2006	40569726	2269412	38300314	33206345
2007	52808271	4369370	48031901	47553422
2008	71242572	4925674	66316898	103026215
2009	79283130	4552633	74730497	116005364
2010	86558956	4526542	82032414	184085582
2011	93725130	3974949	89750181	126997671
2012	94717114	3183345	91533769	64923532
2013	125817774	4912486	120905288	109107717
2014	110262806	7107732	103155074	111865440
2015	99680674	11174263	88506411	67020912
2016	95152557	7818106	87694451	60229772

注：父母代肉鸡场的出栏产品为商品代肉鸡，不列入种鸡的考察范畴。

数据来源：《中国畜牧兽医年鉴》（2004 ~ 2017 年）。

三、全国养鸡场成本收益情况

1. 蛋鸡场的成本收益情况

表 3 - 4 给出了规模化蛋鸡场每百只鸡的成本收益情况。由表可知，规模化蛋鸡场近几年主产品的产量稳定在 1700 千克左右，但产值呈现递减态势，主要因为主产品产值一直在下跌。从总成本的角度来看，出现了先上升后下降的趋势，其中土地成本的变幅不大，变化来源主要是生产成本的变动。就详细科目来看，物质与服务费用于 2014 年达到最高，随后开始下降。而人工成本及家庭用工折价一直在攀升，后几年的雇工费用较 2011 年也有了明显的提高。可见，人力成本已成为蛋鸡养殖成本增加的主要来源之一。这不难理解，随着我国城市化

进程的加速，大量的农村劳动力选择进城务工，造成从事养殖业生产的机会成本显著增加。因此，需要养鸡场尽可能地实行规模化、机械化生产，降低劳动力的投入，从而获取更高的经济利润[57]58。

表 3 – 4　2011 ~ 2016 年规模化蛋鸡场每百只鸡的成本收益情况

成本收益项目	2011 年	2012 年	2013 年	2014 年	2015 年	2016 年
主产品产量（千克）	1719.29	1732.85	1752.59	1742.01	1749.24	1762.28
产值合计（元）	16160.77	15900.81	15835.28	18069.46	15960.03	14919.79
主产品产值（元）	14045.48	13886.19	13937.58	15969.32	13863.66	12878.05
副产品差值（元）	2115.29	2014.62	1897.7	2100.14	2096.37	2041.74
总成本（元）	14322.93	15338.31	15876.74	16407.3	15129.47	14545.49
生产成本（元）	14300.76	15311.18	15853.81	16384.53	15109.53	14523.64
物质与服务费用（元）	13523.63	14324.87	14735.73	15171.93	13875.48	13237.11
人工成本（元）	777.13	986.31	1118.08	1212.6	1234.05	1286.53
家庭用工折价（元）	480.28	647.53	739.64	819.66	876.95	914.12
雇工费用（元）	296.85	338.78	378.44	392.94	357.1	372.41
土地成本（元）	22.17	27.13	22.93	22.77	19.94	21.85
净利润（元）	1837.84	562.5	−41.46	1662.16	830.56	374.3
成本利润率（%）	12.83	3.67	−0.26	10.13	5.49	2.57

数据来源：《中国畜牧兽医年鉴》（2011 ~ 2016 年）。

另外，从成本利润率的角度来看，2013 年由于受禽流感的大范围影响，造成大量鸡群遭到扑杀，使得蛋鸡场的生产成本大幅增加，营业利润受到挤压，所以当年的成本利润率为负。随后在 2014 年，蛋鸡场需要及时补栏，市场需求旺盛，又造成当年出现供小于求的现象，使得蛋鸡场的经济效益大幅提升。总体来看，成本利润率呈现周期波动趋势，需要蛋鸡场比较合理地控制饲养规模，以此保障生产经营的可持续性。

2. 肉鸡场的成本收益情况

表 3 – 5 给出了 2011 ~ 2016 年规模化肉鸡场每百只鸡的成本收益情况。表中结果显示，规模化肉鸡场的主产品产量以及产值近几年一直在小范围波动，总体变化不大。但产值自 2014 年开始逐年下降，原因在于主产品产值的减少，

考虑到 2014～2016 年禽类产品的市场价格一直在降低,从而造成了上述现象的出现。从总成本的角度来看,土地成本于 2013 年达到了高点,随后开始下跌。物质与服务费用的变化不大,但人工成本与家庭用工折价一直呈现上升趋势,这与蛋鸡场的情况类似,日后进行机械化、智能化的改造将是未来生产管理的重点。

表 3-5　2011～2016 年规模化肉鸡场每百只鸡的成本收益情况

成本收益项目	2011 年	2012 年	2013 年	2014 年	2015 年	2016 年
主产品产量(千克)	230.33	243.04	231.57	229.92	230.91	235.15
产值合计(元)	2673.16	2726.36	2635.4	2819.85	2671.64	2658.18
主产品产值(元)	2648.24	2700.2	2606.81	2792.97	2642.43	2629.75
副产品差值(元)	24.92	26.16	28.59	26.88	29.21	28.43
总成本(元)	2453.78	2580.34	2601.94	2641.42	2589.52	2505.01
生产成本(元)	2448.19	2575.22	2594.1	2634.36	2583.36	2499.64
物质与服务费用(元)	2280.51	2354.18	2354.63	2380.95	2318.73	2219.47
人工成本(元)	167.68	221.04	239.47	253.41	264.63	280.17
家庭用工折价(元)	120.12	165.93	191.96	202.37	214.27	237.69
雇工费用(元)	47.56	55.11	47.51	51.04	50.36	42.48
土地成本(元)	5.59	5.12	7.84	7.06	6.16	5.37
净利润(元)	219.38	146.02	33.46	178.43	82.12	153.17
成本利润率(%)	8.94	5.66	1.29	6.76	3.17	6.11

数据来源:《中国畜牧兽医年鉴》(2012～2017 年)。

从净利润的角度来看,规模化肉鸡场每百只鸡的净利润近些年来发生了较大幅度的变化。最高位在 2011 年,达到了 219.38 元,最低谷在 2013 年,仅为 33.46 元,二者之间的差额高达 185.92 元,这主要与养殖业行情的周期性波动有关[58]105,同时 2013 年暴发的禽流感也对此产生了不良影响。此外,随着净利润的变动,其成本利润率也进行了同方向的变化,说明今后需做好饲养成本的控制,尽可能地将利润水平稳定在一个固定区间内。

第二节　我国家禽疫病净化的现状分析

鉴于《国家中长期动物疫病防治规划》(2012—2020 年）中要求净化的禽类疫病主要为鸡的病种，因此本书将主要分析鸡疫病净化的现状。另外，由于目前尚未有全国性鸡疫病净化调查的数据，所以本书使用了《规模化养鸡场禽白血病、鸡白痢净化经济及社会效益调查表》的数据作为分析对象。该套数据来自对全国 30 个省（自治区、直辖市），除去中国香港、中国澳门、中国台湾和西藏自治区，297 个规模化养鸡场 2011~2015 年的调查，所获数据的基本情况如下：

一、样本选取

本次调查要求各省已经开展鸡白痢、禽白血病净化的养鸡场必须填写问卷，未净化的养鸡场则采取随机抽样的方式，选取一定数量的养鸡场参与调查。收集数量为该省 2014 年种鸡场数量的 8%，可上下略有浮动。样本的选取涵盖了不同省份的养鸡场，以便比较不同地区以及省份养鸡场开展疫病净化所取得的成效。另外，此次调查的养鸡场均为饲养规模大于 10000 只，上不设顶。

二、调研内容

调查问卷内容包括以下 8 个部分（见附录三）：

（1）养鸡场的基本情况。包括养鸡场的销售区域、类型、饲养方式、引种来源、引种方式、栏舍类型、是否已开展疫病净化、净化开始的时间等。

（2）养鸡场的政府补贴情况。包括重大动物疫病强制免疫疫苗补助、动物疫病强制捕杀补助、基层动物防疫工作补助、种养业废弃物资源化利用支持补贴、农业保险支持补贴、禽流感补贴、其他补贴等。

（3）养鸡场饲养规模及日常管理变化情况。涉及各生长阶段鸡（种用公鸡、雏鸡、育成鸡、产蛋鸡）的存栏量、出栏量、年均出栏价格、日均吃饲料的克数、日均吃饲料的费用、料蛋比、料肉比、注射疫苗次数等。

（4）职工工资及福利年收入变动情况。包括管理人员、技术人员、饲养人员、其他人员的数量及工资情况。

（5）开展疫病净化发生的额外成本情况。包括抗体和抗原的检测费用、疫苗的质检费用等。

（6）养鸡场相关成本与收益变化情况。包括疫苗费用、诊疗费用、土地租赁或使用费用、固定资产投资、动力费用、日常消耗品费用、垫脚料成本、病死鸡无害化处理费用、保险费用、副产品收益、粪便处理净收益、废弃物处理净收益等。

（7）养鸡场生产性能指标。包括各个阶段鸡群的禽白血病和鸡白痢的发病率、病死率、死亡率、淘汰率、开产日龄、日最高产蛋率、种蛋合格率、种蛋受精率、受精蛋孵化率、健母雏率等。

（8）相关辅助问题。包括养鸡场的基本情况、档案管理、日常管理等。

三、疫病净化现状的特征分析

本书根据中国的行政区划将 34 个省（自治区、直辖市）和特别行政区划分为 7 个区域，分别是华北地区、华东地区、华中地区、华南地区、西南地区、西北地区和东北地区。其中，西藏、中国香港、中国澳门以及中国台湾不在此次调查范围之内。接下来，本书将分不同特征讨论我国养鸡场疫病净化的现状。

1. 全国养鸡场的疫病净化现状

表 3 - 6 给出了全国养鸡场开展疫病净化的情况。总体来看，有 508 个养鸡场未开展疫病净化，占样本总数的 36.44%。886 个养鸡场已开展疫病净化，占样本总数的 63.56%。其中，已开展禽白血病净化的养鸡场有 548 个，占样本总数的 39.31%；已开展鸡白痢净化的养鸡场有 863 个，占样本总数的 61.91%；已开展其他疫病净化的养鸡场有 111 个，占样本总数的 7.96%。分不同地区来看，华北地区的禽白血病和鸡白痢净化率最高，西南地区最低。东北地区其他疫病的净化率最高，华北地区最低。相比而言，开展鸡白痢净化的养鸡场数量较多，东部地区已净化养鸡场的占比高于中西部地区。

表 3 - 6　全国养鸡场的疫病净化现状　　　　　　单位：个

地区	未净化	已净化						合计
		禽白血病	净化率	鸡白痢	净化率	其他疫病	净化率	
华北地区	39	147	61.25%	201	83.75%	7	2.92%	240
华东地区	143	155	43.66%	199	56.06%	14	3.94%	355

续表

地区	未净化	已净化						合计
		禽白血病	净化率	鸡白痢	净化率	其他疫病	净化率	
华中地区	77	51	29.14%	94	53.71%	27	15.43%	175
华南地区	34	30	40.00%	41	54.67%	6	8.00%	75
西南地区	113	56	23.83%	116	49.36%	10	4.26%	235
西北地区	38	47	37.90%	86	69.35%	15	12.10%	124
东北地区	64	62	32.63%	126	66.32%	32	16.84%	190
全国	508	548	39.31%	863	61.91%	111	7.96%	1394

数据来源：笔者根据实地调研数据，经计算得到。

2. 不同类型养鸡场的疫病净化情况

表3－7显示了本书所使用的不同类型养鸡场2015年的分布特征。经过研究人员的校对，实际收到的问卷数量为：吉林和四川17个，山西15个，辽宁和浙江14个，重庆和云南13个，北京、河北、江苏、安徽、湖南、湖北和河南各12个，福建11个，黑龙江、山东和江西各10个，贵州9个，陕西8个，天津和海南7个，上海和甘肃6个，内蒙古、广东、广西和新疆各5个，宁夏和青海4个，合计全国30个省份297个养鸡场。

在所选省份的被调查养鸡场中，北京、河北、内蒙古、江西、广西、陕西、河南和宁夏这8个省份的养鸡场全部开展了疫病净化，天津、山西、辽宁、黑龙江、江苏、浙江、甘肃和海南这8个省份的已净化养鸡场占比超出全国的平均水平，吉林、山东、上海、安徽、福建、广东、湖南、湖北、重庆、贵州、云南、四川、青海和新疆这14个省份的已净化养鸡场占比低于全国的平均水平。

从养鸡场的类型来看，蛋鸡养殖场一共收集了159个样本，已净化养鸡场117个，未净化养鸡场42个，净化率为73.58%。肉鸡养殖场一共收集了138个样本，已净化养鸡场91个，未净化养鸡场47个，净化率为65.94%。相比而言，蛋鸡场的净化率更高。

表3－7　2015年不同类型养鸡场的疫病净化现状

省份	蛋鸡场（个）		肉鸡场（个）		合计（个）		合计（个）	已净化养鸡场占比（%）
	净化	未净化	净化	未净化	净化	未净化		
北京	5	0	7	0	12	0	12	100.00
天津	5	1	0	1	5	2	7	71.43

续表

省份	蛋鸡场（个）		肉鸡场（个）		合计（个）		合计（个）	已净化养鸡场占比（%）
	净化	未净化	净化	未净化	净化	未净化		
河北	7	0	5	0	12	0	12	100.00
山西	7	3	4	1	11	4	15	73.33
内蒙古	3	0	2	0	5	0	5	100.00
黑龙江	5	0	4	1	9	1	10	90.00
吉林	5	4	1	7	6	11	17	35.29
辽宁	5	0	8	1	13	1	14	92.86
山东	6	1	0	3	6	4	10	60.00
上海	2	2	1	1	3	3	6	50.00
江苏	7	2	3	0	10	2	12	83.33
浙江	5	2	5	2	10	4	14	71.43
江西	5	0	5	0	10	0	10	100.00
安徽	3	1	5	3	8	4	12	66.67
福建	0	4	4	3	4	7	11	36.36
广东	1	0	0	4	1	4	5	20.00
广西	5	0	0	0	5	0	5	100.00
湖南	1	5	6	0	7	5	12	58.33
湖北	5	2	2	3	7	5	12	58.33
重庆	2	2	7	2	9	4	13	69.23
贵州	2	1	1	5	3	6	9	33.33
云南	5	3	2	3	7	6	13	53.85
四川	7	5	1	4	8	9	17	47.06
陕西	3	0	5	0	8	0	8	100.00
河南	7	0	5	0	12	0	12	100.00
宁夏	2	0	2	0	4	0	4	100.00
甘肃	3	0	2	1	5	1	6	83.33
青海	0	2	0	2	0	4	4	0.00
新疆	1	1	2	1	3	2	5	60.00
海南	3	1	2	1	5	2	7	71.43
合计	117	42	91	47	208	89	297	70.03

数据来源：笔者根据实地调研数据，经计算得到。

3. 不同代次养鸡场的疫病净化情况

由表3-8不同代次养鸡场2015年的分布特征可知，本次调研一共收集了53个祖代及以上场（包括祖代场、曾祖代场和纯系场），占样本总数的17.85%。已净化养鸡场40个，未净化养鸡场13个，净化率为75.47%，同比超过整体样本净化率的平均水平，其中北京、河北、黑龙江、辽宁、上海、江西、安徽、福建、广西、湖北、云南、陕西和河南这13个省份的养鸡场净化率达到了100%。

表3-8　2015年不同代次养鸡场的疫病净化现状　　　　单位：个

省份	祖代及以上场		父母代场		商品代场		混合代场		合计
	净化	未净化	净化	未净化	净化	未净化	净化	未净化	
北京	5	0	5	0	1	0	1	0	12
天津	0	0	5	2	0	0	0	0	7
河北	2	0	9	0	0	0	1	0	12
山西	0	0	10	4	0	0	1	0	15
内蒙古	0	0	1	0	5	0	2	0	5
黑龙江	1	0	8	1	0	0	0	0	10
吉林	1	1	4	8	0	0	1	2	17
辽宁	2	0	10	1	0	0	1	0	14
山东	2	1	4	3	0	0	1	0	10
上海	1	0	0	2	0	0	2	1	6
江苏	2	1	6	1	0	0	2	0	12
浙江	2	3	7	1	0	0	1	0	14
江西	2	0	5	0	2	0	1	0	10
安徽	5	0	2	2	0	0	1	2	12
福建	1	0	1	3	1	3	1	1	11
广东	0	0	1	4	0	0	0	0	5
广西	2	0	3	0	0	0	0	0	5
湖南	0	0	7	0	0	5	0	0	12
湖北	1	0	4	0	0	3	2	0	12
重庆	2	2	4	1	0	0	3	0	13
贵州	0	0	1	4	1	1	1	0	9
云南	1	0	3	6	0	0	3	0	13
四川	3	4	4	1	1	3	0	1	17

续表

省份	祖代及以上场		父母代场		商品代场		混合代场		合计
	净化	未净化	净化	未净化	净化	未净化	净化	未净化	
陕西	1	0	6	0	0	0	1	0	8
河南	4	0	8	0	0	0	0	0	12
宁夏	0	0	3	0	0	0	1	0	4
甘肃	0	0	5	1	0	0	0	0	6
青海	0	0	0	0	0	4	0	0	4
新疆	0	0	3	1	0	1	0	0	5
海南	0	1	2	0	2	1	1	0	7
合计	40	13	131	48	10	21	27	7	297

数据来源：笔者根据实地调研数据，经计算得到。

父母代场一共收集了 179 个样本，占样本总数的 60.27%，已净化养鸡场 131 个，未净化养鸡场 48 个，净化率为 73.19%，其中北京、河北、内蒙古、江西、广西、湖南、陕西、河南、宁夏和海南这 10 个省份的养鸡场净化率达到了 100%。共有 31 个商品代场参与了此次调查，其中已净化养鸡场 10 个，未净化养鸡场 21 个，净化率仅为 32.26%，远低于全部样本净化率的平均水平。

此外，还有 34 个混合代次的养鸡场（即养鸡场内饲养了两个或两个以上的代次）参与了调查，其中有 27 个养鸡场已经开展了疫病净化，7 个尚未开展疫病净化，净化率为 79.41%。总体来看，混合代场的净化率最高，祖代及以上场和父母代场次之，商品代场最低。

4. 不同地区已净化与未净化养鸡场的基本特征

表 3-9 反映了 2015 年不同地区已净化养鸡场的基本特征。全国已净化养鸡场的年末平均存栏量为 13.55 万只，华南地区的年末平均存栏量最高，为 21.37 万只。年末平均存栏量为 10 万~20 万只的共有华北地区、西南地区、西北地区、东北地区这 4 个地区，其余 2 个地区则小于 10 万只。全国已净化养鸡场的年末平均产蛋鸡存栏量为 6.355 万只，华南地区最高，为 10.40 万只。存栏量大于 5 万只的有华北地区、西南地区、西北地区、东北地区这 4 个地区，其余地区则小于 5 万只。

全国已净化养鸡场的平均员工数量为 54 人，华南地区最高，有 131 人，西北地区次之，为 84 人，华东地区最少，仅有 41 人。全国已净化养鸡场的人均鸡存栏为 0.321 万只，华北地区、西南地区和东北地区的人均鸡存栏大于 0.35 万只，其余地区则低于 0.35 万只，其中华中地区的人均鸡存栏最低，仅有 0.213 万只。全国已净化养鸡场 7 周龄以上平均每平方米鸡的饲养密度为 10.89 只，其中只有西南地区的饲养密度大于 12 只/平方米，为 12.14 只/平方米。另外，华北地区、华中地区、华南地区、东北地区这 4 个地区的饲养密度小于全国的均值，华北地区最低，仅为 9.98 只/平方米。

表 3-9 2015 年不同地区已净化养鸡场的基本特征

地区	养殖场数（个）	年末存栏量（万只/个）	产蛋鸡年末存栏量（万只/个）	员工数量（人/个）	人均鸡存栏（万只/个）	7 周龄以上鸡的平均饲养密度（只/平方米）
华北地区	45	18.64	8.02	60	0.350	9.98
华东地区	51	8.49	4.70	41	0.330	11.49
华中地区	26	7.86	3.80	45	0.213	10.35
华南地区	6	21.37	10.40	131	0.201	10.58
西南地区	32	13.73	7.26	48	0.364	12.14
西北地区	20	17.41	8.97	84	0.251	11.30
东北地区	28	15.24	5.31	44	0.389	10.06
全国	208	13.55	6.355	54	0.321	10.89

数据来源：笔者根据实地调研数据，经计算得到。

表 3-10 为 2015 年不同地区未净化养鸡场的基本特征。全国未净化养鸡场的年末平均存栏量为 12.88 万只，比已净化养鸡场少 0.67 万只。其中华南地区跨越了 30 万只，为 35.68 万只，西北地区最少，仅有 5.61 万只。全国未净化养鸡场的年末平均产蛋鸡存栏量为 5.673 万只，比已净化养鸡场少 0.682 万只。其中，华中地区超过了 10 万只，为 11.4 万只，西北地区最少，仅有 2.98 万只。

全国未净化养鸡场的平均员工数量为 38 人，比已净化养鸡场少 16 人。华南地区最多，为 52 人，西北地区最少，仅有 13 人。全国未净化养鸡场的人均鸡存栏为 0.423 万只，比已净化养鸡场多 0.102 万只，其中华南地区最多，为 0.944 万只，华北地区最少，仅有 0.238 万只，二者相差 0.706 万只。全国未净化养鸡场 7 周龄以上平均每平方米鸡的饲养密度为 12.05 只，比已净化养鸡场多 1.16

只，其中华北地区最多，有16.68只，华南地区最少，仅为8.75只。

表3-10 2015年不同地区未净化养鸡场的基本特征

地区	养殖场数（个）	年末存栏量（万只/个）	产蛋鸡年末存栏量（万只/个）	员工数量（人/个）	人均鸡存栏（万只/个）	7周龄以上鸡的平均饲养密度（只/平方米）
华北地区	6	5.63	3.79	25	0.238	16.68
华东地区	24	9.82	4.36	40	0.395	11.83
华中地区	10	12.43	11.40	25	0.483	11.90
华南地区	4	35.68	6.63	52	0.944	8.75
西南地区	24	7.83	3.46	33	0.441	12.98
西北地区	7	5.61	2.98	13	0.393	12.00
东北地区	13	28.45	9.80	68	0.338	9.75
全国	88	12.88	5.673	38	0.423	12.05

注：西南地区剔除了一个因数据缺失的样本养鸡场。

数据来源：笔者根据实地调研数据，经计算得到。

5. 不同年份已净化与未净化养鸡场的基本特征

从表3-11中可以看出，已净化养鸡场的数量呈稳步上升趋势，而未净化养鸡场的数量正在逐年下降，已净化养鸡场的占比由2011年的55.83%提升到2015年70.27%，增长的比率显著。已净化养鸡场的年末存栏量从2011年的1773.63万只增长至2015年的2818.6万只，较2011年增长了58.92%。同时期未净化养鸡场的年末存栏量则呈现上下波动态势，并未发生较大的变化。

从2011~2015年存量的总量来看，仍在稳中提升，年平均增长率为7.26%。产蛋鸡的年末存栏总量变化与存栏总量变化一致，年均增速略高于存栏总量的增速，为7.32%。其中，2015年已净化养鸡场的产蛋鸡年末存栏量较2011年增长了50.71%，而同时期未净化养鸡场仅增长了9.42%，增幅较为缓慢。

从各年养鸡场员工数量的角度来看，2011~2015年养鸡场的从业人数增加了2841人，其中已净化养鸡场增加了4063人，但未净化养鸡场却减少了1222人，这可能与调查期间一些未净化养鸡场转为已净化养鸡场有关。受到员工数量变动的影响，2011~2015年，未净化养鸡场的人均鸡存栏数量有所上升，但是同期已净化养鸡场的人均鸡存栏数量却呈下降趋势。总体来看，人均鸡存栏仍有小幅增加，平均每人增加了0.024万只。

表 3 – 11 2011～2015 年已净化与未净化养鸡场的基本特征

年份	是否净化	养殖场数（个）	年末存栏量（万只）	产蛋鸡年末存栏量（万只）	员工数量（人）	人均鸡存栏（万只）
2015	已净化	208	2818.60	1321.74	11202	0.2516
	未净化	88	1133.27	499.21	3332	0.3401
	合计	296	3951.87	1820.95	14534	0.2719
2014	已净化	197	2603.14	1188.02	10532	0.2472
	未净化	92	999.03	464.48	3520	0.2838
	合计	287	3602.17	1652.5	14052	0.2563
2013	已净化	180	2310.73	1108.69	9151	0.2525
	未净化	100	1211.15	530.75	3796	0.3191
	合计	280	3521.88	1639.44	12947	0.2720
2012	已净化	155	1996.78	935.89	8085	0.2470
	未净化	105	1068.97	451.74	4384	0.2438
	合计	260	3065.75	1387.63	12469	0.2459
2011	已净化	134	1773.63	877.03	7139	0.2484
	未净化	106	1125.31	456.23	4554	0.2471
	合计	240	2898.94	1333.26	11693	0.2479

注：云南省剔除了一个 2015 年因数据缺失的样本养鸡场。

数据来源：笔者根据实地调研数据，经计算得到。

第三节 本章小结

本章紧密围绕家禽养殖的特征进行分析，主要从两个方面展开：

一是对全国家禽养殖的基本情况进行描述。首先，介绍了近年来我国家禽饲养的存栏量、出栏量、主产品供给量以及产值情况，结果发现各项指标均有了显著的提升。其次，给出了我国种鸡的养殖场数量、存栏量及出栏量，结果表明相较于历史最高位三项指标均出现了较大幅度的下降。最后，分析了规模化养鸡场的成本收益情况，结果显示 2011～2016 年，养鸡场的净收益呈现周期性波动。相比蛋鸡场，肉鸡场净收益的波动幅度较小。

二是对全国家禽疫病净化的现状展开分析。首先，交代了本书样本选取的依据。其次，详细描述了调查的主要内容。最后，分地区、代次、类型和年份识别了已净化和未净化养鸡场的基本特征。结果发现，东部地区比中西部地区的净化率要高，蛋鸡场比肉鸡场的净化率要高，祖代及以上场比其他代次的净化率要高。另外，随着疫病净化政策的持续推行，已净化养鸡场的数量在不断增加。

第四章 疫病净化对养鸡场鸡群
健康的影响分析

近年来，随着发展中地区快速增长的动物产品供给，为全球肉类消费的需求提供了有力保障，包括为穷人提供高质量的蛋白质来源[59]27-29。但与此同时，全球化动物产品的贸易也带来了威胁，特别对发达国家来讲，增加了病原引入的危险，尤其是从发展中地区进口动物产品[60]1-10。

为了确保食品质量安全，满足动物检疫标准的要求，世界各国纷纷加强了动物疫病的预防工作，并越来越重视动物的健康问题。2008年，欧盟明确提出了动物的"福利原则"，其中界定动物健康为动物没有受伤，没有疾病，没有因管理不当带来疼痛[61-62]129-140,1219-1228。鉴于疫病暴发后，对动物健康产生诸多不利的影响，如种群生育能力下降，幼年动物批量感染，育肥动物体重增量减少，成年动物发病率与死亡率骤升，雌性动物延迟成熟等[63-66]1-10,29-37,573-600,123-133。因此，世界各国不断尝试各种方法来减少疫病的负面影响，提升动物的健康水平。

就我国的情况来看，通过推行疫病净化政策，旨在降低动物患病的概率，提升动物的健康水平。但遗憾的是，现有研究并未明确给出疫病净化与动物健康之间的关系，无法为政策成效提供可行性支持。有鉴于此，提出了本章的研究目的，通过分析规模化养鸡场开展疫病净化后对鸡群健康的影响，探寻明显改善的鸡群健康指标，从而引导养鸡场更为积极地开展疫病净化，更为合理地进行家禽养殖。

本章具体分析思路为：首先，利用样本均值T检验比较已净化与未净化养鸡场在2011~2015年各项鸡群健康指标的差异是否显著。其次，分析疫病净化对养鸡场鸡群的发病率、死亡率和淘汰率的影响，进一步区分疫病净化对不同规模养鸡场鸡群死亡率的影响。再次，探讨净化不同病种对各个成长阶段鸡群疫病发病率的影响。最后，分析疫病净化对鸡群的种蛋合格率、种蛋受精率、受精蛋孵化率和健母雏率的影响，并解释其发生变化的原因。

第一节　疫病净化对养鸡场鸡群健康的影响机理

禽白血病和鸡白痢是鸡群两种重要的传播性疫病。禽白血病（AL）是由禽白血病病毒（Avian Leucosis Virus，ALV）引发的一种禽类传染性疾病。ALV 是一种具有囊膜的反转录病毒，根据囊膜糖蛋白，可将鸡 ALV 分为 A、B、C、D、E、J 六个亚群[67]1-4。目前，我国家禽临床上多为 ALV - J 感染，还有少量的 A、B 亚群。大量的临床观察发现，鸡群 ALV 感染后发病表现呈多样性，它可造成青年鸡均匀度下降、体重下降、死亡率和饲料消耗上升，成年鸡产蛋下降、肿瘤增加、死亡率和饲料消耗上升[68]38-39。近年来我国禽白血病的流行情况主要表现为感染率和发病率高、发病日龄提前、宿主范围扩大、血管瘤病变型病例增多等[69]5-9。值得注意的是，一旦该病处在流行期，产蛋鸡的发病率高达 10%，死亡率可超过 1.5%[70]112-115。

鸡白痢（PD）是由鸡白痢沙门菌所引起的一种常见的消化道传染病[67]1-4。它可由受感染的鸡只（包括发病鸡和外观健康带菌鸡）通过个体间的水平传播和经种蛋传给下一代的垂直传播而引起感染和疾病的扩散，任何品种和年龄阶段的鸡对该病均有高度易感染性，主要侵害 2~3 周龄的雏鸡，容易引起白色下痢，病死率较高[71]10-11。成年鸡多为隐性感染，可长期带毒和排毒，临床表现为产蛋率下降，偶有死亡。此外，鸡白痢沙门菌还可以在家禽肠道内定植，继而诱发人类的食源性疾病，严重威胁消费者的身体健康和养殖业的正常发展[72]110-111。近年来，随着鸡肉及其制品的销售量逐年增加，由沙门菌所引起的鸡白痢的发病率和食源性疾病的发病率也呈现上升趋势。

综上所述，筛选出一种有效、安全、无污染、方便快速地防治禽白血病和鸡白痢的措施极为重要，这对于降低疫病发病率、减少抗生素的使用，提高鸡肉及其制品的安全性具有非常重要的意义。目前上述两种疫病均无商品化的有效疫苗用于预防，禽白血病尚无特效药物可治，鸡白痢在治疗上因易产生耐药性而难以取得满意治疗效果[73]695-700。换言之，当前的防控措施并不能实现预期的防控目标。

然而，依据现有文献的结论，不难发现疫病净化与鸡群健康之间存在着如下关系（见图 4 - 1），养鸡场开展疫病净化后，可有效改善鸡群的病死状况，提高鸡群的后代繁育能力[73-76,67]695-700,55-57,112,71-73,1-4。

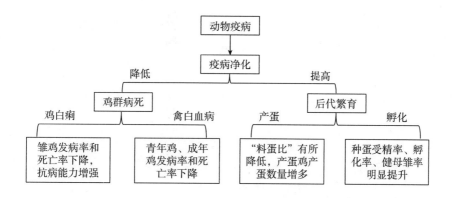

图 4-1　疫病净化与鸡群健康的逻辑关系

例如，养鸡场一旦开展疫病净化，产蛋鸡的产蛋数量开始增加，使得"料蛋比"逐渐下降，同时种蛋受精率、孵化率以及健母雏率明显提升，鸡群的后代繁育能力显著增强。此外，养鸡场开展鸡白痢净化后，雏鸡的疫病发病率和死亡率明显下降，抗病能力有所增强。养鸡场开展禽白血病净化后，青年鸡、成年鸡的疫病发病率和死亡率明显下降。因此，一些学者认为对鸡群实施禽白血病和鸡白痢净化是当前预防这两种疫病最为可行的方法[77]5-6。

第二节　疫病净化对鸡群病死率的影响

一、文献回顾

目前，国内外关于疫病净化对动物病死影响的研究集中在两个方面：一是基于养殖场层面开展某种疫病净化对饲养动物病死状况的影响分析；二是针对国家层面开展某种疫病净化后对动物病死的影响。

基于养殖场层面的研究结果表明，已净化养殖场动物的健康水平显著高于未净化养殖场，动物的病死率有所下降。例如，吴学敏等[78]75-79通过分析福建省三个地区规模猪场猪瘟的净化效果，发现养殖场自 2009 年采取猪瘟净化措施后，乳猪的发病率分别下降 7.1%、17.1% 和 12.1%，死亡率分别下降 2.6%、8.4%、3.3%。韦平和崔治中[67]1-4选取广西壮族自治区 5 家公司近 10 个品种的种鸡开展净化工作，经过 6 个世代的净化，鸡群 p27 抗原的阳性率从 20%～40% 下降至 1%～3%，鸡伤寒的血清平板凝集试验阳性率由 20%～40% 降至 3% 以下。刘洋等[76]71-73通过对净化工作开展比较好的 8 个种鸡场调查发现，所有鸡场均反映鸡群患病率出现明显下降，下降的幅度为 0.11%～62.39%，平均下降率为 17%。

基于国家层面的研究结果表明，国家在采取疫病净化与防控措施后，可有效降低疫病的流行率、动物的发病率和死亡率，改善动物的健康状况[79-80,65]281-299,1-10,573-600。例如，从爱尔兰强制净化牛病毒性腹泻病毒（BVDV）方案可知，2012 年牛群如果检测出 BVD +（牛病毒性腹泻呈阳性），应尽早将受感染动物进行淘汰，否则 2013 年牛群检测出 BVD + 的概率是没有检测出 BVD + 概率的两倍[66]123-133。Clegg 等[108]128-138发现随着该方案的持续推进，疫病的流行率从 11.28% 降至 5.91%。Maresca 等[81]222-226在评估意大利 2005～2012 年牛白血病（EBL）净化和监测计划的执行效果中，通过计算各年 EBL 的群体流行率、动物流行率和群体发病率，发现 EBL 的群体流行率从 2005 年的 0.21% 降至 2012 年的 0.08%，动物流行率从 2005 年的 0.027% 降至 2012 年的 0.015%，群体发病率从 2005 年的 0.06% 下降至 2012 年的 0.04%。美国的牛结核病根除计划使得该病的流行率从 1917 年的 5% 降到 2000 年的 0.001%[79]281-299，尽管根除目标还没有完全实现，但该病的流行率稳步下降，平均每 20 年减少 90%[80]1-10。新西兰利用 15 年的时间根除牛结核病，该病在牛群中的流行率从 1993 年的 2.4% 降至 2004 年的 0.35%[82]211-219。

根据上述文献可知，严格执行疫病净化措施，可有效降低动物患病的概率，提高动物的健康水平，实现疫病预防的目标[83-84]961-979,137-142。然而，现有研究仍存在一些缺陷，主要表现在：

首先，由欧盟的动物福利项目可知，关于测量动物健康的指标很多，但现有研究关注的指标比较集中，主要围绕疫病的流行率、动物的发病率等，对动物不同成长阶段健康指标分析得较少。其次，一些研究并未说明是否将影响动物病死的主要因素全部纳入分析[85]179-193，例如不同的农场结构和管理方式可能存在差异，而这些差异并不能简单地用群体规模来衡量[66]123-133。考虑到养殖场是控制和根除疫病的核心环节[86-87,83]197-222,313-323,961，在没有更多养殖场层面信息的情况下，其具体的影响程度并不能确定，需要广泛地分析与讨论。最后，已有研究结果主要基于单个或几个养殖场的调查数据，地域色彩较为明显，所得结论普适性不强。

针对上述不足，本节做了如下改进：第一，扩大样本的收集范围，增加了观测的养鸡场个数；第二，基于养殖规模的不同，将样本养鸡场分为四组，分析疫病净化对不同规模养鸡场鸡群病死的影响；第三，扩展鸡群病死的评估指标，探讨净化不同病种对各个成长阶段鸡群病死的影响。

二、样本描述

表4-1为已净化养鸡场与未净化养鸡场鸡群病死指标的比较结果，由表可知已净化养鸡场与未净化养鸡场鸡群病死的多个指标均值的差异显著。已净化养鸡场的鸡白痢发病率、雏鸡禽白血病发病率、雏鸡白痢发病率、雏鸡死亡率、育成鸡死亡率、产蛋鸡白痢发病率、全群死亡率明显低于未净化养鸡场。然而，已净化养鸡场的雏鸡和育成鸡的淘汰率显著高于未净化养鸡场。

表4-1　已净化与未净化养鸡场鸡群病死指标的比较结果　　　　单位:%

鸡群健康指标	已净化			未净化			样本均值 T 检验
	场次	均值	标准差	场次	均值	标准差	$H_0: M_1 - M_2 \neq 0$
禽白血病发病率	681	0.998	0.121	316	1.119	0.230	0.6421[a]
鸡白痢发病率	763	2.461	0.215	359	3.696	0.578	0.0459**[a]
雏鸡禽白血病发病率	646	0.162	0.026	275	0.325	0.082	0.0588*[a]
雏鸡白痢发病率	730	2.323	0.208	336	3.533	0.583	0.0512*[a]
雏鸡死亡率	766	2.816	0.349	397	1.817	0.142	0.0081***[a]
雏鸡淘汰率	754	4.056	0.555	370	1.527	0.125	0.0000***[a]
育成鸡禽白血病发病率	643	0.526	0.085	289	0.686	0.216	0.4893[a]
育成鸡白痢发病率	690	1.218	0.119	314	1.040	0.128	0.3087[a]
育成鸡死亡率	743	0.758	0.039	385	1.007	0.069	0.0017***[a]
育成鸡淘汰率	743	2.433	0.354	371	1.521	0.169	0.0204**[a]
产蛋鸡禽白血病发病率	639	0.803	0.109	297	0.941	0.217	0.5698[a]
产蛋鸡白痢发病率	705	0.668	0.078	309	1.102	0.147	0.0096***[a]
产蛋鸡死亡率	754	1.914	0.115	389	1.802	0.140	0.5400[a]
产蛋鸡淘汰率	768	3.486	0.485	371	3.528	0.667	0.9600[a]

鸡群健康指标	已净化			未净化			样本均值 T 检验
	场次	均值	标准差	场次	均值	标准差	$H_0: M_1 - M_2 \neq 0$
种用公鸡禽白血病发病率	621	0.438	0.059	277	0.416	0.099	0.8505[a]
种用公鸡白痢发病率	690	0.825	0.123	308	1.115	0.176	0.1780[a]
种用公鸡死亡率	717	2.338	0.296	356	2.047	0.343	0.5208[a]
种用公鸡淘汰率	723	5.965	0.708	336	5.734	0.995	0.8526[b]
全群死亡率	851	4.485	0.152	456	5.069	0.209	0.0238**[b]
全群淘汰率	850	5.895	0.444	462	6.490	0.534	0.3924[a]

注：*** 、** 、*分别表示在99%、95%、90%的置信水平下显著，a 为 Welch's t test，b 为 Un-paid t test。

数据来源：笔者根据实地调研数据，经计算得到。

三、模型设定

鉴于被解释变量y_{it}为养鸡场鸡群的疫病发病率、死亡率和淘汰率，部分样本的因变量观测值为零或接近于零。因此，为了不影响估计的准确性，本节选用了面板 Tobit 模型。该模型最早由 Tobin 于 1958 年提出，主要采用最大似然法进行估计，也被称为"归并回归模型"（Censored Regression Model）。其中，对于受限因变量y_{it}，当$y_{it} \geq c$ 或$y_{it} \leq c$，所有y_{it}都被归并于 c，这种数据被称为"归并数据"。在归并数据的情况下，假设$y_{it}^* = x'_{it}\beta + \mu_i + \varepsilon_{it}$，（$y_{it}^*$不可观测），扰动项为$\varepsilon_{it} \sim N(0, \sigma_\varepsilon^2)$，$\mu_i$为个体效应，归并点 c = 0。如果可以观测到$y_{it} = \begin{cases} y_{it}^*, & \text{若} y_{it}^* > 0 \\ 0, & \text{若} y_{it}^* \leq 0 \end{cases}$，那么$y_{it} > 0$时的概率密度为$\frac{1}{\sigma}\phi[(y_{it} - x'_{it}\beta)/\sigma]$，$\forall y_{it} > 0$。而$y_{it} \leq 0$时的分布被挤到一个点$y_{it} = 0$，即 P$(y_{it} = 0 | x) = 1 - P(y_{it} > 0 | x) = 1 - \phi(x'_{it}\beta/\sigma)$。如果$\mu_i$与解释变量$X_{it}$不相关，则为随机效应模型（Radom Effects Model，RE），反之则为固定效应模型（Fixed Effects Model，FE）。对于固定效应的 Tobit 模型，由于找不到个体异质性μ_i的充分统计量，故无法进行条件最大似然估计[88]325-327。因此，本节仅考虑随机效应的 Tobit 模型。最终，模型的基本形式设定为：

$$y_{it}^* = X'_{it}\beta + \gamma D + \mu_i + \varepsilon_{it} \tag{4-1}$$

$$y_{it} = \begin{cases} y_{it}^*, & 若\, y_{it}^* > 0 \\ 0, & 若\, y_{it}^* \leqslant 0 \end{cases} \qquad (4-2)$$

式（4－1）中 i 代表养鸡场，t 代表年份，μ_i 为养鸡场的个体效应，ε_{it} 代表随机扰动项。D 表示养鸡场是否开展疫病净化，当 D = 1 时，表示已开展，当 D = 0 时，表示未开展，X'_{it} 为一系列控制变量。

四、内生性考察

本书的内生性主要表现为存在"自选择"的可能，即鸡群健康水平高的养鸡场愿意支付一定的费用开展疫病净化，同时开展疫病净化又可以改善养鸡场鸡群的健康状况。为克服这一问题，本书采用了处理效应模型进行估计。该模型遵循 Heckman[89]153-161 样本选择模型的传统，直接对处理变量 D_{it} 进行结构建模。为此，Maddala[90]80-81 设定了"处理效应模型"（Treatment Effects Model，TE）的具体形式：

$$y_{it} = x'_{it}\beta + \gamma\, D_{it} + \varepsilon_{it} \qquad (4-3)$$

假设处理变量由以下"处理方程"（Treatment Equation）所决定：

$$D_{it} = 1(z'_{it}\delta + \mu_{it}) \qquad (4-4)$$

式中，1（·）为示性函数（Indicator Function）。z_{it} 可以与 x_{it} 有重叠的变量，但 z_{it} 中至少有一个变量，比如 z_{1it} 不在 x_{it} 中。进一步，假设 Cov（z_{1it}，ε_{it}）= 0，虽然 z_{1it} 影响养鸡场是否开展疫病净化 D_{it}，但并不直接影响结果变量 y_{it}（只通过 D_{it} 间接影响 y_{it}），故将 z_{1it} 视为 D_{it} 的工具变量。假设扰动项（ε_{it}，μ_{it}）服从二维正态分布：

$$\begin{pmatrix} \varepsilon_{it} \\ \mu_{it} \end{pmatrix} \sim N \left[\begin{pmatrix} 0 \\ 0 \end{pmatrix}, \begin{pmatrix} \sigma_\varepsilon^2 & p\,\sigma_\varepsilon \\ p\,\sigma_\varepsilon & 1 \end{pmatrix} \right] \qquad (4-5)$$

式中，p 为（ε_{it}，μ_{it}）的相关系数，而 μ_{it} 的方差被标准化为 1。我们允许 p ≠ 0，这正是模型内生性的来源。反之，如果 p = 0，则不存在内生性，可直接用 OLS 得到对方程的一致性估计。

对于已开展疫病净化的养鸡场而言，y_{it} 的条件期望为：

$$\begin{aligned} E(y_{it} \mid D_{it} = 1,\ x_{it},\ z_{it}) &= x'_{it}\beta + \gamma + E(\varepsilon_{it} \mid D_{it} = 1,\ x_{it},\ z_{it}) \\ &= x'_{it}\beta + \gamma + E(\varepsilon_{it} \mid z'_{it}\delta + \mu_{it} > 0,\ x_{it},\ z_{it}) \\ &= x'_{it}\beta + \gamma + E(\varepsilon_{it} \mid \mu_{it} > -z'_{it}\delta,\ x_{it},\ z_{it}) \end{aligned}$$

$$= x'_{it}\beta + \gamma + p\,\sigma_{\varepsilon}\lambda(-z'_{it}\delta) \tag{4-6}$$

其中 $\lambda(\cdot)$ 为反米尔斯函数，即 $\lambda(c) \equiv \dfrac{\phi(c)}{1-\Phi(c)}$。在上式推到的最后一步，用到了偶然断尾的条件期望公式。类似地，未开展疫病净化养鸡场的条件期望为：

$$
\begin{aligned}
E(y_{it}\mid D_{it}=0,\ x_{it},\ z_{it}) &= x'_{it}\beta + E(\varepsilon_{it}\mid D_{it}=0,\ x_{it},\ z_{it})\\
&= x'_{it}\beta + E(\varepsilon_{it}\mid z'_{it}\delta + \mu_{it}\leqslant 0,\ x_{it},\ z_{it})\\
&= x'_{it}\beta + E(\varepsilon_{it}\mid \mu_{it}\leqslant -z'_{it}\delta,\ x_{it},\ z_{it})\\
&= x'_{it}\beta - p\,\sigma_{\varepsilon}\lambda(-z'_{it}\delta) \tag{4-7}
\end{aligned}
$$

将已净化养鸡场与未净化养鸡场的方程相减，即可得到二者的条件期望之差：

$$E(y_{it}\mid D_{it}=1,\ x_{it},\ z_{it}) - E(y_{it}\mid D_{it}=0,\ x_{it},\ z_{it}) = \gamma + p\,\sigma_{\varepsilon}[\lambda(-z'_{it}\delta)+\lambda(z'_{it}\delta)] \tag{4-8}$$

显然，如果单纯比较已净化养鸡场与未净化养鸡场的平均差值 y_{it}，将遗漏上式右边第二项 $p\,\sigma_{\varepsilon}[\lambda(-z'_{it}\delta)+\lambda(z'_{it}\delta)]$，导致不一致的估计（除非 $p=0$）。为了将已净化养鸡场的样本与未净化养鸡场的样本放在一起进行回归，本书定义个体 i 的风险为：

$$
\lambda_{it} = \begin{cases} \lambda(-z'_{it}\delta), & \text{若}D_{it}=1 \\ -\lambda(z'_{it}\delta), & \text{若}D_{it}=0 \end{cases} \tag{4-9}
$$

这样，可以将已净化养鸡场的方程和未净化养鸡场的方程合并为一个方程：

$$E(y_{it}\mid x_{it},\ z_{it}) = x'_{it}\beta + \gamma D_{it} + p\,\sigma_{\varepsilon}\lambda_{it} \tag{4-10}$$

基于此，本书采用了类似于 Heckit 的两步法进行估计。第一阶段，利用 Probit 估计方程 $P(D_{it}\mid z_{it}) = \Phi(z'_{it}\delta)$，得到估计值 $\hat{\delta}$，然后计算出 $\hat{\lambda}_{it}$。第二阶段，利用面板 Tobit 模型进行估计，得到估计值 $\hat{\beta}$, $\hat{\gamma}$, $\widehat{p\sigma_{\varepsilon}}$。需要注意的是，Heckit 的两步法第二阶段的估计只考虑了 $D_{it}=1$ 时，将算出的 $\hat{\lambda}_{it}$ 代入方程中进行回归，而处理效应模型在第二阶段分别计算了 $D_{it}=1$ 和 $D_{it}=0$ 时 $\hat{\lambda}_{it}$ 的取值，然后一同放入方程中进行回归。

由于本书第二阶段采用了面板 Tobit 模型进行估计，而处理效应模型的自动估计使用 OLS 进行回归。鉴于模型设定上存在差异，自动估计可能会造成不一致估计。因此，本书采用了两步法进行计算。虽然两步法会将第一阶段的估计误差代入到第二阶段中，导致效率损失，但其优点是计算方便，估计的结果更为准确可信。

综上所述，本书攻克"自选择"的关键点在于找到合适的z_{1it}。从已有的研究来看，关于健康领域工具变量的选择主要集中在两个方面：一是利用个体所在群体的信息作为工具变量，讨论对因变量的影响。例如 Carlos Javier 等[91]47-58在讨论个人社会资本对身体健康的影响时，采用社区层面的社会资本作为工具变量，分析个人社会资本与健康的关系。陈在余和王洪亮[92]71-83利用家庭特征作为工具变量，讨论收入对农民健康的影响。二是使用具有历史特性或自然特征的变量作为工具变量。例如，Buckles 等[93]99-114利用越战期间是否参军作为工具变量，讨论美国的高等教育对死亡率的影响。Zhao[94]136-152研究养老院之间的竞争对其服务质量的影响，采用消费者住所到养老院的距离作为竞争的工具变量，并发现竞争对养老院服务质量的影响有限。Hollard 和 Sene[95]1-11测算撒哈拉以南的本土居民信任对其健康的影响，采用了历史上父母代的平均信任水平作为工具变量来展开研究。

具体到本书，由于受到各省社会经济条件、净化政策推行力度、疫病防控管理能力等因素的影响，不同省份养鸡场是否开展疫病存在着显著差异。由于同一省份的养鸡场所处的社会经济环境比较相似，省级疫控部门推行疫病净化政策的力度也较为相同，并且处于相同省份养鸡场之间的互动与交流频繁，净化取得成果的信息传递相对容易。因而，同一省份的疫病净化水平会对单个养鸡场是否开展疫病净化产生直接影响，并且与养鸡场的鸡群健康状况并不直接相关。

由此，本书借鉴 Carlos 等[91]47-58和陈在余等[92]71-83的研究思路，选用该省当年调查样本的疫病净化率作为工具变量，讨论疫病净化对养鸡场鸡群健康的影响。特别说明的是，本书根据《中国畜牧兽医年鉴 2015》中各省种鸡场的数量确定了抽样框，每个省按 8% 的比例进行抽取。其中，要求已净化养鸡场必须填写调查问卷，如果已净化养鸡场的数量不够抽样数量，可随机抽取一定数量的未净化养鸡场完成填写。另外，由于一些养鸡场填写的问卷不够完整，缺失数据较多，无法展开进一步的研究，最终按照废卷进行了处理。因此，各省最后收回的问卷与发放计划略有偏差，但基本上能够体现该省养鸡场疫病净化的整体水平。

五、变量选择

核心变量。本节的核心自变量为养鸡场是否开展疫病净化（包括净化一种及以上数量的疫病），因变量为鸡群的死亡率、淘汰率和疫病发病率。

疫病预防投入。一般具备先进疫病防治技术、拥有较强疫病预防能力的养殖场动物健康的水平较高[85,96]179-193,73-74，良好的防控能力可有效降低动物的死亡率等指标。为了区分疫病净化与其他预防手段的效果，本节选取每万只鸡的疫苗费用、每万只鸡的诊疗费用（包含兽药）和每万只鸡的技术人员数量代表养鸡场的疫病预防投入。其中，涉及费用类的变量本节全部进行了剔除通货膨胀处理。

饲养环境。动物饲养环境的优劣直接关系着动物的健康境况[97-99]301-324,141-163,193。合理的饲养密度可以提升动物抵御疾病的能力[100-101]157-170,40-41。养殖场周边如果有自然地理屏障，可以有效提高动物的健康水平[36,102]47,74-76。因此，本节选用鸡群的饲养密度和养鸡场周边是否有绿化带反映养鸡场的饲养环境。

饲养模式。养殖场所处区域、饲养方式和畜禽品种的不同，可能会对养殖场动物的病死状况造成一定的影响[103-105]1-36,53-60,134-135。为此，本节选择是否整批出栏、栏舍类型、饲养方式三个指标反映养鸡场的饲养模式，控制它们对鸡群病死的影响。

控制虚拟变量。为了比较不同类型（蛋鸡、肉鸡），代次（祖代及以上场、父母代场、商品代场、混合代场）和区域（华北、华东、华中、华南、西南、西北、东北）养鸡场鸡群健康指标的差异，本节设置了类型、代次和地区虚拟变量，分别以"蛋鸡场""祖代及以上场"和"华北地区"为对照组。

表4-2 变量定义及描述统计（鸡群病死）

分类	变量名称	变量解释	均值	标准差
因变量	鸡群死亡率	%	4.689	4.456
	鸡群淘汰率	%	6.105	12.46
核心解释变量	是否开展疫病净化	0 = 否，1 = 是	0.636	0.481
疫病预防投入	疫苗费用	万元/万只	3.601	5.515
	诊疗费用（包含兽药）	万元/万只	2.005	3.178
	技术人员数量	人/万只	0.587	0.810
饲养环境	饲养密度（7周龄以上）	只/平方米	11.18	6.361
	是否有绿化带	0 = 否，1 = 是	0.902	0.297

续表

分类	变量名称	变量解释	均值	标准差
饲养模式	是否为封闭式栏舍	0 = 否，1 = 是	0.722	0.448
	是否为半封闭式栏舍	0 = 否，1 = 是	0.317	0.466
	是否为开放式栏舍	0 = 否，1 = 是	0.032	0.177
	是否为其他类型栏舍	0 = 否，1 = 是	0.004	0.060
	是否为笼养	0 = 否，1 = 是	0.850	0.357
	是否为平养	0 = 否，1 = 是	0.215	0.411
	是否为其他方式养殖	0 = 否，1 = 是	0.014	0.116
	是否整批出栏	0 = 否，1 = 是	0.916	0.278
控制虚拟变量	养鸡场类型	1 = 蛋鸡场（对照组）		
		2 = 肉鸡场	0.456	0.498
	养鸡场代次	1 = 祖代及以上场（对照组）		
		2 = 父母代场	0.607	0.489
		3 = 商品代场	0.097	0.296
		4 = 混合代场	0.121	0.326
	养鸡场所处区域	1 = 华北地区（对照组）		
		2 = 华东地区	0.255	0.436
		3 = 华中地区	0.126	0.331
		4 = 华南地区	0.054	0.226
		5 = 西南地区	0.169	0.375
		6 = 西北地区	0.089	0.285
		7 = 东北地区	0.136	0.343

数据来源：笔者根据实地调研数据，经计算得到。

六、模型估计结果与分析

1. 疫病净化对养鸡场鸡群死亡率和淘汰率的影响

本节首先利用 Stata14.0 软件，运用面板 Tobit 模型、随机效应模型（RE）和处理效应模型（TE）分析疫病净化对养鸡场鸡群死亡率和淘汰率的影响。估计结果如表 4 - 3 所示：

表4-3 疫病净化对养鸡场鸡群死亡率和淘汰率的影响结果

变量	鸡群死亡率			鸡群淘汰率		
	面板 Tobit	RE	TE	面板 Tobit	RE	TE
核心解释变量						
是否开展疫病净化	-0.423***	-0.395**	-0.679***	-0.218	-0.207	-0.228
	(0.144)	(0.201)	(0.203)	(0.133)	(0.219)	(0.170)
疫病预防投入						
疫苗费用（取自然对数）	-0.277**	-0.277*	-0.260**	-0.121	-0.038	-0.149**
	(0.119)	(0.148)	(0.118)	(0.100)	(0.189)	(0.073)
诊疗费用（取自然对数）	0.365***	0.360**	0.363***	0.240**	0.167	0.281***
	(0.123)	(0.159)	(0.121)	(0.094)	(0.201)	(0.063)
技术人员数量	0.153**	0.154***	0.139*	0.023	0.020	0.015
	(0.077)	(0.046)	(0.075)	(0.071)	(0.125)	(0.065)
饲养环境						
饲养密度	-0.065	-0.059*	-0.066	-0.172***	-0.173**	-0.172***
	(0.042)	(0.035)	(0.042)	(0.022)	(0.086)	(0.012)
是否有绿化带	-1.922**	-2.103*	-2.050**	-0.589*	-0.605	-0.615*
	(0.891)	(1.079)	(0.914)	(0.332)	(1.196)	(0.314)
饲养模式						
是否为封闭式栏舍	0.500	0.674	0.504	4.068***	4.056	4.151***
	(1.262)	(1.043)	(1.282)	(0.436)	(5.763)	(0.357)
是否为半封闭式栏舍	-0.287	0.010	-0.266	5.542***	5.594	5.624***
	(1.238)	(1.038)	(1.259)	(0.420)	(5.860)	(0.348)
是否为开放式栏舍	-1.548	-1.472	-1.607	3.227***	4.055	3.253***
	(1.718)	(1.108)	(1.731)	(0.614)	(3.876)	(0.535)
是否为其他类型栏舍	9.599*	9.495***		-14.10***	-18.89***	
	(5.324)	(3.192)		(1.637)	(5.705)	
是否为笼养	-0.626	-0.653	-0.619	-3.273***	-3.188	-3.237***
	(1.222)	(1.249)	(1.229)	(0.507)	(2.325)	(0.382)
是否为平养	0.783	0.719	0.719	-4.306***	-4.242*	-1.795***
	(1.027)	(0.995)	(1.033)	(0.385)	(2.285)	(0.321)
是否为其他方式养殖	-0.004	-0.164	0.040	11.90***	10.21	5.304***
	(3.356)	(2.969)	(3.375)	(1.584)	(7.872)	(0.928)

续表

变量	鸡群死亡率			鸡群淘汰率		
	面板 Tobit	RE	TE	面板 Tobit	RE	TE
饲养模式						
是否整批出栏	-2.228**	-2.176**	-2.154**	1.611***	1.637	1.639***
	(0.947)	(1.026)	(0.954)	(0.365)	(1.501)	(0.319)
养鸡场类型	1=蛋鸡场（对照组）					
	-0.431	-0.395	-0.407	0.723***	0.753	0.752***
	(0.574)	(0.583)	(0.583)	(0.232)	(1.697)	(0.184)
养鸡场代次	1=祖代及以上场（对照组）					
	-0.485	-0.427	-0.563	-0.940***	-0.938	-0.929***
	(0.696)	(0.777)	(0.702)	(0.297)	(1.889)	(0.223)
	-0.957	-0.924	-1.176	3.187***	4.166	4.858***
	(1.067)	(1.040)	(1.077)	(0.464)	(3.917)	(0.391)
	1.227	1.143	1.243	-3.190***	-0.719	-0.705**
	(0.975)	(1.077)	(0.981)	(0.367)	(3.935)	(0.328)
养殖场区域	1=华北地区（对照组）					
	3.224***	3.249***	3.061***	2.972***	2.998*	2.977***
	(0.804)	(0.828)	(0.817)	(0.332)	(1.535)	(0.278)
	3.216***	3.165***	3.127***	3.006***	3.070	1.343***
	(0.939)	(0.913)	(0.946)	(0.377)	(2.281)	(0.331)
	-0.527	-0.593	-0.633	-1.955***	-1.994*	-7.560***
	(1.215)	(0.719)	(1.259)	(0.523)	(1.040)	(0.282)
	0.994	0.926	0.904	5.764***	8.366**	5.778***
	(0.887)	(0.796)	(0.894)	(0.364)	(3.372)	(0.323)
	0.735	0.618	0.805	-0.629	-0.619	-0.575
	(1.060)	(0.986)	(1.077)	(0.431)	(1.294)	(0.378)
	1.329	1.289	1.252	0.947**	0.968	0.939***
	(0.930)	(0.920)	(0.936)	(0.402)	(1.293)	(0.343)
常数项	8.420***	8.292***	8.798***	4.862***	3.434	0.939***
	(2.137)	(2.273)	(2.163)	(0.816)	(4.276)	(0.343)
Lamda			0.102*			0.017
			(0.058)			(0.051)

续表

变量	鸡群死亡率			鸡群淘汰率		
	面板 Tobit	RE	TE	面板 Tobit	RE	TE
样本量	1224	1224	1204	1229	1229	1209
Log likelihood	−2210		−2152	−2577		−2540
Prob > chi2 或 Prob > F	0.000	0.000	0.000	0.000	0.000	0.000

注：＊＊＊、＊＊、＊分别表示在 99%、95%、90% 的置信水平下显著，括号内为标准误。

数据来源：笔者根据实地调研数据，经计算得到。

由面板 Tobit 模型的估计结果可知，核心解释变量是否开展疫病净化显著影响了养鸡场鸡群的死亡率，已净化养鸡场鸡群的平均死亡率比未净化养鸡场低 0.423%，随机效应模型和处理效应模型的结果与面板 Tobit 模型的结果基本一致，并且处理效应模型估计的鸡群死亡率降幅更大。主要原因是养鸡场开展疫病净化后，鸡群抵御疫病的能力有所提升，从而使得鸡群死亡率有了明显下降。从疫病预防投入的角度来看，疫苗费用的增加可以显著降低养鸡场鸡群的死亡率，但诊疗费用和技术人员的投入与养鸡场动物的死亡率同方向变化，可能因为一旦鸡群患病后，需要增加药品和人力的投入，但并未有效降低鸡群的死亡率，说明养鸡场提前做好疫病预防的效果要优于疫病暴发后的治疗。从饲养环境的角度来看，养鸡场周边如果有绿化带，可显著降低鸡群的死亡率，这与王中力[102]76 所得结论相似。

从饲养模式的角度来看，养鸡场所采用的封闭式栏舍、半封闭式栏舍及开放式栏舍对鸡群的死亡率影响不明显，但其他类型栏舍显著影响了动物的死亡率，二者之间的差值高达 9.599%。与没有进行整批出栏的养鸡场相比，采用整批出栏方式的养鸡场鸡群死亡率低了 2.228%，这可能由于采用整批出栏的方式，有效避免了不同批次鸡群的交叉感染，从而降低了鸡群的死亡率。

就养鸡场类型、代次和分布区域来看，肉鸡场鸡群的死亡率低于蛋鸡场，商品代场鸡群的死亡率低于祖代及以上场、父母代场和混合代场。七个区域中，华南地区养鸡场鸡群的死亡率最低，华东地区和华中地区养鸡场鸡群的死亡率远高于华北地区，这可能是因为华北地区疫病净化工作开展较早，技术和设备先进，人才储备雄厚，使得养鸡场日常管理方面比较严格，从而取得了良好的净化效果。

此外，本节还讨论了是否开展疫病净化对养鸡场鸡群淘汰率的影响，从分析结果来看影响不显著，但饲养环境和饲养模式的影响显著，由此说明是否开展疫病净化不是影响鸡群淘汰率的主要因素。

2. 疫病净化对不同养殖规模鸡群死亡率的影响

本节利用 Stata14.0 软件，运用面板 Tobit 模型和处理效应模型进一步讨论疫病净化对不同养殖规模养鸡场死亡率的影响。研究根据 2015 年养鸡场的饲养规模将样本分为 4 个组：①养殖规模的 25% 分位以下（小于 3.44 万只）；②养殖规模的 25% ~50% 分位（3.44 万 ~6.68 万只）；③养殖规模的 50% ~75% 分位（6.68 万 ~13.24 万只）；④养殖规模的 75% 分位以上（大于 13.24 万只）。其中，偶数列为面板 Tobit 模型，奇数列为处理效应模型。具体估计结果如表 4 - 4 所示：

表 4 - 4　疫病净化对不同饲养规模养鸡场鸡群死亡率的影响结果

变量	<3.44 万只		3.44 万 ~6.68 万只		6.68 万 ~13.24 万只		>13.24 万只	
	面板 Tobit	TE	面板 Tobit	TE	面板 Tobit	TE	面板 Tobit	TE
核心解释变量								
是否开展疫病净化	-0.108	0.482	-0.979***	-1.030**	-0.736***	-1.406***	-0.070	-0.075
	(0.238)	(0.340)	(0.351)	(0.517)	(0.278)	(0.362)	(0.260)	(0.351)
疫病预防投入								
疫苗费用（取自然对数）	-0.185	-0.224	-0.065	-0.047	-0.438*	-0.390*	-0.317	-0.340*
	(0.225)	(0.222)	(0.239)	(0.242)	(0.224)	(0.222)	(0.232)	(0.198)
诊疗费用（取自然对数）	0.241	0.190	0.629***	0.639***	0.063	0.085	0.133	0.125
	(0.260)	(0.257)	(0.241)	(0.241)	(0.219)	(0.218)	(0.228)	(0.202)
技术人员数量	0.172**	0.188**	-0.028	-0.058	0.038	-0.010	0.481	0.471
	(0.079)	(0.078)	(0.451)	(0.456)	(0.355)	(0.351)	(0.516)	(0.443)
饲养环境								
饲养密度	-0.033	-0.0270	-0.089	-0.089	-0.197***	-0.216***	-0.041	-0.032
	(0.067)	(0.067)	(0.055)	(0.055)	(0.053)	(0.054)	(0.085)	(0.085)
是否有绿化带	-7.716***	-7.630***	-1.001	-0.984	2.056*	2.210*	-3.004*	-3.182*
	(1.638)	(1.645)	(1.419)	(1.425)	(1.248)	(1.247)	(1.760)	(1.856)

续表

变量	<3.44 万只		3.44 万~6.68 万只		6.68 万~13.24 万只		>13.24 万只	
	面板 Tobit	TE	面板 Tobit	TE	面板 Tobit	TE	面板 Tobit	TE
饲养模式								
是否整批出栏	1.122	1.046	-2.417*	-2.412*	-5.535***	-5.493***	-4.592**	-4.544**
	(1.382)	(1.387)	(1.432)	(1.441)	(1.458)	(1.455)	(1.851)	(1.860)
控制虚拟变量	Yes	Yes	Yes	Yes	Yes	Yes	Yes	Yes
常数项	13.00***	12.35***	8.010**	8.010**	9.430***	10.33***	10.15**	10.22**
	(3.292)	(3.315)	(3.313)	(3.343)	(3.190)	(3.184)	(4.056)	(4.064)
Lamda		-0.252**		0.018		0.313***		0.023
		(0.105)		(0.139)		(0.111)		(0.091)
样本量	298	296	304	301	337	337	285	270
Log likelihood	-542	-534	-590	-584	-617	-613	-450	-384
Prob > chi2 或 Prob > F	0.000	0.000	0.001	0.003	0.000	0.000	0.047	0.073

注：***、**、*分别表示在99%、95%、90%的置信水平下显著，括号内为标准误，饲养模式的部分变量估计值略。

数据来源：笔者根据实地调研数据，经计算得到。

由表4-4的分析结果可知，是否开展疫病净化对养殖规模为3.44万~6.68万只的养鸡场鸡群死亡率的影响最大，对饲养规模为6.68万~13.24万只的养鸡场鸡群死亡率的影响次之，对饲养规模小于3.44万只和大于13.24万只的养鸡场鸡群死亡率的影响不明显。显然，规模为3.44万~13.24万只的养鸡场实施疫病净化降低鸡群死亡的效果比小于3.44万只和大于13.24万只的规模更好，这符合规模经济效应，呈典型的倒U形。这意味着规模过小或过大养鸡场实施疫病净化都有可能导致"规模不经济"，原因在于规模较小的养鸡场初期鸡群饲养不规范、管理粗放，很多方面无法达到疫病净化的标准和要求，而规模较大的养鸡场专业化、机械化程度较高，管理制度健全，疫病防控能力出色，使得净化的作用不够突出。因此，在现有疫病净化技术和投入成本条件下，中等规模化养鸡场实施净化来降低鸡群死亡率的空间最大。

此外，技术人员数量和是否有绿化带对饲养规模小于3.44万只的养鸡场鸡群死亡率的影响显著，诊疗投入、饲养密度和是否整批出栏对养殖规模在3.44

万 ~6.68 万只的养鸡场鸡群死亡率的影响显著，疫苗投入、饲养密度和是否整批出栏对养殖规模在 6.68 万 ~13.24 万只的养鸡场鸡群死亡率的影响显著，是否有绿化带和是否整批出栏对饲养规模在大于 13.24 万只的养鸡场鸡群死亡率的影响显著。由此说明，影响不同养殖规模死亡率的因素存在差异，养鸡场可根据自身的饲养规模，选择合适可行的防控措施。

3. 净化不同病种对养鸡场鸡群疫病发病率的影响

为了全面反映净化不同病种对各个鸡群疫病发病率的影响，本节分别将是否开展禽白血病净化、是否开展鸡白痢净化作为核心解释变量，各个成长阶段鸡群疫病发病率作为被解释变量，利用 Stata14.0 软件进行面板 Tobit 模型和处理效应模型估计，估计结果如表 4-5 和表 4-6 所示。

表 4-5 中模型的被解释变量分别为鸡白痢的全群发病率、雏鸡发病率、育成鸡发病率、产蛋鸡发病率和种用公鸡发病率。其中偶数列为面板 Tobit 模型，奇数列为处理效应模型。由表可知是否开展鸡白痢净化对鸡群的发病率产生了显著的影响，可以降低 1.370%。分不同成长阶段来看，是否开展鸡白痢净化对雏鸡、育成鸡和种用公鸡的发病率影响明显，分别降低了 2.360%、0.904%、0.591%。

表 4-6 中的被解释变量分别是禽白血病的全群发病率、雏鸡发病率、育成鸡发病率、产蛋鸡发病率和种用公鸡发病率。其中偶数列为面板 Tobit 模型，奇数列为处理效应模型。从表中结果发现，已开展禽白血病净化的养鸡场产蛋鸡、种用公鸡和全群禽白血病发病率有了明显的降幅，三个指标分别下降了 1.873%、0.949%、1.416%。

与现有研究结论相比，本节得到的疫病发病率的降幅较小。其主要原因有以下两点：第一，多数研究基于动物净化前与净化后疫病发病率的对比。如王飞等[106]216-220 发现经过三个世代的鸡白痢净化，二郎山山地鸡 SD02 的强阳性患病率由 3.21% 下降到 0.06%，SD03 由 10.03% 下降到 0.08%。吴海冲等[107]105-107 发现经过一个世代的禽白血病净化，母鸡 ALVp27 抗原阳性率由原来的 10.05% 下降至 3.26%，公鸡由原来的 15.19% 下降至 5.43%。但事实上，本节的分析视角为已净化与未净化养鸡场疫病发病率的对比，与现有研究讨论的角度存在差异。其研究意义在于通过横向比较，更充分地论证了国家推行疫病净化政策的必要性。

第二，已有研究多是基于单个或几个养鸡场的讨论，由于受不同区域疫病的

表4-5 鸡白痢净化对不同成长阶段鸡群发病率的影响结果

变量	全群发病率		雏鸡发病率		育成鸡发病率		产蛋鸡发病率		种用公鸡发病率	
	面板Tobit	TE	面板Tobit	TE	面板Tobit	TE	面板Tobit	TE	面板Tobit	TE
核心解释变量										
是否开展疫病净化	-1.370***	-1.376**	-2.360***	-2.579***	-0.904**	-1.133**	-0.187	0.0610	-0.591***	-0.577*
	(0.514)	(0.692)	(0.496)	(0.672)	(0.385)	(0.515)	(0.137)	(0.175)	(0.203)	(0.297)
疫病预防投入										
疫苗费用（取自然对数）	-1.622***	-1.633***	-1.305***	-1.262*	-0.845***	-0.825***	-0.101	-0.116	-0.077	-0.162
	(0.459)	(0.465)	(0.422)	(0.424)	(0.297)	(0.301)	(0.111)	(0.110)	(0.162)	(0.173)
诊疗费用（取自然对数）	1.219***	1.222***	1.187***	1.188***	0.676**	0.712**	0.130	0.100	0.159	0.301*
	(0.441)	(0.446)	(0.406)	(0.407)	(0.286)	(0.290)	(0.116)	(0.123)	(0.168)	(0.170)
技术人员数量	0.003	0.004	-0.139	-0.127	0.249	0.186	0.084	0.088	-0.026	-0.082
	(0.276)	(0.278)	(0.260)	(0.259)	(0.363)	(0.369)	(0.134)	(0.129)	(0.183)	(0.203)
饲养环境										
饲养密度	0.014	0.018	0.066	0.068	0.042	0.046	0.022	0.027*	0.026	0.098**
	(0.122)	(0.124)	(0.047)	(0.048)	(0.047)	(0.048)	(0.016)	(0.016)	(0.024)	(0.049)
是否有绿化带	3.890*	3.375	3.900*	2.932	3.868**	3.725**	0.394	0.282	1.022	1.608*
	(2.141)	(2.203)	(2.241)	(2.180)	(1.509)	(1.557)	(0.498)	(0.465)	(0.756)	(0.960)
饲养模式										
是否整批出栏	-6.743**	-6.689**	-3.288	-3.150	-3.801**	-3.721**	-1.913***	-1.975***	-1.802***	-4.403***
	(3.200)	(3.258)	(2.962)	(3.055)	(1.811)	(1.823)	(0.580)	(0.535)	(0.692)	(1.591)
样本量	1056	1037	931	910	893	872	947	927	936	915
Log likelihood	-1907	-1873	-1738	-1692	-1040	-1026	-753	-738	-862	-848
Prob > chi2	0.000	0.000	0.000	0.000	0.000	0.001	0.000	0.000	0.000	0.000

注：***、**、*分别表示在99%、95%、90%的置信水平下显著，括号内为标准误差，同养模式中的部分变量估计值略，控制虚拟变量和常数项略。

数据来源：笔者根据实地调研数据，经计算得到。

表4-6　禽白血病净化对不同成长阶段鸡群发病率的影响结果

变量	全群发病率 面板 Tobit	全群发病率 TE	雏鸡发病率 面板 Tobit	雏鸡发病率 TE	育成鸡发病率 面板 Tobit	育成鸡发病率 TE	产蛋鸡发病率 面板 Tobit	产蛋鸡发病率 TE	种用公鸡发病率 面板 Tobit	种用公鸡发病率 TE
核心解释变量										
是否开展疫病净化	-1.416* (0.728)	-1.031 (0.834)	-0.441 (0.321)	-0.359 (0.385)	-1.097 (0.682)	-0.691 (0.781)	-1.873** (0.738)	-1.750** (0.839)	-0.949*** (0.366)	-0.878** (0.369)
疫病预防投入										
疫苗费用（取自然对数）	-2.472*** (0.795)	-2.496*** (0.803)	-0.608* (0.365)	-0.597* (0.358)	-2.181*** (0.758)	-2.082*** (0.732)	-1.596** (0.790)	-1.602** (0.794)	-1.438*** (0.447)	-1.437*** (0.407)
诊疗费用（取自然对数）	2.817*** (0.744)	2.887*** (0.766)	0.666** (0.339)	0.665** (0.334)	1.971*** (0.712)	1.814*** (0.692)	1.892*** (0.699)	1.870*** (0.713)	1.393*** (0.414)	1.389*** (0.384)
技术人员数量	0.0160 (0.385)	-0.0190 (0.384)	0.661 (0.428)	0.632 (0.424)	0.181 (0.324)	0.149 (0.316)	-0.087 (0.966)	-0.077 (0.972)	0.441 (0.481)	0.383 (0.427)
饲养环境										
饲养密度	0.088 (0.127)	0.098 (0.129)	0.041 (0.025)	0.041* (0.024)	0.060 (0.077)	0.066 (0.075)	0.127 (0.128)	0.134 (0.129)	0.068 (0.070)	0.072 (0.064)
是否有绿化带	3.807 (3.218)	3.554 (3.251)	0.436 (1.365)	0.423 (1.386)	3.373 (2.823)	3.209 (2.723)	3.664 (3.417)	3.341 (3.392)	1.035 (1.674)	0.848 (1.533)
饲养模式										
是否整批出栏	-3.719 (2.956)	-3.859 (2.997)	0.075 (1.462)	0.061 (1.434)	-0.688 (2.684)	-0.943 (2.600)	-0.587 (3.479)	-0.701 (3.505)	-1.241 (2.000)	-1.147 (1.784)
样本量	932	919	787	772	822	809	870	857	837	824
Log likelihood	-1018	-997	-359	-358	-681	-665	-869	-847	-525	-491
Prob > chi2	0.008	0.008	0.498	0.498	0.044	0.044		0.036		

注：***、**、*分别表示在99%、95%、90%的置信水平下显著，括号内为标准误，饲养模式中的部分变量估计值略，控制虚拟变量和常数项略。

数据来源：笔者根据实地调研数据，经计算得到。

流行情况、养鸡场周边的自然地理环境以及内部的管理能力的影响，净化的效果可能存在个体异质性。而本节利用全国的抽样调查数据，有效地规避了因个体效应造成的估计差异，所以分析结论更具普适性。鉴于计量模型分析的结果主要为两种养鸡场均值的差值，离散程度较小，因而所得结论与已有研究存在差异。

由表4-5和表4-6的分析结果可知，疫苗费用的增加可显著降低鸡群疫病的发病率，但诊疗费用和技术人员的投入与养鸡场鸡群疫病的发病率同方向变化。其主要原因在于鸡群接种疫苗后，抵御疫病的能力有所提升，从而降低了疫病暴发的概率。不过，一旦动物患病后，养鸡场需要大量增加人力和药品的投入，但从计量模型输出的结果来看并未取得良好的防控效果。此外，如果养鸡场采用整批出栏的饲养模式，可有效降低疫病的发病率，这与王中力[102]76-77及孟凡东[105]134-135的研究结论类似。为此，要求养鸡场需要提前做好疫病的预防工作，以防为主，防治结合，并尽量采取整批出栏的方式，从而取得良好的防疫效果。

综上可知，养鸡场开展鸡白痢净化对雏鸡的影响最为突出，开展禽白血病净化对成年鸡的影响较为明显，所得结论符合两种疫病的影响机理。因此，养鸡场可根据自身不同成长阶段鸡群的饲养状况，有序地开展各种疫病的净化工作。

第三节　疫病净化对鸡群后代繁育的影响

一、文献回顾

国内外学者的研究成果表明，积极开展疫病净化与防控，可以改善动物的后代繁育状况。Clegg等[108]128-138发现随着国家层面净化工作的持续推进，动物的分娩流产率从2013年的0.66%下降到2015年的0.33%，后代繁育能力明显增强。吴学敏等[78]75-79通过对福建省三个不同地区的规模猪场进行猪瘟净化效果研究发现，养殖场自2009年采取猪瘟净化措施后，平均每头母猪的产仔数增加0.55头、0.76头、0.81头。张丹俊等[73]695-700以安徽省某地方品种的种鸡为研究对象，比较禽白血病和鸡白痢净化鸡群与非净化鸡群生产性能上的差异，结果表明净化鸡群及其后代的死淘率较非净化鸡群有很大程度降低，6～11月龄月均产蛋率较非净化鸡群提高5.91%，料蛋比较非净化鸡群低0.46%，并且净化鸡群的种蛋合格率、受精率、孵化率和健雏率均高于非净化鸡群。时倩等[74]55-57的研究结果与张丹俊等的研究相似，某种鸡场鸡白痢呈阳性鸡群的产蛋率、受精率、孵化率分别低于呈阴性鸡群的 8.1% ~ 21.8%、0.87% ~ 1.6%、0.6% ~ 11.4%。广西壮族自治区某养鸡场开展禽白血病净化后，产蛋率比上一年提高 1.85%，受精率提高 1.93%，孵化率提高 3.84%，雏鸡成活率高达 97.43%[75]112。

虽然当前研究已讨论了疫病净化与动物后代繁育之间的关系，但仍有进一步延伸的空间。第一，许多研究尚未交代是否将影响动物后代繁育的主要因素全部纳入分析中[85]179-193，鉴于养殖场是控制和净化疫病的核心环节，在没有大量养殖场层面信息的情况下，其具体的影响程度并不能确定，需要更广泛地分析与讨论。第二，现有研究选用的样本养殖场的数量较少，所得结论地域色彩比较浓厚，普适性不强。第三，由于疫病净化是一个持续的过程，而现有研究仅反映疫病净化某年的影响，无法展现其动态效果。基于此，本节将围绕疫病净化与养鸡场后代繁育能力之间的关系展开，增加养鸡场层面的信息，并扩展样本数量，动态地分析二者之间关系的变化。

二、样本描述

表 4-7 为已净化养鸡场与未净化养鸡场后代繁育指标的比较结果。从表 4-7 中可以看出，已净化养鸡场的日最高产蛋率、种蛋合格率、种蛋受精率和受精蛋孵化率显著高于未净化场，分别提升了 3.29%、1.42%、1.96%、0.6%。

表 4-7　已净化与未净化养鸡场后代繁育指标的比较结果　　　单位:%

后代繁育指标	已净化			未净化			样本均值 T 检验 H0：M1 - M2 ≠ 0
	场次	均值	标准差	场次	均值	标准差	
日最高产蛋率	853	86.39	0.313	443	83.10	0.599	0.0000 *** a
种蛋合格率	830	93.29	0.285	409	91.87	0.433	0.0051 *** b
种蛋受精率	830	92.69	0.114	405	90.73	0.221	0.0000 *** a
受精蛋孵化率	811	91.10	0.222	405	90.50	0.258	0.0755 * a
健母雏率	792	92.12	0.263	379	92.86	0.433	0.1461 a

注：***、**、*分别表示在 99%、95%、90%的置信水平下显著，a 为 Welch's t test（韦尔奇 t 检验），b 为 Unpaid t test（独立样本 t 检验）。

数据来源：笔者根据实地调研数据，经计算得到。

表4-8显示了净化不同病种后代繁育指标的比较结果。由表4-8可知，两种疫病都净化的养鸡场后代繁育指标较净化一种疫病的养鸡场并未存在显著的差异，但部分指标有了小幅的提升。

表4-8　养鸡场净化不同病种后代繁育指标的比较结果　　　　单位:%

后代繁育指标	禽白血病净化			鸡白痢净化			两种疫病都净化		
	场次	均值	标准差	场次	均值	标准差	场次	均值	标准差
日最高产蛋率	520	87.19	8.417	835	86.56	9.112	510	87.25	8.470
种蛋合格率	502	92.90	10.02	812	93.36	8.216	492	92.87	10.11
种蛋受精率	502	92.89	3.247	812	92.79	3.135	492	92.92	3.251
受精蛋孵化率	497	91.64	5.994	793	91.19	6.232	487	91.63	6.043
健母雏率	486	92.11	7.464	774	92.25	7.103	476	92.12	7.307

数据来源：笔者根据实地调研数据，经计算得到。

三、模型设定

为了分析已实施疫病净化的养鸡场和从未实施疫病净化的养鸡场之间鸡群后代繁育指标的差异，本节将利用规模养鸡场2011～2015年的面板调查数据，采用随机效应模型分析疫病净化产生的影响。

$$Y_{it} = \beta_0 + \beta_1 D + X'_{it}\gamma + \varepsilon_{it} \qquad (4-11)$$

在式（4-11）中，被解释变量Y_{it}代表养鸡场的后代繁育指标，i代表养鸡场，t代表年份，β_0为截距项，ε_{it}代表随机扰动项。D代表养鸡场是否开展疫病净化的虚拟变量，当D=1时，表示已开展，当D=0时，表示未开展，X'_{it}表示一系列控制变量。此外，内生性考察也同样采用了处理效应模型逐步展开。

四、变量选择

核心变量。本节的核心自变量为养鸡场是否开展疫病净化（包括净化一种及以上数量的疫病），因变量为日最高产蛋率、种蛋合格率、种蛋受精率、受精蛋孵化率。

控制变量。本节将养鸡场的引种方式、栏舍类型、饲养方式、是否整批出栏、饲养密度、单只产蛋鸡日饲料费用、每万只鸡的技术人员数量、疫苗费用、兽药费用列为控制变量，从而识别它们对后代繁育指标的影响。其中，涉及费用类的变量文中全部进行了剔除通货膨胀的处理。

表4-9　变量定义及描述统计（后代繁育）

分类	变量名称	变量解释	均值	标准差
因变量	日最高产蛋率	%	85.27	10.57
	种蛋合格率	%	92.82	8.414
	种蛋受精率	%	92.05	3.815
	受精蛋孵化率	%	90.90	5.973
核心解释变量	是否开展疫病净化	0=否，1=是	0.636	0.481
饲养投入	疫苗费用	元/只	3.601	5.515
	诊疗费用（包含兽药）	元/只	2.005	3.178
	技术人员数量	人/万只	0.587	0.810
	单只产蛋鸡饲料费用	元/天	0.272	0.190
饲养特征	是否为封闭式栏舍	0=否，1=是	0.722	0.448
	是否为半封闭式栏舍	0=否，1=是	0.317	0.466
	是否为开放式栏舍	0=否，1=是	0.032	0.177
	是否为其他类型栏舍	0=否，1=是	0.004	0.060
	是否为笼养	0=否，1=是	0.850	0.357
	是否为平养	0=否，1=是	0.215	0.411
	是否为其他方式养殖	0=否，1=是	0.014	0.116
	是否自繁自养	0=否，1=是	0.275	0.447
	是否引进种蛋	0=否，1=是	0.027	0.163
	是否引进雏鸡	0=否，1=是	0.729	0.444
	是否为其他方式引进	0=否，1=是	0.022	0.145
	是否整批出栏	0=否，1=是	0.916	0.278
	饲养密度（7周龄以上）	只/平方米	11.18	6.361
控制虚拟变量	养鸡场类型	1=蛋鸡场（对照组）		
		2=肉鸡场	0.456	0.498
	养鸡场代次	1=祖代及以上场（对照组）		
		2=父母代场	0.607	0.489
		3=商品代场	0.097	0.296
		4=混合代场	0.121	0.326

续表

分类	变量名称	变量解释	均值	标准差
控制虚拟变量	养鸡场所处区域	1 = 华北地区 （对照组）		
		2 = 华东地区	0.255	0.436
		3 = 华中地区	0.126	0.331
		4 = 华南地区	0.054	0.226
		5 = 西南地区	0.169	0.375
		6 = 西北地区	0.089	0.285
		7 = 东北地区	0.136	0.343

数据来源：笔者根据实地调研数据，经计算得到。

同时，为了比较不同类型（蛋鸡、肉鸡）、代次（祖代及以上场、父母代场、商品代场、混合代场）和区域（华北、华东、华中、华南、西南、西北、东北）养鸡场鸡群后代繁育指标的差异，本节设置了类型、代次和地区虚拟变量，分别以"蛋鸡场""祖代及以上场"和"华北地区"为对照组。

五、模型估计结果与分析

本节的实证分析使用了Stata14.0软件，采用随机效应模型和处理效应模型探讨疫病净化对养鸡场日最高产蛋率、种蛋合格率、种蛋受精率、受精蛋孵化率的影响。估计结果如表4-10和表4-11所示：

表4-10 随机效应模型估计结果（后代繁育）

分类	变量	日最高产蛋率	种蛋合格率	种蛋受精率	受精蛋孵化率
核心解释变量	是否开展疫病净化	1.091 ***	1.090 ***	0.892 ***	0.528 ***
		（0.420）	（0.298）	（0.255）	（0.198）
饲养投入	疫苗费用	0.597 **	0.284	0.602 ***	0.372 **
		（0.303）	（0.176）	（0.175）	（0.145）
	诊疗费用（包含兽药）	- 0.691 **	- 0.357 *	- 0.424 **	- 0.308 *
		（0.309）	（0.214）	（0.182）	（0.175）
	技术人员数量	- 0.180	0.024	- 0.332 ***	- 0.163 *
		（0.367）	（0.151）	（0.123）	（0.088）

续表

分类	变量	日最高产蛋率	种蛋合格率	种蛋受精率	受精蛋孵化率
饲养投入	单只产蛋鸡饲料费用	-1.070 (1.041)	2.058* (1.234)	-0.162 (0.655)	-0.473 (0.351)
	是否为封闭式栏舍	2.144 (2.546)	-0.434 (1.144)	0.296 (0.962)	2.343* (1.409)
	是否为半封闭式栏舍	1.898 (2.375)	0.438 (1.131)	0.182 (0.864)	2.128 (1.417)
	是否为开放式栏舍	2.816 (3.390)	-3.135 (2.166)	-0.144 (1.362)	-1.673 (3.439)
	是否为其他类型栏舍	-27.43*** (6.425)	7.919** (3.188)	-13.93*** (2.590)	-0.009 (4.272)
饲养特征	是否为笼养	-3.035 (3.208)	-4.704*** (1.699)	1.106 (1.010)	-0.756 (1.635)
	是否为平养	-3.552 (3.077)	-1.412 (1.348)	-0.882 (0.784)	-1.903 (1.308)
	是否为其他方式养殖	-1.101 (5.329)	-2.464 (2.904)	6.399*** (2.321)	4.142 (3.392)
	是否自繁自养	-4.340* (2.272)	-0.199 (1.722)	-0.186 (0.929)	-0.493 (1.156)
	是否引进种蛋	2.399 (3.144)	2.176 (2.471)	0.041 (1.028)	-0.926 (2.254)
	是否引进雏鸡	2.652 (2.276)	0.122 (1.769)	-0.565 (0.869)	0.594 (1.314)
	是否为其他方式引进	1.364 (2.938)	-3.568 (2.400)	-1.313 (1.521)	-0.164 (2.439)
	是否整批出栏	1.905 (2.139)	1.346 (1.309)	2.965*** (1.138)	1.387 (1.295)
	饲养密度（7周龄以上）	-0.061 (0.076)	0.045 (0.062)	-0.052 (0.033)	0.001 (0.044)
控制虚拟变量	养鸡场类型	1＝蛋鸡场（对照组）			
		-6.761*** (1.156)	-1.422 (1.273)	-0.049 (0.443)	1.302* (0.770)

续表

分类	变量	日最高产蛋率	种蛋合格率	种蛋受精率	受精蛋孵化率
控制虚拟变量	养鸡场代次	\multicolumn{4}{1 = 祖代及以上场（对照组）}			
		1.366	− 0.851	0.928	0.397
		(1.577)	(0.773)	(0.717)	(0.994)
		6.846 ***	0.011	− 5.032 ***	4.413 **
		(2.181)	(1.348)	(1.638)	(2.101)
		2.460	− 1.106	0.991	1.024
		(2.878)	(0.971)	(0.954)	(1.371)
	养鸡场所处区域	1 = 华北地区（对照组）			
		− 4.042 ***	1.876	− 1.035	0.465
		(1.440)	(1.741)	(0.665)	(0.830)
		− 2.802 **	2.113	− 0.872	− 1.313
		(1.339)	(1.761)	(0.752)	(1.921)
		− 4.409 **	0.959	− 0.864	− 2.805 *
		(2.071)	(2.189)	(0.943)	(1.469)
		− 6.395 ***	0.308	− 1.984 ***	− 2.189 *
		(1.745)	(1.851)	(0.765)	(1.139)
		0.761	− 1.991	− 0.0850	− 1.731
		(1.389)	(4.730)	(0.767)	(1.124)
		− 1.462	1.238	− 1.345 *	− 3.182 **
		(1.189)	(2.005)	(0.786)	(1.327)
	常数项	88.06 ***	94.71 ***	88.90 ***	87.81 ***
		(4.929)	(3.334)	(2.392)	(2.986)
	样本量	1218	1166	1162	1148
	Prob > chi2	0.000	0.000	0.000	0.000

注：***、**、*分别表示在99%、95%、90%的置信水平下显著，括号内为标准误。疫苗费用和诊疗费用（包含兽药）在估计过程中取了自然对数。

数据来源：笔者根据实地调研数据，经计算得到。

由表4-10给出的模型估计结果可知，核心解释变量是否开展疫病净化显著影响了养鸡场的后代繁育指标，已净化养鸡场的平均日最高产蛋率、种蛋合格率、种蛋受精率、受精蛋孵化率较未净化养鸡场提高了1.091%、1.090%、0.892%、0.528%。由表4-11处理效应模型估计结果可知，已净化养鸡场的平均日最高产蛋率、种蛋合格率、种蛋受精率、受精蛋孵化率较未净化养鸡场提高了 1.889%、1.476%、1.318%、0.489%，所得结果略高于随机效应模型。

表 4-11 处理效应模型估计结果（后代繁育）

分类	变量	日最高产蛋率	种蛋合格率	种蛋受精率	受精蛋孵化率
核心解释变量	是否开展疫病净化	1.889***	1.476***	1.318***	0.489**
		(0.490)	(0.360)	(0.378)	(0.244)
饲养投入	疫苗费用	0.513*	0.241	0.566***	0.376**
		(0.304)	(0.176)	(0.175)	(0.148)
	诊疗费用（包含兽药）	-0.678**	-0.357	-0.411**	-0.325*
		(0.310)	(0.217)	(0.186)	(0.179)
	技术人员数量	-0.138	0.049	-0.305***	-0.158*
		(0.348)	(0.137)	(0.114)	(0.085)
	单只产蛋鸡饲料费用	-1.077	2.001	-0.219	-0.453
		(1.070)	(1.261)	(0.670)	(0.364)
	是否为封闭式栏舍	2.122	-0.439	0.291	2.334*
		(2.548)	(1.142)	(0.960)	(1.407)
	是否为半封闭式栏舍	1.865	0.511	0.191	2.177
		(2.383)	(1.129)	(0.860)	(1.416)
	是否为开放式栏舍	2.974	-2.989	-0.043	-1.632
		(3.392)	(2.180)	(1.369)	(3.439)
	是否为其他类型栏舍	0	0	0	0
		(.)	(.)	(.)	(.)
饲养特征	是否为笼养	-3.033	-4.735***	1.096	-0.767
		(3.219)	(1.685)	(1.015)	(1.635)
	是否为平养	-3.372	-1.379	-0.801	-1.938
		(3.094)	(1.324)	(0.788)	(1.310)
	是否为其他方式养殖	-1.113	-2.500	6.369***	4.146
		(5.275)	(2.893)	(2.342)	(3.377)
	是否自繁自养	-4.429*	-0.354	-0.303	-0.531
		(2.263)	(1.733)	(0.918)	(1.162)
	是否引进种蛋	2.960	2.498	0.381	-0.946
		(3.124)	(2.429)	(1.046)	(2.259)

续表

分类	变量	日最高产蛋率	种蛋合格率	种蛋受精率	受精蛋孵化率
饲养特征	是否引进雏鸡	2.456	0.069	− 0.673	0.658
		(2.260)	(1.780)	(0.862)	(1.325)
	是否为其他方式引进	1.595	− 3.427	− 1.162	− 0.187
		(2.910)	(2.419)	(1.513)	(2.442)
	是否整批出栏	1.825	1.248	2.880 **	1.373
		(2.151)	(1.307)	(1.155)	(1.291)
	饲养密度（7 周龄以上）	− 0.056	0.048	− 0.048	0
		(0.074)	(0.061)	(0.032)	(0.045)
控制虚拟变量	养鸡场类型	1 = 蛋鸡场（对照组）			
		− 6.663 ***	− 1.276	0.037	1.357 *
		(1.167)	(1.300)	(0.444)	(0.777)
	养鸡场代次	1 = 祖代及以上场（对照组）			
		1.481	− 0.916	0.958	0.306
		(1.599)	(0.785)	(0.732)	(1.015)
		7.424 ***	0.170	− 4.778 ***	4.318 **
		(2.190)	(1.358)	(1.620)	(2.110)
		2.335	− 1.192	0.937	1.002
		(2.869)	(0.967)	(0.953)	(1.374)
	养鸡场所处区域	1 = 华北地区（对照组）			
		− 3.777 ***	1.941	− 0.931	0.416
		(1.450)	(1.749)	(0.670)	(0.837)
		− 2.545 *	2.238	− 0.737	− 1.326
		(1.336)	(1.760)	(0.746)	(1.922)
		− 3.858 *	0.925	− 0.575	− 3.031 **
		(2.238)	(2.229)	(0.994)	(1.538)
		− 6.133 ***	0.407	− 1.871 **	− 2.201 *
		(1.732)	(1.855)	(0.760)	(1.142)
		0.836	− 1.995	− 0.082	− 1.743
		(1.391)	(4.745)	(0.767)	(1.122)
		− 1.199	1.335	− 1.227	− 3.209 **
		(1.178)	(2.003)	(0.780)	(1.329)

续表

分类	变量	日最高产蛋率	种蛋合格率	种蛋受精率	受精蛋孵化率
控制虚拟变量	Lambna	-0.310*	-0.141	-0.158	0.020
		(0.185)	(0.147)	(0.100)	(0.094)
	常数项	87.26***	94.45***	88.55***	87.88***
		(4.943)	(3.313)	(2.390)	(2.989)
	样本量	1203	1151	1147	1133
	Prob > chi2	0.000	0.000	0.000	0.000

注：***、**、*分别表示在99%、95%、90%的置信水平下显著，括号内为标准误。疫苗费用和诊疗费用（包含兽药）在估计过程中取了自然对数。

数据来源：笔者根据实地调研数据，经计算得到。

从饲养投入的角度来看，疫苗费用对日最高产蛋率、种蛋受精率、受精蛋孵化率产生了显著的正向影响，诊疗费用（包含兽药）对日最高产蛋率、种蛋合格率、种蛋受精率、受精蛋孵化率产生了显著的负向影响，技术人员数量对种蛋受精率和受精蛋孵化率产生了显著的负向影响，产蛋鸡的日均饲料费用对后代繁育指标的影响不明显。

从饲养特征的角度来看，栏舍类型、饲养方式、引种方式、是否整批出栏、饲养密度总体上对后代繁育指标的影响不明显。不过，有少量的控制变量对部分后代繁育指标影响显著。如是否为平养对种蛋合格率产生了显著的正向影响，是否整批出栏对种蛋受精率产生了显著的正向影响。

由控制虚拟变量的估计结果可知，肉鸡场的日最高产蛋率显著低于蛋鸡场，受精蛋孵化率显著高于蛋鸡场。商品代养鸡场的日最高产蛋率显著高于祖代及以上场。华东地区、华中地区、华南地区和西南地区养鸡场的日最高产蛋率显著低于华北地区，七个区域养鸡场的种蛋合格率不存在显著差异，西南地区和东北地区养鸡场的种蛋受精率显著低于华北地区，华南地区、西南地区和东北地区养鸡场的受精蛋孵化率显著低于华北地区。

事实上，大多学者的成果指出，一旦感染鸡白痢和禽白血病，将会造成鸡群的后代繁育能力下降。例如，Gavora 等[109]2165-2178发现，感染了 ALV 鸡群的产蛋率、蛋重和蛋的品质均显著低于未感染鸡群。屈凤琴等[110]44-46的结果表明，鸡白痢阳性鸡使种蛋受精率降低4%~9%，受精蛋孵化率降低7.9%~12.4%。但是净化阴性群种蛋受精率比未净化群提高 3% 左右，受精蛋孵化率提高 5% 左右。张丹俊等[73]695-700分析结果显示，禽白血病和鸡白痢净化组与非净化组相比，其种蛋合格率高出 3.16%，受精率高出 1.8%，出雏率高出 8.53%。之后张桂枝等[111]49-51的研究结果显示，净化鸡群较非净化鸡群后代繁育能力提高的程度大于张丹俊得出的数值，种蛋受精率和受精蛋孵化率分别提高 11.38%、14.00%。

本节的结论认为，已净化养鸡场的平均日最高产蛋率、种蛋合格率、种蛋受精率、受精蛋孵化率较未净化场有了明显提升，这与上述研究结论基本一致。但提升的幅度较已有的研究小，可能源于此处得到的数值是控制多方因素后两种养鸡场均值的差额，个体效应较小的缘故。

值得注意的是，相比已净化养鸡场与未净化养鸡场之间后代繁育指标的差异，净化不同病种带来的差异较小。这意味着并非净化越多的病种，鸡群的后代繁育能力提升得越高。考虑到禽白血病的净化成本远高于鸡白痢，因此养鸡场需要合理地安排不同病种净化的先后顺序。此外，本节发现华北地区的养鸡场鸡群的后代繁育能力明显优于其他地区。可能的原因在于：一方面华北地区区位优势明显，经济基础良好，人才储备雄厚，技术更新速度快，容易接纳新生事物，养鸡场的综合实力强于其他地区；另一方面，华北地区的疫病净化工作开展较早，很多养鸡场早在 20 世纪 80 年代就已实施，使得该地区的净化水平处于全国领先的地位，因此获得了出色的净化效果。

最后，本节从鸡群疫病净化的视角讨论其现实意义，这与刘玉梅等[112]3063-3069报道的结果共同佐证了我国疫病净化政策推行的必要性与可行性。同时，也间接回答了一些学者关于畜群健康管理计划（与国内的动物疫病净化类似）的争论。典型的观点如 Hässig 等[113]470-476提出是否参与该计划并不会使畜群的生产性能呈现显著差异。然而，Woods 和 Abigail[114]113-131 及 Derks 等[115]478-486则认为预防是更好的治疗，畜群健康管理计划的意义在于随着时间的深入，一些关键性指标如动物生产性能、产品价格等朝向更好的方面发展，可以增加养殖者的经济收入。实际上，本节结论与后者的观点较为相似。

第四节　本章小结

本章运用全国 297 个规模化养鸡场 2011 ~ 2015 年的样本数据，利用面板 Tobit 模型、随机效应模型、处理效应模型分析疫病净化对养鸡场鸡群健康的影响。研究结果表明：

第一，养鸡场实施疫病净化可以有效降低养鸡场鸡群的死亡率。合理的疫苗投入可有效降低养鸡场鸡群的死亡率，但诊疗投入却与鸡群死亡率同方向变化，原因在于疫苗可以预防、控制疫病的发生、流行，而诊疗更多的是治疗和诊断鸡群疫病，考虑禽白血病和鸡白痢在临床上感染率很高，造成的危害严重，并且尚未有合适的药物进行对抗，目前只能做好被动预防，因此疫苗的防控效果优于诊疗的效果。同时，研究还发现肉鸡场的鸡群死亡率比蛋鸡场低，商品代场的鸡群死亡率比祖代及以上场、父母代场及混合代场低。

第二，通过分析疫病净化对不同养殖规模鸡群死亡率的影响可知，饲养规模介于 3.44 万 ~13.24 万只的效果最优，呈典型的倒 U 形。这意味着规模过小或过大养鸡场实施疫病净化都有可能导致"规模不经济"。

第三，通过比较净化不同病种对各个鸡群病死指标的影响，发现养鸡场开展禽白血病净化更多影响成年鸡的健康，而开展鸡白痢净化对雏鸡的影响最为突出，这符合两种疫病的发病机理。

第四，疫病净化可以提升鸡群的后代繁育能力。已净化养鸡场的日最高产蛋率、种蛋合格率、种蛋受精率、受精蛋孵化率分别比未净化养鸡场高 1.091%、1.090%、0.892%、0.528%。相比已净化养鸡场与未净化养鸡场之间后代繁育指标的差异，净化不同病种带来的差异较小。全国七个地区中，华北地区养鸡场鸡群的后代繁育能力最强。

除此之外，本章也为国家推行疫病净化政策提供了有利证据。解释了疫病净化与养鸡场鸡群病死的关系，明确了不同病种净化对各个成长阶段鸡群疫病发病率的影响程度，并进一步识别出疫病净化对鸡群后代繁育能力的影响程度。所得结论直接论证了疫病净化可以降低鸡群的病死率，增强鸡群的后代繁育能力，提高养鸡场的经济收入，进而也为国家增添了推行疫病净化政策的助力。如果按照种鸡存栏 15 亿只（2015 年）来估算①，全国每年将减少 600 万只种鸡的死亡，并额外育成 1500 万只鸡苗，影响效果非常显著。

---

① 鉴于《中国畜牧兽医年鉴》里给出的是种鸡存栏的"总套数"，在此笔者按照 1∶10 的比例换算成"总只数"，后文同。

第五章 疫病净化对养鸡场兽药使用的影响分析

近年来，随着全球对可持续性动物生产要求的提高，以及消费者对兽药残留少的动物产品需求的增加[116]1-9，欧洲一些国家（如丹麦、法国、荷兰和英国）专门制定了监测养殖场动物细菌耐药性策略，作为设计减少抗生素使用和审慎用药措施的第一步[117-120]4-22,A160-A165，并于2011年启动了一项为期五年的行动计划，通过研发新的有效抗生素或替代治疗法，确保抗菌药物被合理地使用[121]565-566。我国虽然也制定了"动物性食品中兽药残留最高限量"标准，但尚未得到有效实施，执行效果欠佳[122-124]4-6,170,52-64。已有研究表明，消费者普遍认为养殖场和农户应该对肉类食品的质量安全负责，尤其是兽药使用的问题[125]661-670。一项对英格兰和威尔士奶农的调查结果显示，59%的奶农认为他们的抗生素使用量与上一年持平。尽管部分农户已经认识到抗生素耐药性的负面影响，但是他们减少抗生素使用的主要动机并不是降低耐药性的风险，而是节约成本[126]30-40。Friedman等[127]366-375经调查发现，农户普遍缺乏对抗生素和细菌耐药性的了解，获取信息的渠道主要靠自己或邻居的经验，而不是根据兽医的处方或者建议来选取治疗方法。

随着养殖场生产条件的改善，很多学者开始质疑增加兽药的使用是否还能提高养殖场的生产力[128]10-21。Aarestrup[129]271-281的一项关于家畜抗生素使用的研究表明，丹麦的"黄卡计划"实施后，兽药的减少使用并未对仔猪的死亡率、母猪的年产胎数、育肥猪日均体重的增加产生影响。Ramirez等[130]176-178一项临床试验的结果表明，使用抗菌剂来控制猪呼吸道疾病的效率仅限于仔猪，对于成年猪的影响不大，并且抗菌剂的成本远高于生产效率提升所带来的效益。为此，许多国家逐渐开始将研究转向如何利用替代方案减少兽药的使用。

事实上，Postma等[131]294-302的研究表明，加大动物疫病净化与防控的力度，做好养殖场的疫苗接种以及生物安全识别工作，将有希望成为替代兽药使用的方式。在农场良好预防措施的前提下，动物被感染的风险以及被实施治疗的概率会有所降低[132-134]508-512,478-489。虽然一些普通的养殖户认为使用兽药要比提前进行疫病预防的成本更低[135-136]288-290,215-224。但是，Rojo-Gimeno 等[137]74-87 认为，兽药的使用完全可被疫苗接种和生物安全措施所取代，并且附加的成本可被减少的兽药费用抵扣。因此，做好养殖场的疫病净化与防控，有可能成为替代抗生素使用的有效方式。事实上，由于国内缺少疫病净化与动物兽药使用关系的讨论，使得相关研究处于一个空白状态。基于此，本章利用全国的抽样调查数据，深入分析疫病净化对养鸡场兽药使用的影响，从而为疫病净化政策的推行提供有力支持。

第一节　文献回顾

从以往的研究成果来看，疫病净化可以通过以下两个途径影响养殖场的抗生素使用：

第一，养殖场开展动物疫病净化后，各类动物感染疫病的概率明显降低，发病率和死亡率有了显著下降，在一定程度上减少了兽药的使用。例如，山东省某规模化猪场通过对核心种猪群开展猪瘟以及伪狂犬病的净化工作，在良好的卫生防疫措施的基础上，精选疫苗、制定合理的免疫程序、淘汰带毒猪及抗体阴性猪，经过两次净化，种猪群的猪瘟病毒带毒率从 10.08% 下降到 3.03%，伪狂犬病病毒带毒率从 8.82% 下降到 3.23%，抗生素使用也有明显减少[138]100-102。广西壮族自治区某养殖场通过对种群进行连续净化来根除疫病，经过四个到五个世代后，种群的感染阳性率显著下降，对兽药的使用也有了大幅度的减少[75]112。马斌[139]26 和孙贵[140]8-9 通过对无疫养殖场的研究发现，无疫场建成后羊传染性胸膜肺炎、传染性口膜炎、传染性眼角膜炎和梭菌性疾病的临床诊断检出率比建成前分别低 2.18%、5.47%、4.47% 和 2.9%，普通疾病发病率下降了 19%，兽药使用量明显减少。

第二，养殖场开展动物疫病净化后，各类动物的健康状况有了明显改善，对疾病的抵御能力有了显著提升，使得对兽药的使用频率和剂量呈现下降趋势。例如，Postma 等[141]63-74 的最新成果表明，通过采取强化农场的日常管理、优化生物安全措施、改进疫苗接种方式等措施，可有效降低农场兽药的使用量，并使动物从出生到屠宰体内抗生素的残留降低 52%，育种动物体内抗生素的残留降低 32%。最近一项对欧盟四国，即比利时、法国、德国、瑞典疫病防控措施与抗生素使用关系的研究表明，更高的生物安全水平可以改善动物的健康状况，能使某些疾病的发病率显著下降，兽药的使用大幅降低[134]478-489。

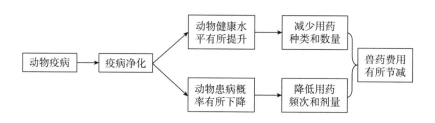

图 5-1　疫病净化与养殖场兽药使用的逻辑关系

根据上述文献可知，在有效的净化与防控措施保证下，降低兽药的使用不但不会牺牲利润，反而能获取更高的净收益[142]26-38。然而，现有研究仍有拓展的空间。很多研究基于国家兽药使用的平均水平进行分析，对养殖场带来的正向或负向影响可能在分析中被弱化[129]271-281。另外，现有研究主要以截面数据得出兽药的使用在下降，但疫病净化是一个持续的过程，需要动态分析兽药使用具体下降的幅度。最后，一些学者认为直接使用兽药的成本远低于开展疫病净化与防控[143]e109-e115，因此需要提供更多的证据来证明净化与防控的效果优于兽药的使用[144]310-323。

综上所述，提出了本章的研究目的，通过实证分析养鸡场开展疫病净化后兽药使用的动态变化过程，从而为养鸡场日后兽药的合理使用提供借鉴。本章具体分析思路为：首先，统计分析养鸡场 2011～2015 年兽药使用的情况，判断其变化的趋势。其次，识别疫病净化对养鸡场兽药使用的影响程度，并计算其平均处理效应。再次，探讨疫病净化对不同代次养鸡场兽药使用的影响。最后，进一步讨论不同净化时间与养鸡场兽药使用的关系。

第二节　分析方法与指标

为了更好地反映疫病净化对养鸡场兽药使用的影响，本章借鉴陈杖榴[145]1-15

对兽药的分类，主要包括抗生素类药物和非抗生素类药物。其中，抗生素包括肌内注射抗生素和内服、混饮、混饲抗生素，非抗生素包含的种类较多，如抗寄生虫药、兽用中药以及营养药等。鉴于是否开展疫病净化直接影响养鸡场抗生素类药物的使用[138,141]100−102,63−74，因此本章将重点探讨二者之间的关系。

一、样本描述

由于在调查过程中，无法详细统计养鸡场抗生素使用的种类和剂量，因此本章选用每万只鸡各年抗生素的费用作为研究的被解释变量，并且进行了剔除通货膨胀的处理。由图 5−2 可知，2011 ~ 2012 年，未净化养鸡场的抗生素费用显著高于净化场，差额分别为 0.14 万元和 0.31 万元。2013 ~ 2014 年受全国范围内禽流感的影响，已净化养鸡场的抗生素费用有所上升，且略高于未净化场，差额分别为 0.08 万元和 0.19 万元。2015 年随着禽流感逐渐得到控制，已净化养鸡场的抗生素费用开始回落，同时未净化养鸡场的抗生素费用略有提升，二者之间的差额达到了 −0.13 万元。总体来看，已净化养鸡场的抗生素费用低于未净化场。

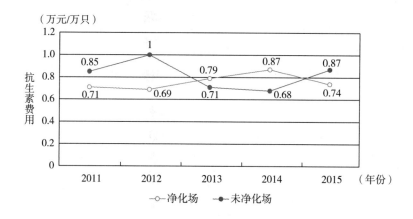

图 5−2　2011 ~ 2015 年养鸡场每万只鸡抗生素费用情况

二、模型设定

1. 随机效应

为了分析已净化养鸡场与未净化养鸡场抗生素费用的差异，本章利用规模养鸡场 2011 ~ 2015 年的面板调查数据，采用随机效应模型识别疫病净化产生的影响。其基础模型设定如式（5-1）所示：

$$Y_{it} = \beta_0 + \beta_1 D + X'_{it} \gamma + \delta_t + \varepsilon_{it} \qquad (5-1)$$

在式（5-1）中，被解释变量Y_{it}表示养鸡场每万只鸡抗生素的费用，i代表养鸡场，t代表年份，D代表养鸡场是否开展疫病净化，β_0代表截距项，X'_{it}为一系列控制变量，δ_t代表时间效应，ε_{it}代表随机扰动项。此外，内生性识别采用了与第四章相似的方法。

2. 平均处理效应

在实际生产中，每个养鸡场都只能出现一种状态，即已净化或者未净化。对于已经净化的养鸡场，并不存在其假定未净化的真实状态，所以已净化未参与的结果$E[Y_{0i} \mid D = 1]$无法直接观测到。正常来讲，可以参照与已净化养鸡场具备相似特征的未净化养鸡场的现状，推算已净化养鸡场的"反事实"情况，此时已净化养鸡场的真实情况与该值差异即是平均处理效应。

该方法的核心思想在于"匹配"，其质量的优劣取决于"相似特征"掌控程度。正如 Rosenbaum 和 Rubin[146]212-218 于 1983 年提出的倾向性得分匹配法（Propensity Score Matching，PSM），通过计算开展疫病净化的倾向得分来对已净化养鸡场的"反事实"结果进行匹配。而在本章中，定义养鸡场开展疫病净化的倾向为P，表明在给定 X 的前提下，养鸡场将有可能成为已净化养鸡场的条件概率，即 $P(X_i) \equiv P(D_i = 1 \mid X = X_i)$，并且 $Y \perp P \mid X$。其中，估计倾向性得分主要采用了二元 Probit 回归，这时 $E[Y_{0i} \mid D = 1]$ 和 $E[Y_{1i} \mid D = 1]$ 分别可以表达为：

$$E[Y_{0i} \mid D = 1] = \frac{1}{N} \sum_{i:D_i} (Y_{0i}) = \frac{1}{N} \sum_{i:D_i = 1} \sum_{j:D_j = 0} W(i, j)(Y_{0i}) \qquad (5-2)$$

$$E[Y_{1i} \mid D = 1] = \frac{1}{N} \sum_{i:D_i = 1} (Y_{1i}) \qquad (5-3)$$

在式（5-2）和式（5-3）中，N 是已净化养鸡场的数量，Y_{0i}是能够观测到的未净化养鸡场的抗生素费用。W（i，j）是进行配对（i，j）的权重，代表已净化和未净化养鸡场开展疫病净化工作倾向性的差异，表明已净化养鸡场在尚未开展疫病净化工作之前抗生素使用的权重，其计算公式如式（5-4）所示：

$$W(i, j) = \frac{K[(P_j - P_i)/h]}{\sum_{k:D_k = 0} K[(P_j - P_i)/h]} \qquad (5-4)$$

在式（5-4）中，K（·）是进行计算的核函数，即利用匹配这种方法测算的权重；h 是进行计算的指定带宽；P_i 是第 i 个已净化养鸡场计算的倾向性得分；P_k 和 P_j 分别为在指定带宽内第 k 个和第 j 个未净化养鸡场的倾向性得分，则有式（5-5）：

$$ATT = E[Y_{1i} \mid D = 1] - E[Y_{0i} \mid D = 1]$$

$$= \frac{1}{N} \sum_{i:D_i=1} \{(Y_{1i}) - \sum_{j:D_j=0} W(i,j)(Y_{0j})\} \qquad (5-5)$$

为此，在完成倾向性得分匹配后，可以对比已净化养鸡场与未净化养鸡场抗生素使用的期望值，从而估计养鸡场是否开展疫病净化决策的平均处理效应[147]31-45。此时：

如已净化养鸡场抗生素使用的期望值（处理组）：$E[Y_{ia} \mid A_i = 1] = X_{ia}\beta_a + D_{ia}\gamma_a + \sigma_{ua} \in_{ia}$。

未净化养鸡场抗生素使用的期望值（对照组）：$E[Y_{in} \mid A_i = 0] = X_{in}\beta_n + D_{in}\gamma_n + \sigma_{un} \in_{in}$。

同时考虑两种"反事实"假设情形，即已净化养鸡场在未做出净化决策情形下的抗生素使用的期望值：$E[Y_{in} \mid A_i = 1] = X_{in}\beta_n + D_{in}\gamma_n + \sigma_{un} \in_{ia}$。

未净化养鸡场在做出净化决策情形下的抗生素使用的期望值：$E[Y_{ia} \mid A_i = 0] = X_{ia}\beta_a + D_{ia}\gamma_a + \sigma_{ua} \in_{in}$。

通过两式相减，得到已净化养鸡场抗生素使用的处理效应为式（5-6）：

$$ATT_i = E[Y_{ia} \mid A_i = 1] - E[Y_{in} \mid A_i = 1]$$

$$= X_{ia}(\beta_a - \beta_n) + D_{ia}(\gamma_a - \gamma_n) + (\sigma_{ua} - \sigma_{un}) \in_{ia} \qquad (5-6)$$

类似地，得到未净化养鸡场抗生素使用的处理效应为式（5-7）：

$$ATU_i = E[Y_{ia} \mid A_i = 0] - E[Y_{in} \mid A_i = 0]$$

$$= X_{in}(\beta_a - \beta_n) + D_{in}(\gamma_a - \gamma_n) + (\sigma_{ua} - \sigma_{un}) \in_{in} \qquad (5-7)$$

本章将利用 ATT_i、ATU_i 的平均值估算两种养鸡场疫病净化决策对抗生素使用的平均处理效应。

三、变量选择

（1）核心变量。

本章的核心自变量为养鸡场是否开展疫病净化（包括净化一种及以上数量的疫病），因变量为养鸡场每万只鸡的抗生素费用。

（2）其他解释变量。

根据已有文献，本章主要考虑了养鸡场基本特征和日常管理行为[148,43]80-87,40-48、兽药使用方式[149]17-24、兽药认知[150]160-169以及养殖的风险偏好[151-152]46-55,7-11 5个方面的影响。其中，养鸡场的基本特征包括栏舍类型，饲养方式，是否拥有独立的兽医室、净道①和污道②，每万只鸡的疫苗费用6个变量；养鸡场的日常管理包括生产档案和投入品使用档案的登记频率，是否建立产品追溯制度3个变量；兽药使用方式包括是否根据饲养经验、兽药说明、兽医指导、兽药售卖者推荐、网上查询使用兽药5个变量；兽药认知包括对兽药效果、休药期、兽药残留和禁用兽药的了解程度4个变量；养殖的风险偏好包括是否敢尝试使用新型兽药和对待风险投资的态度2个变量。

（3）控制虚拟变量。

为了比较不同类型（蛋鸡、肉鸡），代次（祖代及以上场、父母代场、商品代场、混合代场），区域（华北、华东、华中、华南、西南、西北、东北），2011～2015年养鸡场动物健康指标的差异，本章设置了类型、代次、地区和年份虚拟变量，分别以"蛋鸡场""祖代及以上场""华北地区""2011年"为对照组（见表5-1）。

表5-1 变量定义及描述统计（兽药使用）

分类	变量名称	变量解释	均值	标准差
因变量	抗生素费用	万元/万只	0.786	1.542
核心解释变量	是否开展鸡白痢净化	0＝否，1＝是	0.619	0.486
	是否开展禽白血病净化	0＝否，1＝是	0.393	0.489
	是否两种病同时开展净化	0＝否，1＝是	0.382	0.486
养鸡场基本特征	是否为封闭式栏舍	0＝否，1＝是	0.722	0.448
	是否为半封闭式栏舍	0＝否，1＝是	0.317	0.466
	是否为开放式栏舍	0＝否，1＝是	0.032	0.177
	是否为其他类型栏舍	0＝否，1＝是	0.850	0.357
	是否为笼养	0＝否，1＝是	0.215	0.411
	是否为平养	0＝否，1＝是	0.014	0.116
	是否为其他方式养殖	0＝否，1＝是	0.950	0.218

---

① 净道：供健康畜禽周转、人员进出、运送饲料的专用通道。

② 污道：供粪便和病死、淘汰出栏畜禽出场的专用通道。

续表

分类	变量名称	变量解释	均值	标准差
养鸡场基本特征	是否拥有独立的兽医室	0 = 否，1 = 是	0.968	0.177
	是否有净道	0 = 否，1 = 是	0.964	0.187
	是否有污道	0 = 否，1 = 是	3.601	5.515
	疫苗费用	万元/万只	0.722	0.448
养鸡场日常管理	生产档案登记频率	次/月	21.64	12.27
	投入品使用档案登记频率	次/月	13.44	12.91
	是否建立产品追溯制度	0 = 否，1 = 是	0.831	0.375
兽药使用方式	是否根据饲养经验	0 = 否，1 = 是	0.139	0.346
	是否根据兽药说明	0 = 否，1 = 是	0.091	0.288
	是否根据兽医指导	0 = 否，1 = 是	0.887	0.316
	是否根据兽药售卖者推荐	0 = 否，1 = 是	0.017	0.130
	是否根据网上查询	0 = 否，1 = 是	0.015	0.122
兽药认知	对兽药效果的认知	1 = 非常不了解；2 = 不了解；3 = 一般；4 = 了解；5 = 非常了解	4.344	0.848
	对兽药休药期的认知		4.637	0.746
	对兽药残留的认知		4.735	0.753
	对禁用兽药的认知		4.697	0.681
养殖的风险偏好	是否敢使用新型兽药	0 = 否，1 = 是	0.176	0.381
	对待投资的态度	1 = 风险规避；2 = 风险中立；3 = 风险偏好	1.475	0.723
控制虚拟变量	养鸡场类型	1 = 蛋鸡场（对照组）		
		2 = 肉鸡场	0.456	0.498
	养鸡场代次	1 = 祖代及以上场（对照组）		
		2 = 父母代场	0.607	0.489
		3 = 商品代场	0.097	0.296
		4 = 混合代场	0.121	0.326
	养鸡场所处区域	1 = 华北地区（对照组）		
		2 = 华东地区	0.255	0.436
		3 = 华中地区	0.126	0.331
		4 = 华南地区	0.054	0.226
		5 = 西南地区	0.169	0.375
		6 = 西北地区	0.089	0.285
		7 = 东北地区	0.136	0.343

续表

分类	变量名称	变量解释	均值	标准差
控制虚拟变量	年份	1 = 2011 年（对照组）		
		2 = 2012 年	0.194	0.395
		3 = 2013 年	0.205	0.404
		4 = 2014 年	0.208	0.406
		5 = 2015 年	0.213	0.410

数据来源：笔者根据实地调研数据，经计算得到。

第三节　不同病种净化对养鸡场抗生素使用的影响

本节利用 Stata14.0 软件，采用随机效应模型（RE）和处理效应模型（TE），讨论疫病净化与养鸡场抗生素费用之间的关系，模型估计的结果如表 5 - 2 所示：

表 5 - 2　不同病种净化对养鸡场抗生素使用的影响结果

变量	鸡白痢净化		禽白血病净化		两种疫病同时净化	
	RE	TE	RE	TE	RE	TE
核心解释变量						
是否开展疫病净化	0.046	0.142	- 0.270 **	- 0.311 **	- 0.218 *	- 0.214 *
	(0.228)	(0.336)	(0.120)	(0.152)	(0.112)	(0.123)
养鸡场基本特征						
疫苗费用	0.092 **	0.092 **	0.093 **	0.093 **	0.093 **	0.093 **
	(0.041)	(0.041)	(0.042)	(0.042)	(0.042)	(0.042)
是否为封闭式栏舍	- 0.240	- 0.231	- 0.209	- 0.199	- 0.216	- 0.217
	(0.261)	(0.259)	(0.255)	(0.256)	(0.256)	(0.256)
是否为半封闭式栏舍	- 0.208	- 0.196	- 0.151	- 0.137	- 0.162	- 0.163
	(0.303)	(0.308)	(0.299)	(0.298)	(0.299)	(0.302)
是否为开放式栏舍	- 0.321	- 0.286	- 0.360	- 0.368	- 0.352	- 0.354
	(0.242)	(0.252)	(0.229)	(0.229)	(0.229)	(0.230)

续表

变量	鸡白痢净化		禽白血病净化		两种疫病同时净化	
	RE	TE	RE	TE	RE	TE
养鸡场基本特征						
是否为笼养	−0.169	−0.176	−0.243	−0.258	−0.225	−0.218
	(0.313)	(0.317)	(0.325)	(0.324)	(0.324)	(0.325)
是否为平养	−0.060	−0.054	−0.067	−0.067	−0.064	−0.063
	(0.223)	(0.225)	(0.216)	(0.217)	(0.216)	(0.216)
是否为其他方式饲养	−0.687	−0.664	−0.735	−0.748	−0.724	−0.721
	(0.449)	(0.448)	(0.458)	(0.457)	(0.456)	(0.455)
是否有独立兽医室	0.009	0.019	0.015	0.014	0.012	0.014
	(0.393)	(0.432)	(0.383)	(0.415)	(0.383)	(0.417)
是否有净道	−0.703*	−0.714*	−0.686*	−0.682*	−0.714*	−0.708*
	(0.414)	(0.422)	(0.406)	(0.405)	(0.412)	(0.408)
是否有污道	0.664	0.652	0.689*	0.691*	0.718*	0.720*
	(0.410)	(0.413)	(0.406)	(0.404)	(0.405)	(0.403)
养鸡场日常管理						
生产档案登记频率	−0.013*	−0.013*	−0.013*	−0.013*	−0.013*	−0.013*
	(0.007)	(0.008)	(0.008)	(0.008)	(0.008)	(0.008)
投入品使用档案登记频率	0.008	0.008	0.008	0.008	0.008	0.009
	(0.007)	(0.007)	(0.007)	(0.007)	(0.007)	(0.007)
是否建立产品追溯制度	0.473**	0.460**	0.497***	0.496***	0.491***	0.490***
	(0.184)	(0.189)	(0.181)	(0.185)	(0.181)	(0.183)
养殖的风险偏好						
是否敢使用新药	0.555*	0.537	0.547*	0.540*	0.551*	0.543*
	(0.321)	(0.330)	(0.317)	(0.324)	(0.318)	(0.326)
对待投资的态度	0.045	0.042	0.020	0.017	0.025	0.023
	(0.106)	(0.109)	(0.107)	(0.109)	(0.107)	(0.108)
兽药使用方式						
是否根据饲养经验使用兽药	−0.040	−0.041	−0.044	−0.041	−0.038	−0.031
	(0.218)	(0.222)	(0.216)	(0.219)	(0.216)	(0.218)
是否根据兽药说明使用兽药	−0.120	−0.118	−0.044	−0.062	−0.056	−0.072
	(0.222)	(0.228)	(0.209)	(0.222)	(0.208)	(0.221)

续表

变量	鸡白痢净化		禽白血病净化		两种疫病同时净化	
	RE	TE	RE	TE	RE	TE
兽药使用方式						
是否根据兽医指导使用兽药	0.187	0.191	0.183	0.184	0.187	0.185
	(0.170)	(0.174)	(0.167)	(0.172)	(0.167)	(0.170)
是否根据兽药售卖者推荐使用兽药	0.632	0.616	0.531	0.532	0.569	0.567
	(0.407)	(0.412)	(0.411)	(0.412)	(0.409)	(0.408)
是否根据网络查询使用兽药	-0.901**	-0.889**	-0.857**	-0.839**	-0.905**	-0.889**
	(0.399)	(0.408)	(0.403)	(0.411)	(0.400)	(0.406)
兽药认知						
对兽药效果的认知	-0.171	-0.172	-0.154	-0.153	-0.156	-0.157
	(0.166)	(0.167)	(0.165)	(0.166)	(0.166)	(0.167)
对兽药休药期的认知	-0.040	-0.039	-0.013	-0.014	-0.017	-0.016
	(0.165)	(0.165)	(0.162)	(0.162)	(0.163)	(0.163)
对兽药残留的认知	-0.166	-0.164	-0.173	-0.175	-0.170	-0.170
	(0.185)	(0.185)	(0.182)	(0.182)	(0.182)	(0.182)
对禁用兽药的认知	0.105	0.096	0.073	0.073	0.075	0.073
	(0.255)	(0.257)	(0.254)	(0.254)	(0.254)	(0.254)
控制虚拟变量						
华北地区（对照组）						
华东地区	0.453*	0.482	0.401*	0.384*	0.402*	0.399*
	(0.262)	(0.296)	(0.224)	(0.227)	(0.221)	(0.223)
华中地区	0.247	0.270	0.166	0.147	0.175	0.182
	(0.207)	(0.223)	(0.196)	(0.212)	(0.199)	(0.220)
华南地区	0.887	0.920	0.822	0.803	0.829	0.835
	(0.643)	(0.653)	(0.647)	(0.641)	(0.649)	(0.653)
西南地区	0.695**	0.731**	0.596**	0.573**	0.612**	0.621**
	(0.283)	(0.298)	(0.272)	(0.269)	(0.272)	(0.271)
西北地区	0.428*	0.448*	0.375	0.364	0.388	0.391
	(0.243)	(0.256)	(0.241)	(0.250)	(0.240)	(0.253)
东北地区	0.349	0.364	0.323	0.305	0.328	0.336
	(0.228)	(0.230)	(0.233)	(0.234)	(0.232)	(0.237)

续表

变量	鸡白痢净化		禽白血病净化		两种疫病同时净化	
	RE	TE	RE	TE	RE	TE
蛋鸡场（对照组）						
肉鸡场	-0.275	-0.245	-0.313	-0.314	-0.310	-0.305
	(0.193)	(0.203)	(0.191)	(0.196)	(0.192)	(0.196)
祖代及以上场（对照组）						
父母代场	-0.318	-0.324	-0.381	-0.401	-0.366	-0.361
	(0.328)	(0.329)	(0.315)	(0.315)	(0.316)	(0.308)
商品代场	-0.504	-0.435	-0.595*	-0.617*	-0.576*	-0.572*
	(0.360)	(0.386)	(0.324)	(0.330)	(0.324)	(0.324)
混合代场	-0.498	-0.521	-0.516*	-0.520*	-0.506	-0.504
	(0.314)	(0.322)	(0.311)	(0.312)	(0.311)	(0.311)
2011年（对照组）						
2012年	0.042	0.031	0.056	0.057	0.055	0.053
	(0.053)	(0.059)	(0.051)	(0.052)	(0.050)	(0.049)
2013年	-0.031	-0.053	-0.001	0.006	-0.007	-0.013
	(0.052)	(0.065)	(0.050)	(0.056)	(0.050)	(0.055)
2014年	-0.002	-0.034	0.041	0.055	0.0340	0.024
	(0.049)	(0.045)	(0.065)	(0.073)	(0.065)	(0.079)
2015年	-0.036	-0.070	0.016	0.034	0.007	-0.004
	(0.053)	(0.070)	(0.056)	(0.065)	(0.055)	(0.067)
常数项	1.635	1.590	1.828	1.865	1.780	1.779
	(1.414)	(1.456)	(1.343)	(1.370)	(1.347)	(1.372)
Lamda		-0.025		0.011		-0.005
		(0.036)		(0.018)		(0.014)
N	1182	1171	1182	1171	1182	1171
p	0.017	0.024	0.014	0.011	0.013	0.013

注：***、**、*分别表示在99%、95%、90%的置信水平下显著，括号内为标准误。一些养鸡场由于数据缺失比较严重，故没有放入模型进行估计。

数据来源：笔者根据实地调研数据，经计算得到。

1. 核心解释变量

由表5-2给出的结果可知，核心解释变量是否开展鸡白痢净化对养鸡场抗生素费用的影响不显著，但是否开展禽白血病净化以及同时开展两种疫病净化对养鸡场抗生素费用的影响分别在95%、90%的置信水平下显著且为负。此外，处理效应模型估计的结果与随机效应模型估计的结果相似。由此可知，已开展鸡白痢净化的养鸡场抗生素费用并没有显著的下降，但开展禽白血病净化后养鸡场的抗生素费用有了明显的下降，平均每万只鸡的抗生素费用减少了0.25万元左右。可见，净化不同的病种对养鸡场抗生素费用的影响存在异质性。净化禽白血病对兽药使用的影响远大于净化鸡白痢的影响，同时净化若干病种的效果小于单独净化某种疫病的效果，即出现"1+1≤2"的结果。

2. 养鸡场基本特征

从养鸡场基本特征的角度来看，栏舍类型、饲养方式以及是否有独立兽医室对养鸡场抗生素费用的影响不显著。是否有净道对养鸡场抗生素费用的影响显著且为负，说明设立单独的行人、饲料和药品通道非常重要，可以避免养殖过程中投入物品被交叉感染的可能，有效降低动物患病的概率。是否有污道对养鸡场抗生素费用的影响显著且为正，可能的原因是设立单独污道的养鸡场病死及淘汰的动物较多，在治疗过程中使用的抗生素较多，因而抗生素的费用较高。另外，疫苗费用对抗生素费用的影响显著且为正，表明养鸡场想做好疫病的预防单纯依靠疫苗免疫远远不够，需要配套地增加诊疗投入，但其增长的幅度较小。因此，养鸡场的疫病防控工作重点在于"防"，但不能忽略"治"的必要性，防治结合才能实现预期的防疫目标。

3. 养鸡场日常管理

从养鸡场日常管理的角度来看，投入品使用档案的登记频率对抗生素费用的影响不明显，但生产档案登记频率对抗生素费用的影响在90%的置信水平下显著。登记频率越高，抗生素的费用越低。表明养鸡场的日常管理越严格，越能有效地降低饲养动物发病的次数和范围，使得抗生素的费用有所下降。是否建立产品追溯制度对抗生素费用的影响显著且为正，说明构建了完善的产品追溯体系的养鸡场，更倾向于使用抗生素来治愈患病动物，并以此防止疫病的进一步扩散与传播，保证动物产品的质量安全。

4. 养殖的风险偏好

从养殖的风险偏好角度来看，不同的风险态度对抗生素费用的影响不明显，但是否使用新型兽药对抗生素费用的影响在90%的置信水平下显著，说明愿意尝试新药的养鸡场投入的抗生素费用更高，可能的原因是由于新型抗生素的药效并非十分明确，养鸡场可能会过量使用药物来保证药效，进而提升了抗生素的用量及费用。

5. 兽药的使用方式

从兽药使用方式的角度来看，不同的兽药使用方式对抗生素费用的影响差异显著。参照饲养经验和兽药说明书用药的养鸡场抗生素费用较未参照得低，参照兽医指导和兽药售卖者推荐的养鸡场抗生素费用比未参照得高，但它们之间的差异并不显著。值得注意的是，是否根据网上查询用药对抗生素费用的影响显著且为负，可能的原因是随着互联网的普及，网络上对各种动物疫病及药品进行了详细的介绍和用药指导，为使用者提供了一些具体的实例参考，在针对不同的病种使用不同类型的抗生素及剂量时会更加合理，一定程度上避免了盲目或错误使用抗生素，使得抗生素发挥了最大化的效用，从而降低了养鸡场抗生素费用的投入。

6. 兽药的认知程度

从兽药认知的角度来看，不同程度的兽药认知虽对抗生素费用产生了一定的影响，但并不显著。其中，对兽药效果、休药期和兽药残留的认知程度越高，养鸡场投入的抗生素费用会越低，这与吴林海和谢旭燕[150]160-169的研究结论基本相似。然而，对禁用兽药的认知度越高，反而会增加抗生素的投入。可能的原因是，一些禁用兽药的药效较强、价格偏低，当用药者处于对禁用兽药高认知度时，会尽量避免使用这类药物，选用相对安全的药物作为替代品，但由于替代药物的价格偏高，由此造成了抗生素费用的增加。

7. 控制虚拟变量

从不同地区、类型和代次的角度来看，华北地区养鸡场抗生素的费用最低，华东地区、西北地区和西南地区养鸡场的抗生素费用较华北地区有明显的增加。其中，西南地区增加的幅度最为显著。相比蛋鸡场，肉鸡场的抗生素费用较低，但二者之间的差异不显著。祖代及以上场抗生素的费用最高，父母代场和混合代场次之，商品代场最低，其中混合代场和商品代场相比祖代及以上场存在明显的降幅。另外，养鸡场的抗生素费用年度差异并不明显，说明技术进步（时间变动）不是影响抗生素使用的核心因素。

第四节 不同病种净化对养鸡场抗生素 使用的平均处理效应

本节利用式（5-6）和式（5-7）计算出养鸡场开展疫病净化对抗生素使用的处理效应，结果如表5-3所示。由表可知，不论是开展一种还是多种疫病的净化，都能显著降低养鸡场抗生素的使用，但具体降幅存在差异。

表中第一行ATT（已净化养鸡场抗生素使用的处理效应）的结果显示：同时开展禽白血病和鸡白痢净化，平均处理效应为-0.295，且在99%的置信水平下显著，在考虑"反事实"的基础上，当已净化养鸡场不开展两种疫病同时净化时，每万只鸡抗生素的费用将增加0.295万元。同理，已净化养鸡场不开展鸡白痢净化，每万只鸡抗生素的费用将增加0.269万元；已净化养鸡场不开展禽白血病净化，每万只鸡抗生素的费用将增加0.258万元。

表5-3 疫病净化对养鸡场抗生素使用的平均处理效应

处理效应类型	是否开展 疫病净化	是否开展 鸡白痢净化	是否开展 禽白血病净化	是否同时开展 两种疫病净化
ATT	-0.179 (0.123)	-0.269 ** (0.126)	-0.258 ** (0.108)	-0.295 *** (0.108)
ATU	-0.189	-0.299	-0.431	-0.437
ATE	-0.182	-0.280	-0.361	-0.381

注：***、**、*分别表示在99%、95%、90%的置信水平下显著，括号内为标准误。具体匹配方式采用了核匹配，核函数为二次核，带宽为0.06。另外，表中第三行ATE为总体的平均处理效应，考虑到不是本书关注的重点，故没有进行详细分析。

数据来源：笔者根据实地调研数据，经计算得到。

表中第二行ATU（未净化养鸡场抗生素使用的处理效应）的结果显示：假如未净化养鸡场同时开展禽白血病和鸡白痢净化，其平均处理效应为-0.437，说明采取措施后，养鸡场每万只鸡抗生素的费用将减少0.437万元。同理，未净化鸡白痢的养鸡场，采取措施后每万只鸡抗生素的费用将减少0.299万元；未净化禽白血病的养鸡场，采取措施后每万只鸡抗生素的费用将减少0.431万元。

从上述分析中可知，未净化养鸡场抗生素使用的处理效应远大于已净化养鸡场抗生素使用的处理效应，说明未净化养鸡场一旦开展疫病净化，其取得的净化效果优于已净化养鸡场的"反事实"结果。因此，更应鼓励未净化养鸡场努力开展疫病净化工作，从而扩大疫病净化的积极影响。

第五节 不同病种净化对各个代次养鸡场抗生素使用的影响

为了进一步了解疫病净化对不同代次养鸡场抗生素使用的影响，本节将使用随机效应模型讨论二者之间的关系，其估计结果如表5-4所示：

表5-4 疫病净化对不同代次养鸡场抗生素使用的影响结果

养鸡场代次	是否开展疫病净化	是否开展鸡白痢净化	是否开展禽白血病净化	是否同时开展两种疫病净化
祖代及以上场	− 0.585 ***	− 0.609 ***	− 0.515 **	− 0.528 **
	(0.200)	(0.230)	(0.203)	(0.230)
父母代场	0.072	0.373	− 0.170	− 0.086
	(0.156)	(0.327)	(0.192)	(0.175)
商品代场	− 2.489	− 1.235	− 1.207	− 0.806
	(1.728)	(0.998)	(0.937)	(0.630)
混合代场	0.036	0.036	0.050	0.050
	(0.152)	(0.152)	(0.163)	(0.163)

注：***、**、*分别表示在99%、95%、90%的置信水平下显著，括号内为标准误。该表只展示了核心解释变量的估计结果，完整模型输出结果详见附录一。

数据来源：笔者根据实地调研数据，经计算得到。

表5-4的输出结果显示，开展疫病净化可有效降低祖代及以上场抗生素的费用。然而，对于混合代场来讲，其抗生素费用却略有提升。相比而言，父母代养鸡场净化鸡白痢的效果略逊于净化禽白血病。由第四行的结果可知，开展禽白血病净化在一定程度上能够降低养鸡场抗生素的费用，但开展鸡白痢净化却不能

実現減少抗生素使用的目标。就商品代场来看，无论开展禽白血病还是鸡白痢净化，都可降低养鸡场抗生素的投入，但降低的幅度并不明显。

因此，单纯从疫病净化对养鸡场抗生素使用影响的角度来看，并非所有代次的养鸡场开展疫病净化后抗生素费用都会出现显著下降。这就要求养鸡场以及自身特点，不能仅仅依靠疫病净化这种方式就可"高枕无忧"，需要积极配合其他疫病防控手段，尤其是父母代场和混合代场，以此减少场内抗生素的使用。

第六节 不同净化时间对养鸡场抗生素使用的影响

本节主要采用最小二乘法讨论不同净化时间对养鸡场抗生素使用的影响，将已净化养鸡场的净化时间以年为单位分为6段，分别与未净化养鸡场的抗生素费用进行比较，具体分析结果如表5-5所示。

表5-5 不同净化时间对养鸡场抗生素使用的影响结果

净化时间	是否开展疫病净化	是否开展鸡白痢净化	是否开展禽白血病净化	是否同时开展两种疫病净化
净化第1年	-0.040 (0.235)	0.065 (0.287)	-0.423 * (0.227)	-0.391 * (0.229)
净化第2年	-0.227 (0.201)	-0.194 (0.218)	-0.530 *** (0.195)	-0.473 ** (0.194)
净化第3年	-0.0870 (0.246)	-0.309 * (0.160)	-0.415 *** (0.156)	-0.334 ** (0.158)
净化第4年	-0.091 (0.182)	-0.259 ** (0.131)	-0.192 (0.147)	-0.132 (0.152)
净化第5年	-0.314 ** (0.138)	-0.388 *** (0.145)	-0.212 (0.168)	-0.204 (0.169)
净化5年以上	-0.257 ** (0.114)	-0.454 *** (0.115)	-0.114 (0.117)	-0.153 (0.116)

注：***、**、*分别表示在99%、95%、90%的置信水平下显著，括号内为标准误。该表只展示了核心解释变量的估计结果，完整模型输出结果见附录一。此外，是否开展疫病净化包括除表中已知的两种疫病外，还包括如禽流感、新城疫等其他疫种。

数据来源：笔者根据实地调研数据，经计算得到。

由表5－5的分析结果可知，不同病种的净化时间对养鸡场抗生素费用的影响表现出了异质性。由表5－5第二列可知，养鸡场开展疫病净化后，前4年抗生素的费用并未有显著的下降，自第5年开始才有了明显的降幅。由第三列可知，养鸡场开展鸡白痢净化的前2年，抗生素费用尚未出现较大幅度变化，自第3年开始才有了明显的下降，并在此之后下降的幅度越来越大。由第四列可知，已开展禽白血病净化的养鸡场抗生素费用在前3年较未净化养鸡场有了明显的下降，但随着时间的推移，降幅逐渐放缓。由第五列可知，同时开展禽白血病和鸡白痢净化的养鸡场与开展禽白血病净化养鸡场的结果类似，但减少的幅度比开展禽白血病净化养鸡场的小。

由此可见，不同病种的净化时间对抗生素费用的影响存在差异，开展禽白血病净化的前3年，抗生素费用有了显著的下降，开展鸡白痢净化3年后才能取得良好的净化成效。并非同时净化越多的病种其效果就越好，而是需要根据养鸡场的自身实际，选择最为合适的病种优先进行净化，方能获得良好的净化成效。

第七节 本章小结

本章通过对全国297个规模化养鸡场2011～2015年的调查，运用随机效应模型和处理效应模型讨论疫病净化与养鸡场抗生素费用之间的关系。得出以下结论：

第一，养鸡场开展鸡白痢净化抗生素费用并未有显著的降幅，但开展禽白血病净化以及同时开展两种疫病净化的养鸡场抗生素费用有了明显的下降。这符合前人给出的影响关系，说明在规模化养鸡场采用疫病净化这种防控方式取得的成效与中小规模相似。

第二，未净化养鸡场抗生素使用的处理效应远大于已净化养鸡场抗生素使用的处理效应，说明未净化养鸡场一旦开展疫病净化，其取得的净化效果优于已净化养鸡场的"反事实"结果。

第三，就疫病净化对不同代次养鸡场抗生素使用的影响来看，祖代及以上的净化效果最优，商品代场次之，混合代场最劣。其中，父母代场由于受净化不同病种的影响，养鸡场的抗生素费用出现明显差异，净化禽白血病能够降低养鸡场抗生素的费用，但净化鸡白痢反而增加了养鸡场抗生素的费用。

第四，处在不同的净化阶段，抗生素费用削减的程度也不尽相同。在疫病净化的初期，禽白血病的净化效果较为突出，中后期鸡白痢的净化效果更为优异。这意味着养鸡场可以通过开展疫病净化来替代抗生素的使用，且在长期坚持的基础上抗生素的费用会发生质的减少。有助于削减养鸡场的生产成本，提高养殖的经济效益。

除此之外，本章也为国家推行疫病净化政策提供了有利证据，如果按照种鸡存栏15亿只（2015年）来估算，每年将节约抗生素费用3.75亿元。另外，本书还解释了疫病净化与饲养过程中抗生素使用的关系，明确了不同净化阶段抗生素费用的变动情况，识别出净化不同病种对各个代次养鸡场抗生素使用的影响程度。所得结论有助于国家对养鸡场抗生素使用的监督与指导，避免因过度使用抗生素造成的动物体内高残留，确保动物食品的质量安全。

第六章　养鸡场开展疫病净化的成本收益分析

畜牧业生产的核心是提高生产活动的经济效益，尽量避免或降低生产损失[153]231-260。但现实是，随着我国养殖业生产规模持续扩大，饲养密度不断上升，畜禽被疫病感染的概率也变大，新发疫病的概率也随之大大增加。一旦疫病暴发将会产生高昂的直接成本和间接成本。直接成本既包括动物疫病防控使用的直接投入物的成本，如所投入的人力、资金、物资等，也包括由于动物疫病引起的动物生产性能下降、死亡率上升等直接损失[36]52-54。例如，1997 年荷兰猪瘟（CSF）的暴发造成了 23 亿美元的直接经济损失，并淘汰了 1100 万头猪[154]106-115。对全国 36 种动物疫病的调查发现，当前阶段中国每年因疫病导致猪发病 1160 万头，牛发病 45.3 万头，禽发病 5.3 亿只，给畜牧业生产造成的损失高达 238 亿元[7]1-4。间接成本通常表现为本国产品出口受限、养殖人员失业、国民的食品安全信心降低进而抵制消费所造成的产品价格下降等[155-156]682-697,959-977。例如，2003 年 12 月美国疯牛病的暴发，不仅影响了对外贸易，而且对就业也造成了很大影响，有 100 多万人因疯牛病失业[7]1-4。因此，需要加强对重点疫病的预防和控制，降低疫病暴发的概率。

虽然国家强调要对 16 种动物疫病逐步进行控制、净化和消除，争取全国所有种鸡场和种猪场达到净化标准。但事实上，养殖场在执行疫病净化政策的过程中需要考虑该行为在经济价值上的得失，以便对投入与产出关系有一个科学的估计。此外，本书第四章和第五章分别讨论了疫病净化对养鸡场动物健康（收入的增加）和兽药使用（成本的降低）的影响，但仍需对已净化和未净化养鸡场的具体财务科目进行比较，从而更为全面地反映疫病净化的实际影响。

基于此，提出了本章的研究目的，通过比较已净化与未净化养鸡场的成本、收益和利润，识别疫病净化对不同类型（蛋鸡、肉鸡）、代次（混合代、商品代、父母代、祖代及以上）、地区（七大区域）和 2011～2015 年养鸡场的影响，从而为养鸡场提供开展疫病净化后成本、收入和利润变动的依据。本章的具体分析思路为：首先，比较已净化和未净化养鸡场成本、收益和利润的差异；其次，分析疫病净化对不同类型（蛋鸡、肉鸡）、代次（祖代及以上场、父母代场、商品代场、混合代场）、地区（华北地区、华东地区、华南地区、华中地区、西南地区、西北地区、东北地区）及 2011～2015 年养鸡场成本收益的影响；最后，讨论养鸡场开展疫病净化之后，不同类型、代次、地区及年份单只鸡净收益的差别。

第一节　文献回顾

目前，系统分析疫病净化经济影响的文献较少，相关研究集中在疫病暴发产生的经济损失[157-159]303-314,579-582 和疫病预防及控制获得的经济收益等方面[160-161]833-845,3693-3698。随着经济分析在动物疫病防控中发挥越来越重要的作用[160]833-845，将成本收益分析纳入疫病防控策略的经济效应评估已成为主流的做法[162-163,60]23-38,1-10,1-10。该方法最早应用于对英国动物疫病防控效益的测算，随后 Berentsen 等[164]229-243 在此基础上构建疫病控制模型用于计算相关损失。后来，许多学者根据现实需要加入了更详细的成本与收益项目。例如政府给付的补偿成本[11]9-32，贸易限制造成的损失[165]175-183，因感染而销毁畜禽的价值以及疫病防控的成本[166-167]805-812,931-950 等。

国内很多学者也主要采用成本收益法进行养殖场疫病防控的经济分析。在计算养殖场日常的投入与产出的基础上[168,57]26-28,27-29，加入了因疫病造成的额外损失和收益[13,169]28-33,5-10。并且，有学者认为如果某项疫病防控措施的收益大于成本，且不低于其他防控措施的成本收益率，则为有效的防控措施[170]404-415。结合本章实际，假定养鸡场将开展疫病净化作为一种要素投入（J），如果疫病净化产生的收益大于其投入的成本，则不失为一项有效的措施[36]55。如图 6-1 所示，当净化投入到达 J_0 时，此时疫病净化的边际成本与边际收益相等，养鸡场将获得最大净收益。

从现有关于疫病净化的研究结果来看，有效地净化策略可以预防疫病暴发，节约疫病治疗成本，提高经济效益[164,171-172]229-243,135-149,22-25。美国政府于 1962 ~ 1977 年，列支了 1.4 亿美元用于净化猪瘟。随后，该病的暴发病例由 1964 ~ 1972 年每年平均 743 例降至 1973 ~ 1976 年的 10 例，直至 1977 年的 0 例。假如不净化猪瘟的话，每年将会造成经济损失 5740 万美元，考虑通货膨胀的话，这 16 年累计的损失将达 15 亿美元。如果以 10% 的贴现率来计算的话，成功净化猪瘟的成本效益比为 1:13.2，即每投入 1 美元将会得到 13.2 美元的收益[37]121。国内的实践经验表明，福建省三个不同地区规模化猪场净化猪瘟的效果显示，莆田市 A 实验猪场、三明市 B 实验猪场和龙岩市 C 实验猪场实施净化后一年的直接经济效益分别增加了 80.34 万元、74.24 万元和 89.16 万元[78]75-79。黑龙江省的三家猪场开展疫病净化以后，仔猪收入增加了 394.7 万元，总收入增加了 415 万元[173]39-40。

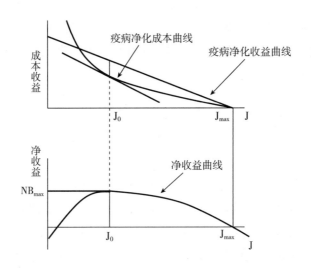

图 6-1　疫病净化对养鸡场成本收益的影响机理

综上所述，关于疫病防控的经济评估较多，研究方法主要为成本收益分析。然而，有关疫病净化具体经济影响的分析较少，已有的分析多是基于单个或几个养殖场，即比较净化前与净化后的收益变动情况。这样计算无法剔除以下三方面的影响：一是时间推移所产生的影响，即技术进步带来的贡献；二是无法识别其他投入要素变动所产生的影响，例如更换优质饲料、增加防疫投入等；三是物价变动的影响。此外，基于单个养殖场的分析无法识别政策共性的贡献，因为个体具有自身特性，所得结论并不适用于其他个体。

为此，本章做了如下改进：第一，扩大观测的养鸡场个数，选取了全国 297 个规模养鸡场作为研究对象，以此识别疫病净化政策的共性部分；第二，进行同期不同养鸡场的横向对比，多指标多维度的核算疫病净化所带来的经济效益；第三，以 2011 年为基期，利用全国 30 个省份的居民消费价格指数、生产资料价格指数（饲料）、生产资料价格指数（农业生产服务）和生产资料价格指数（畜产品）对涉及货币类指标消除物价变动的影响。

第二节　分析指标与数据处理

本章将采用成本收益法核算 2011～2015 年已净化养鸡场和未净化养鸡场的成本、收入和利润。其核心思想是以货币单位为基础对投入与产出进行估算和衡量，以寻求在投资决策上如何以最小的成本获得最大的收益。具体计算公式如式（6 - 1）～式（6 - 3）所示：

$$Income = \sum_{a=1}^{12} P_a \times S_a + \sum_{b=1}^{4} M_b + \sum_{c=1}^{7} Z_c \qquad (6-1)$$

$$Cost = \sum_{d=1}^{6} F_d + \sum_{e=1}^{4} R_e \times Q_e + \sum_{i=1}^{3} N_i + \sum_{j=1}^{9} T_j \qquad (6-2)$$

$$Profit = Income - Cost \qquad (6-3)$$

文中所涉及的各类型鸡的价格、成本、费用、补贴等货币变量都以 2011 年为基期，剔除通货膨胀的影响。其中，出栏销售收入和非主营业务收入采用各省份食品类居民消费价格指数[1]消除物价变动的影响，饲料费用采用各省农业生产资料价格指数（饲料）[2] 消除物价变动的影响，员工工资及福利采用各省份农业生产资料价格指数（农业生产服务）[3] 消除物价变动的影响，疫病净化费用、其他费用、政府补贴收入采用各省份农业生产资料价格指数（畜产品）[4] 消除物价变动的影响。

---

①②③④　数据来源：wind 资讯（2011～2015 年）。

表6-1　养鸡场各类成本收入项目

成本项目	收益项目
1. 饲料费用（F_d）： 包括种用公鸡、母雏、公雏、育成母鸡、育成公鸡、产蛋鸡的饲料费用 2. 员工工资及福利（$R_e \times Q_e$）： 包括管理人员、技术员、饲养员、其他人员的工资及福利 3. 疫病净化费用（N_i）： 包括禽白血病净化、鸡白痢净化和其他疫病净化的费用 4. 其他费用（T_j）： 包括疫苗费用、诊疗费用、土地使用成本、动力费用、日常消耗品费用、垫脚料成本、病死鸡无害化处理费用、保险费用以及除上述之外的其他成本	1. 出栏销售收入（$P_a \times S_a$）： 销售合格种用公鸡、母雏、公雏、育成母鸡、育成公鸡、产蛋鸡的收入和淘汰不合格种用公鸡、母雏、公雏、育成母鸡、育成公鸡、产蛋鸡的收入 2. 非主营业务收入（M_h）： 包括副产品收益（如：鸡蛋、毛蛋等）、粪便处理净收益、废弃物处理净收益和其他收益 3. 政府补贴收入（Z_c）： 包括重大动物疫病强制免疫疫苗补助、动物疫病强制捕杀补助、基层动物防疫工作补助、种养业废弃物资源化利用支持补贴、禽流感补贴等

注：固定资产及折旧不在此次核算范围，粪便处理净收益、废弃物处理净收益有可能为负值。

第三节　已净化与未净化养鸡场成本收益分析

表6-2给出了已净化与未净化养鸡场的成本收益情况。由表可知，疫病净化对养鸡场的成本、收益及利润产生了一定的影响。

一、成本项目

在成本项目中，日常消耗品费用在90%的置信水平下显著，差额为1.32万元，饲料费用在95%的置信水平下显著，差额为115.56万元。员工工资及福利、诊疗费用（含兽药）、土地租赁或使用费用、垫脚料成本、保险费用和其他费用的差异在99%的置信水平下显著，差额分别为45.39万元、8.44万元、7.46万元、−3.01万元、2.39万元、−10.98万元。考虑到已净化养鸡场的生产管理更为规范和严格，使得垫脚料成本以及其他费用有了明显的节约。此外，文中的疫病净化费用包括禽白血病、鸡白痢以及其他疫病净化发生的费用，每种疫病包含抗体检测费用、抗原检测费用和疫苗质检费用三部分。表中结果表明，已净化与未净化养鸡场的三种疫病净化费用全部在 99% 的置信水平下显著。从净化不同病种投入的成本上来看，养鸡场开展禽白血病净化的费用比开展鸡白痢净化的费用超出很多，因此在取得同样净化效果的前提下可优先考虑净化鸡白痢。

表 6-2　已净化与未净化养鸡场成本收益分析结果　　单位：万元，%

指标	已净化养鸡场		未净化养鸡场		样本均值
	均值	标准差	均值	标准差	T 检验
成本项目					
饲料费用	657.61	33.29	542.05	35.15	0.0268 **
员工工资及福利	149.57	8.35	104.18	7.32	0.0003 ***
禽白血病净化费用	12.49	1.78	0.91	0.17	0.0000 ***
鸡白痢净化费用	4.30	0.29	0.41	0.08	0.0000 ***
其他疫病净化费用	4.37	0.33	1.84	0.20	0.0000 ***
疫苗费用	45.21	139.62	37.38	89.29	0.2912
诊疗费用（含兽药）	24.34	61.32	15.90	33.67	0.0083 ***
土地租赁或使用费用	15.23	53.29	7.77	12.45	0.0074 ***
动力费用	39.23	61.48	36.41	86.24	0.5073
日常消耗品费用	5.58	14.73	4.26	10.26	0.0974 *
垫脚料成本	2.40	6.89	5.41	13.50	0.0001 ***
无害化处理费用	2.73	5.91	2.66	5.47	0.8324
保险费用	6.08	13.00	3.69	6.81	0.0070 ***
其他费用	13.96	26.52	24.94	65.21	0.0013 ***
收益项目					
出售合格鸡收入	1675.43	136.01	1139.05	141.47	0.0116 **
淘汰不合格鸡收入	30.78	8.98	23.81	4.25	0.5802
政府补贴收入	20.59	3.60	11.75	3.23	0.1039
副产品收益	324.03	1364.68	179.55	389.59	0.0395 **
粪便处理净收益	6.99	28.35	6.07	16.62	0.5628

续表

指标	已净化养鸡场		未净化养鸡场		样本均值 T 检验
	均值	标准差	均值	标准差	
废弃物处理净收益	0.50	2.17	0.62	2.98	0.5252
其他收益	102.35	346.69	44.22	267.33	0.0467 **
利润项目					
净收益	1097.34	128.83	588.33	125.74	0.0103 **
成本费用利润率	1.09	0.09	1.38	0.24	0.1816

注：***、**、*分别表示在99%、95%、90%的置信水平下显著。另外，一些养鸡场的成本收益数据缺失较为严重，故文中没有统计分析这些场。需要说明的是，根据《企业所得税法》第二十七条第（一）项的规定，企业从事牲畜、家禽饲养的所得可免征企业所得税，因而利润总额等同于净收益，后文同。

数据来源：笔者根据实地调研数据，经计算得到。

二、收益项目

在收益项目中，已净化与未净化养鸡场的出售合格鸡收入（正常出售雏鸡、育成鸡、产蛋鸡和种用公鸡）、副产品收益（鸡蛋、毛蛋）和其他收益存在显著差异，差额分别为536.38万、144.48万、58.13万元，它们在95%的置信水平下显著。其他收入项目虽有差别，但不显著。总体来看，已净化养鸡场的各项收入指标（除废弃物处理净收益）均高于未净化场，表明已净化养鸡场出售的产品有效契合了消费需求，市场占有率高，发展潜力大。

三、利润项目

在利润项目中，已净化养鸡场比未净化养鸡场的净收益平均高出509.01万元，并且均值的差异在95%的置信水平下显著，说明已净化养鸡场的经济效益要好于未净化养鸡场。另外，表中的成本费用利润率是衡量养鸡场经营消耗所带来经营成果的指标，即养鸡场每付出一元成本费用可获得多少利润。其结果显示，已净化与未净化养鸡场的成本费用利润率为正，说明养鸡场投入的成本费用可以获得相应的利润。相比而言，未净化养鸡场成本费用利润率更高，但二者之间的差异不显著。

第四节　不同特征已净化与未净化
养鸡场成本收益分析

表6-3反映了不同类型、代次、地区和年份已净化与未净化养鸡场净收益的比较情况①。此处利用样本均值T检验，判断二者之间是否存在显著的差异。

表6-3　不同特征已净化与未净化养鸡场净收益分析结果　　单位：万元

指标	已净化养鸡场			未净化养鸡场			样本均值 T检验
	场次	均值	标准差	场次	均值	标准差	
不同类型							
蛋鸡场	504	1104.12	171.82	204	423.25	212.31	0.0245 **
肉鸡场	301	1085.98	189.92	232	733.49	144.67	0.1606
不同代次							
祖代及以上场	154	733.55	94.60	71	340.39	75.82	0.0087 ***
父母代场	506	1129.46	181.84	244	905.80	218.89	0.4603
商品代场	35	215.90	93.71	80	26.43	73.26	0.1385
混合代场	110	1739.34	406.11	41	224.75	147.90	0.0258 **
不同地区							
华北地区	174	1479.01	314.37	39	1709.77	760.99	0.7602
华东地区	197	1285.88	359.95	115	527.33	315.47	0.1529
华中地区	88	387.98	65.32	66	1021.36	376.60	0.0601 *
华南地区	36	1692.56	470.83	34	132.82	153.62	0.0030 ***
西南地区	112	775.59	119.91	110	434.94	68.01	0.0147 **
西北地区	79	2282.22	557.04	33	185.81	124.33	0.0174 **
东北地区	119	87.89	44.48	39	84.27	169.11	0.9767

注：***、**、*分别表示在99%、95%、90%的置信水平下显著。另外，一些养鸡场的成本收益数据缺失较为严重，故文中没有将这些场进行统计分析。

数据来源：笔者根据实地调研数据，经计算得到。

---

① 详细的成本收益核算结果见附录二。

一、不同类型养鸡场净收益分析

分不同类型来看，是否开展疫病净化对蛋鸡场和肉鸡场的净收益产生了一定的影响，造成的净收益差额分别为 680.87 万元、352.49 万元，但只有蛋鸡场净收益均值的差异在 95% 的置信水平下显著。可见，开展疫病净化对蛋鸡场净收益的影响最大。

二、不同代次养鸡场净收益分析

分不同代次来看，已净化祖代及以上场、父母代场、商品代场和混合代场（包含两个及以上的代次）与对应的未净化养鸡场净收益均值的差额分别为 393.16 万元、223.66 万元、189.47 万元、1514.59 万元，其中祖代及以上净收益均值的差异在 99% 的置信水平下显著，混合代场上净收益均值的差异在 95% 的置信水平下显著。可见，开展疫病净化对祖代及以上场净收益的影响最大。

三、不同地区养鸡场净收益分析

分不同地区来看，华东地区、华南地区、西南地区、西北地区和东北地区已净化养鸡场的净收益高于未净化养鸡场，差额分别为 758.55 万元、1559.74 万元、340.65 万元、2096.41 万元、3.62 万元。华北地区和华中地区已净化养鸡场的净收益低于未净化养鸡场，差额分别为 230.76 万元和 633.38 万元。七个区域中，华南地区净收益均值的差异在 99% 的置信水平下显著，西南地区和西北地区净收益均值的差异在 95% 的置信水平下显著，华中地区在 90% 的置信水平下显著，其他地区不显著。

四、不同年份养鸡场净收益分析

由图 6-2 的结果可知，除 2011 年未净化养鸡场的净收益高于已净化养鸡场，二者之间的差额为 187 万元。2012~2015 年已净化养鸡场的净收益均高于未净化养鸡场，差额分别为 475 万元、601 万元、787 万元、900 万元。随着时间的推移，未净化养鸡场的净收益一直呈下降趋势，平均每年减少 176 万元。但已净化养鸡场的净收益则呈现上下波动态势，并有逐渐上升的迹象。主要的原因是养鸡场开展疫病净化后有效地降低了动物的疫病发病率和死亡率，使成活动物数量增加，从而增加了养鸡场的销售收入。同时，养鸡场开展疫病净化后，降低了相关的成本如诊疗费用、病死鸡无害化处理费用等，进而提高了养鸡场的经济效益。

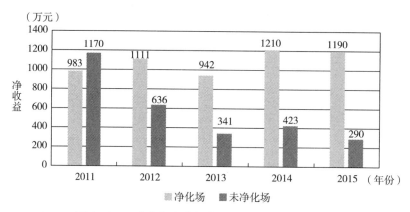

图 6-2 已净化与未净化养鸡场净收益的时序变化

第五节 不同特征已净化与未净化养鸡场单只鸡成本收益分析

表 6-4 为不同类型、代次和地区已净化与未净化养鸡场单只鸡净收益的比较情况。此处利用样本均值 t 检验，判断二者之间是否存在显著的差异。总体来看，已净化与未净化养鸡场单只鸡净收益均值的差异不显著，差额仅为 0.0002 元。

一、不同类型养鸡场单只鸡净收益分析

分不同类型来看，已净化与未净化蛋鸡场、肉鸡场单只鸡净收益均值的差额分别为 0.000569 元和 0.000581 元，差异未通过样本均值 T 检验，但一定程度上表明疫病净化能够增加两类养鸡场单只鸡的净收益。不过，相比蛋鸡场单只鸡的净收益差异，肉鸡场的差异更大。

二、不同代次养鸡场单只鸡净收益分析

分不同代次来看，已净化与未净化祖代及以上养鸡场、父母代养鸡场、商品

表6-4 不同特征已净化与未净化养鸡场单只鸡净收益分析结果　单位：元

指标	已净化养鸡场			未净化养鸡场			样本均值 T检验
	场次	均值	标准差	场次	均值	标准差	
总样本	802	0.0088	0.0009	433	0.0086	0.0016	0.9215
不同类型							
蛋鸡场	501	0.0078	0.0008	204	0.0072	0.0025	0.7770
肉鸡场	301	0.0105	0.0019	229	0.0099	0.0021	0.8382
不同代次							
祖代及以上场	153	0.0141	0.0022	70	0.0083	0.0030	0.1244
父母代场	504	0.0073	0.0012	242	0.0116	0.0027	0.0903 *
商品代场	35	0.0094	0.0044	80	0.0029	0.0009	0.0429 **
混合代场	110	0.0080	0.0009	41	0.0030	0.0008	0.0017 ***
不同地区							
华北地区	174	0.0105	0.0032	38	0.0178	0.0121	0.4122
华东地区	195	0.0121	0.0017	113	0.0039	0.0014	0.0008 ***
华中地区	87	0.0059	0.0012	66	0.0181	0.0067	0.0422 **
华南地区	36	0.0103	0.0019	34	0.0033	0.0016	0.0061 ***
西南地区	112	0.0066	0.0009	110	0.0086	0.0018	0.3027
西北地区	79	0.0121	0.0023	33	0.0075	0.0023	0.2347
东北地区	119	0.0025	0.0060	39	0.0033	0.0012	0.5455

　　注：***、**、*分别表示在99%、95%、90%的置信水平下显著。另外，一些养鸡场的成本收益数据缺失较为严重，故文中没有将这些场进行统计分析。

　　数据来源：笔者根据实地调研数据，经计算得到。

代养鸡场、混合代养鸡场之间单只鸡净收益均值的差额分别为0.0058元、-0.0043元、0.0065元、0.0050元。其中，父母代养鸡场均值的差异在90%的置信水平下显著，商品代养鸡场均值的差异在95%的置信水平下显著，混合代养鸡场均值的差异在99%的置信水平下显著。综上可知，疫病净化对混合代养鸡场的影响最大，其次为商品代场和父母代场。由于受疫病净化投入以及淘汰更多动物造成收入下降的影响，目前父母代的已净化养鸡场单只鸡的净收益小于未净化场，取得的净化效果有限。

三、不同地区养鸡场单只鸡净收益分析

分不同地区来看，在已净化养鸡场中华东地区与西北地区单只鸡的净收益最高，为 0.0121 元，东北地区最低，仅有 0.0025 元。七个区域中，仅有华东地区、华南地区和西北地区的已净化养鸡场单只鸡的净收益大于未净化场，其余区域均低于未净化场。其中，华东地区和华南地区单只鸡净收益均值的差异在99% 的置信水平下显著，差额分别为 0.0082 元和 0.007 元，华中地区在 95% 的置信水平下显著。由此可见，我国养鸡场的疫病净化工作仍处于初始阶段，前期净化投入成本较大，使得部分地区已净化养鸡场的单只鸡净收益远低于未净化场。

四、不同年份养鸡场单只鸡净收益分析

图 6-3 反映了不同年份已净化与未净化养鸡场单只鸡的净收益比较结果。由图可知，除 2011 年未净化养鸡场单只鸡的净收益高于已净化场，其他年份均低于已净化场。其中，2012 年的差额最大，为 0.00251 元。另外，受禽流感的影响，2013 年两类养鸡场单只鸡的净收益有所下降。但自此之后，已净化养鸡场单只鸡的净收益逐步提升，未净化养鸡场反而有所回落，直接导致两类养鸡场之间的差距逐步拉大。可见随着时间的推移，疫病净化的经济效益逐渐显现。

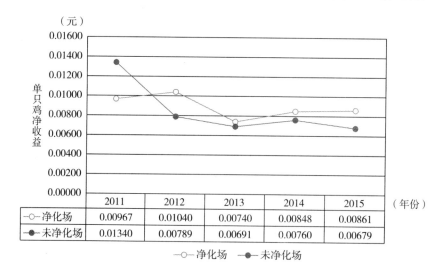

	2011	2012	2013	2014	2015
净化场	0.00967	0.01040	0.00740	0.00848	0.00861
未净化场	0.01340	0.00789	0.00691	0.00760	0.00679

图 6-3 已净化与未净化养鸡场单只鸡净收益的时序变化

第六节 本章小结

本章利用全国 297 个规模养鸡场 2011～2015 年的面板调查数据，采用成本收益法及样本均值 t 检验分析已净化和未净化养鸡场成本、收益和利润之间的差异。

从总体收益的角度来看，已净化养鸡场的经济效益好于未净化场，蛋鸡场的净化效果优于肉鸡场，祖代及以上场的净化效果胜于其他代次的养鸡场。东部地区养鸡场的净化工作取得的成效较好，中西部地区养鸡场仍有很大的上升空间。

从单只鸡的净收益来看，疫病净化对单只肉鸡的利润影响大于蛋鸡，对混合代养鸡场单只鸡的利润影响大于其他代次。目前，仅有华东地区、华南地区和西北地区的已净化养鸡场单只鸡的净收益大于未净化场，其余区域均低于未净化场。从不同年份的角度来看，仅有 2011 年未净化养鸡场的净收益及单只鸡净收益高于已净化场，其他年份均低于已净化场。自 2013 年以后，已净化养鸡场单只鸡净收益与未净化养鸡场之间的差距正在扩大，可见随着时间的推移，疫病净化的经济效益逐渐显现。

值得注意的是：第一，已净化养鸡场的成本费用利润率较低，日后需做好饲养成本的管控；第二，净化禽白血病的养鸡场投入远高于净化鸡白痢的养鸡场，这表明开展禽白血病净化的成本投入需求比鸡白痢净化更大，养鸡场应根据自身的实际情况、有序合理地开展不同病种的净化工作；第三，由于父母代的已净化养鸡场单只鸡的净收益远低于未净化场，取得的净化效果不好，未来应强化对父母代养鸡场的指导与监督，从而提升疫病净化的经济收益。

第七章　疫病净化对养鸡场
净收益的影响分析

在第六章中，本书比较了已净化养鸡场和未净化养鸡场之间的成本、收益以及利润的差异，并考虑了时间变动的影响。然而，前文仅从疫病净化这一个核心因素进行了区分和识别，分析的视角难免有些单一。考虑到不同养鸡场的基本特征、管理特点、要素投入等存在差别，本章将具体分析疫病净化对养鸡场净收益影响的净效应，并进一步探讨净化不同病种对养鸡场净收益的影响，由此为养鸡场提供疫病净化前后净收益变化的证据。

第一节　文献回顾

就现有的研究成果来看，实施疫病净化与防控措施后，很多常见的种畜禽疫病再未暴发，并且培育的下一代体型均匀、抗病力强、健康度高，动物产品的质量明显提升，使得产品销售的价格更高，获得的经济效益显著[67]1-4。目前，有关疫病净化与防控成本收益分析的文献集中在两个方面：一是基于宏观国家层面开展某种疫病净化后的成本收益评估；二是基于微观养殖场层面开展某种疫病净化后的成本收益评估。

积极开展疫病净化与防控，可以使国家获得良好的经济回报[171,157-159]135-149,303-314,579-582。自 1993 年起，丹麦、芬兰、挪威、瑞典四个国家先后提出了净化 BVDV（牛病毒性腹泻病毒）的方案。由挪威全国性净化方案的成本收益计算结果可知，净化开始的第二年就已有净收益，并且在净化后的前五年（1993~1997 年），净收益高达 600 万美元[174]189-207。丹麦在执行净化方案过程中，每年的控制成本约为 350 万元，远低于计划启动前每年 2000 万美元的经济损失[63]1-10。Stott 和 Gunn[144]310-323 的研究结果发现，英国政府是否对农场提供免费的 BVDV（牛病毒性腹泻）检测服务直接影响了这些农场每头牛的净收益。例如，一个饲养规模为 120 头牛的农场，在良好的疫苗免疫、完善的生物安全措施以及 BVDV 检测免费的情况下，每头牛额外增加的净收益高达 27.68 英镑/年。Häsler 等[113]470-476核算了瑞士一项监测与控制计划的成本收益发现，2008 年和 2009 两年的总收益为 1746 万瑞士法郎，在扣除监测和控制成本后，平均净收益为 395 万瑞士法郎，由此认为该方案在经济上是可行的，并建议 2010~2012 年继续执行该方案。

养殖场通过使用新型疫苗，采取免疫、监测以及淘汰等防治措施进行疫病净化，可以使动物保持较高的健康水平，经济收益较净化前也会有很大提升[96,176-177]73-74,82-92,26-28。例如，黑龙江省的三家猪场开展疫病净化以后，增加健康仔猪收入 394.7 万元，节约种公猪和仔猪饲料费用分别为 7.6 万元和 7.6 万元，节约治疗和其他费用分别为 4.5 万元和 1 万元，总收益增加了 415 万元[173]39-40。刘玉梅等[178]106-110的调研结果显示，已开展伪狂犬病净化的养猪场销售量和销售额比未净化养猪场平均增加 0.38 万头和 177.40 万元，在开展净化的第六年成本收益比高达 13.31。广西壮族自治区的某养殖场开展禽白血病和鸡白痢净化后，鸡群及其后代基本没有发现这两种病的病原，单只雏鸡的出售价格比未净化前提高了 0.2~0.3 元，需求数量也明显增多[67]1-4。

从上述文献中可知，实施净化与防控计划能够显著地提高整个国家的经济收益以及单个养殖场的经济效益。然而，上述研究仍有一些延伸的空间。一方面，国家层面的成本收益核算，计算净化的损益只是单纯地采用种群的平均水平，并不能反映不同养殖特征动物价值的变动[179]63-74，导致核算的结果不够准确。另一方面，基于养殖场层面的估计其研究对象相对集中，并且样本数量较少，得出的结论地域色彩比较浓厚，普适性不强。例如，即使在同一地区的养殖场进行疫病净化与防控的力度也会不一样，且不同养殖场管理人员的风险意识也不同，选择的净化方案很有可能大不相同[113]470-476，因而需要依据自身特征进行有效区别。此外，现有研究重点比较净化前与净化后收益的变化，但没有考虑物价变动的影响，估计的损益变动与现实情况有差距。另外，不同饲养规模可能影响疫病净化的效果[180]169-176，因此需要进行更为详细的分析与探讨。

基于此，本章在已有研究的基础上，以规模化养鸡场为研究对象，以禽白血病和鸡白痢为具体净化的病种，通过探究开展疫病净化所产生的经济影响，从而向更多的养鸡场推广疫病净化，同时也向国家有关部门提供决策支持。本章的具体安排如下：首先，利用描述性统计分析法比较两种养鸡场净收益的时序变化；其次，推演疫病净化与养鸡场净收益之间的关系，将从养鸡场的收入和成本两方面展开；再次，分析养鸡场开展疫病净化是否提高了养鸡场的净收益，进一步辨识不同净化时间对净收益的影响；最后，利用双重差分法、倾向分值匹配法＋双重差分法进行稳健性估计，并解释净收益变化的成因。

第二节　疫病净化对养鸡场净收益的影响机理

事实上，疫病的暴发是利益相关者过度追求"风险利益"所带来的"利益风险"的后果，二者之间的互动造成了许多疫病的暴发及扩散。因此，实施疫病净化的本质是"人病"博弈的经济及技术活动的过程，通过分析"风险利益"和"利益风险"的互动机制，才能找出合理的、可行的疫病净化策略和措施。但前提是需要对疫病净化所配置的人力、财力、物力和技术资源进行科学的经济学分析与评价，以达到少投入多产出的目的。即实现疫病净化的成本最小和收益最大，并尽可能确保净收益最大化。基于此，本章将从成本、收益和净收益三个角度讨论疫病净化的具体影响。

一、两种养鸡场之间成本的差异

在一个完全竞争市场中存在两种养鸡场，未净化养鸡场 m 和已净化养鸡场 n，$AC_m(p_m)$ 和 $AC_n(p_n)$ 分别以价格 p_m 和 p_n 为基础计算两种养鸡场的平均成本曲线。m 点为未净化养鸡场的平均经营水平，平均产量为 Y_m，对应的平均成本为 AC_m。此外，n 点为已净化养鸡场的平均经营水平，平均产量为 Y_n，对应的平均成本为 AC_n。如果未净化养鸡场的要素价格水平高于已净化养鸡场，则 $p_m > p_n$。从理论上讲，两种养鸡场的生产成本差别如图 7 − 1 所示[175,181,57]6−11,117−118,65−68。

根据上文假设，可以将两种养鸡场的生产成本差异分解为：要素价格差异、饲养规模差异，以及技术水平差异。

其一，要素价格差别。假设两种养鸡场具有相同的要素价格，那么以已净化养鸡场的要素价格 p_n 为基础计算未净化养鸡场的平均生产曲线就是 $AC_m(p_n)$，当产量为 Y_m 时，平均生产成本减少至 AC_{m1}。因此，$AC_m − AC_{m1}$ 是因要素价格不同

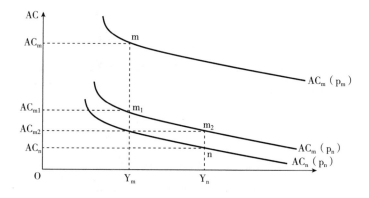

图 7 - 1　两种养鸡场生产成本的差异分解

造成的生产成本差。

其二，饲养规模差别。假定未净化养鸡场与已净化养鸡场具有相同的要素价格外还有同样的饲养规模。那么，在平均生产成本曲线$AC_m(p_n)$上的经营点就成为m_2。在达到已净化养鸡场的平均饲养规模下，平均生产成本曲线$AC_m(p_n)$由m_1移动至m_2点。因此，$AC_{m1} - AC_{m2}$被解释为因饲养规模不同而产生的生产成本差。在本章中，除虚拟变量外，其余变量均进行了量纲处理，以此剔除规模的影响。

其三，技术水平差别。即使拥有相同的要素价格以及相同的饲养规模，未净化养鸡场与已净化养鸡场在经营点m_2处仍存在着$AC_{m2} - AC_n$的生产成本差，这反映了两种养鸡场的平均成本曲线的差异，即技术水平的差异。需要说明的是，前文已经提到正是采用了疫病净化这项技术，方使已净化养鸡场抗生素的费用有了明显减少，从而降低了生产成本。因此，本书认为是否采用疫病净化技术（技术差异）将是造成成本差别的重要原因之一。

将上述因素综合起来，可以用式（7 - 1）表达：

$$(AC_m - AC_n) = (AC_m - AC_{m1}) + (AC_{m1} - AC_{m2}) + (AC_{m2} - AC_n) \qquad (7-1)$$

根据上述理论方法，本章拟从要素投入、技术水平等方面运用经济计量方法分析这些成本差异对养鸡场净收益的影响程度。

二、两种养鸡场之间收入的差异

动物疫病的暴发将会直接影响养鸡场的经济收入。主要表现在两个方面：一是疫病暴发后养鸡场的主产品以及副产品供给数量急剧下降，此时产品的供给将会停留在一个较低的水平。二是受疫病的影响，其生产产品的质量下滑，且市场消费动力不足，进而影响了产品价格。因而，如果能事先做好疫病的预防，可在一定程度上增加养鸡场的收入。

从供给方的角度来看，养鸡场开展疫病化后，有效避免了疫病的暴发，使动物的疾病发病率和死亡率明显下降，即成活动物数量显著增加。同时，由于已净化养鸡场鸡只的抗病能力强，健康水平高，使得出售价格有所提升。

从需求方的角度来看，已净化养鸡场由于其产品质量上乘（生产性能优、健康状况好）、口碑良好（需求市场评价高），相较于未净化养鸡场，市场的需求数量更大，给出的需求价格更高，因此收入也有明显提高。两种养鸡场产品的供求曲线如图 7-2 所示。

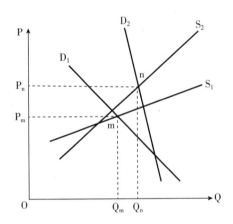

图 7-2　两种养鸡场产品的供求曲线

在图 7-2 中，假定 D_1 曲线为未净化养鸡场的需求曲线，D_2 曲线为已净化养鸡场的需求曲线，S_1 曲线为未净化养鸡场的供给曲线，S_2 曲线为已净化养鸡场的供给曲线。未净化养鸡场的需求曲线与供给曲线相交于 n 点，已净化养鸡场的需求曲线与供给曲线相交于 n 点，即两种养鸡场的市场均衡点分别为 m 和 n。此时，未净化养鸡场的均衡价格为 P_m，均衡数量为 Q_m，已净化养鸡场的均衡价格为 P_n，均衡数量为 Q_n。由于 $P_m < P_n$，$Q_m < Q_n$，即在市场均衡的状态下，已净化养鸡场将获得更高的收入，其收入差为 $OP_n n Q_n - OP_m m Q_m$ 的部分。根据上述分

析，本章拟从收入差异的角度计量分析其对两种养鸡场净收益的影响程度。

三、两种养鸡场之间净收益差异

由图7-1和图7-2可知，两种养鸡场的成本和收入存在明显差异，那么表现在净收益上是否也存在差异？假定在完全竞争市场中存在短期均衡，且已净化养鸡场与未净化养鸡场具有相同的供给曲线，由于两种养鸡场因是否开展疫病净化存在产品的质量差异，因此它们的需求曲线也各不相同，已净化比未净化养鸡场的售价更高（见图7-2）。因此，图7-3（a）$Q^{d_2}(P)$为已净化养鸡场的需求曲线，P_2和Q_2为当前需求下的价格和数量，$Q^{d_1}(P)$为未净化养鸡场的需求曲线，P_1和Q_1为当前需求下的价格和数量。

需要说明的是，在现有市场价格下，每一个接受市场价格的下游消费者会购买使之实现效用最大的商品数量，而每一个接受市场价格的养鸡场会销售使之达到利润最大化的商品数量，即均衡价格P_2和P_1。它们分别与行业短期边际生产成本曲线SMC（Q）相交于m和n点，此时两种养鸡场获得最大收益，原因在于SMC = SMR = P。

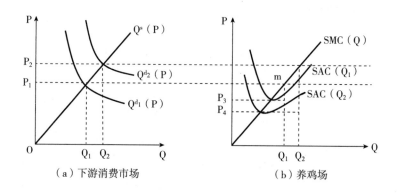

（a）下游消费市场　　　　　　　（b）养鸡场

图7-3　短期均衡条件下两种养鸡场的净收益比较

接下来，由图7-3（b）可知，考虑到两种养鸡场由于要素价格以及技术水平的差异（见图7-1），已净化养鸡场的短期平均生产成本SAC（Q_2）低于未净化养鸡场SAC（Q_1），它们分别与行业短期边际生产成本曲线SMC（Q）相交于P_4和P_3点。根据已有经济学理论，边际成本与短期平均生产成本的交点为养鸡场生产成本的最低点。由此可以推出两种养鸡场的利润区域，即$P_3Q_1mP_1$为未净化养鸡场的利润区域，$P_4Q_2mP_2$ 为已净化养鸡场的利润区域，且 $P_4Q_2mP_2 > P_3Q_1$ mP_1。综上分析，已净化养鸡场的净收益明显高于未净化养鸡场。

第三节 分析方法与指标

一、样本描述

表 7-1 列出了已净化养鸡场净化时间的具体分布情况。从表中可知，开展鸡白痢净化（净化第一年及以上）的养鸡场数量较多，场次数为 785，占已净化养鸡场总场次数的 97.52%。相比而言，净化禽白血病的养鸡场数量较少，场次数仅为 484，占已净化养鸡场总场次数的 60.12%。从时间分布上来看，在调查时间 2011~2015 年内，净化六年及以上的场次数较少，占已净化养鸡场总场次数的 22.11%，表明早于 2011 年开展疫病净化的养鸡场数量较少，这与疫病净化政策开始的时间（2012 年开始实施）有关。此外，其他几个时间段呈逐年递减的现象，这与随时间推移养鸡场的场次数减少有关。

表 7-1 已净化养鸡场的净化时间分布

净化时间	开展疫病净化养鸡场的场次数	开展禽白血病净化养鸡场的场次数	开展鸡白痢净化养鸡场的场次数
净化第一年及以上	805	484	785
净化第二年及以上	717	407	696
净化第三年及以上	621	330	599
净化第四年及以上	524	261	504
净化第五年及以上	431	205	413
净化第六年及以上	178	178	175

数据来源：笔者根据实地调研数据，经计算得到。

图 7-4 展示了两类养鸡场 2011~2015 年净收益的变化情况。由图可知，除 2011 年外，已净化养鸡场的净收益均高于未净化养鸡场，其中 2014 年的差别最大，为 27.96 万元。另外，受禽流感的影响，2013 年两类养鸡场的净收益有了明

显的下降。不过，随着疫情的有效控制，消费市场逐渐回暖，两类养鸡场的净收益有所反弹，但已净化养鸡场的增幅更大。需要说明的是，2012年之前许多效益较好的养鸡场尚未开展疫病净化，因而2011年未净化养鸡场的净收益明显高于已净化场。

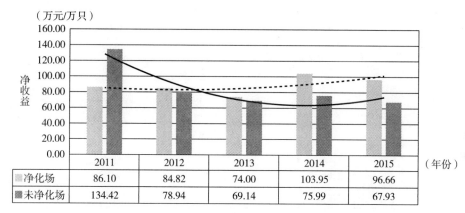

（万元/万只）	2011	2012	2013	2014	2015
净化场	86.10	84.82	74.00	103.95	96.66
未净化场	134.42	78.94	69.14	75.99	67.93

净化场　　　未净化场　　····· 多项式（净化场）　　—— 多项式（未净化场）

图 7-4　2011~2015 年已净化与未净化养鸡场净收益比较

二、变量选择

核心变量。本章的核心被解释变量为养鸡场每万只鸡的净受益，核心解释变量为养鸡场是否开展疫病净化（包括净化一种及以上数量的疫病），该变量是虚拟变量，已开展为1，未开展为0。

其他解释变量。根据已有的理论及文献，本章主要考虑养鸡场的收入、成本以及基本特征三个方面的影响。收入为养鸡场的营业收入（为剔除饲养规模的影响，此处使用的是每万只鸡的营业收入）；成本主要分为饲料投入、人力投入、疫病净化投入以及其他投入（数据处理方式同营业收入）；基本特征包括栏舍类型、饲养方式以及是否全进全出等。

控制虚拟变量。为了比较不同类型（蛋鸡、肉鸡），代次（祖代及以上场、父母代场、商品代场、混合代场），区域（华北、华东、华中、华南、西南、西北、东北），2011~2015 年养鸡场净收益之间的差异，本章设置了类型、代次、地区和时间虚拟变量，分别以"蛋鸡场""祖代及以上场""华北地区""2011年"为对照组。

表7-2 变量定义及描述统计（经济效益）

分类	变量名称	变量解释	均值	标准差
因变量	净收益	万元/万只	87.52	280.4
核心解释变量	是否开展鸡白痢净化	0＝否，1＝是	0.633	0.482
	是否开展禽白血病净化	0＝否，1＝是	0.390	0.488
	是否开展疫病净化	0＝否，1＝是	0.649	0.478
其他解释变量	饲料投入	万吨/万只	23.82	9.985
	人力投入	人/万只	5.454	5.653
	疫病净化投入	万元/万只	1.553	6.305
	其他投入	万元/万只	14.78	20.21
	营业收入	万元/万只	179.7	284.2
养鸡场基本特征	是否为封闭式栏舍	0＝否，1＝是	0.728	0.445
	是否为半封闭式栏舍	0＝否，1＝是	0.321	0.467
	是否为开放式栏舍	0＝否，1＝是	0.032	0.177
	是否为其他类型栏舍	0＝否，1＝是	0.004	0.063
	是否为笼养	0＝否，1＝是	0.866	0.341
	是否为平养	0＝否，1＝是	0.207	0.405
	是否为其他方式养殖	0＝否，1＝是	0.015	0.123
	是否全进全出	0＝否，1＝是	0.749	0.434
控制虚拟变量	养鸡场类型	1＝蛋鸡场（对照组）		
		2＝肉鸡场	0.456	0.498
	养鸡场类型	1＝祖代及以上场（对照组）		
		2＝父母代场	0.607	0.489
		3＝商品代场	0.097	0.296
		4＝混合代场	0.121	0.326
	养鸡场所处区域	1＝华北地区（对照组）		
		2＝华东地区	0.255	0.436
		3＝华中地区	0.126	0.331
		4＝华南地区	0.054	0.226
		5＝西南地区	0.169	0.375
		6＝西北地区	0.089	0.285
		7＝东北地区	0.136	0.343

续表

分类	变量名称	变量解释	均值	标准差
控制虚拟变量	年份	1 = 2011 年（对照组）		
		2 = 2012 年	0.194	0.395
		3 = 2013 年	0.205	0.404
		4 = 2014 年	0.208	0.406
		5 = 2015 年	0.213	0.410

数据来源：笔者根据实地调研数据，经计算得到。

三、模型设定

1. 基本模型

本章首先采用固定效应模型讨论疫病净化对养鸡场净收益的影响，其具体表达如式（7 - 2）所示：

$$Y_{it} = \beta D + X'_{it}\gamma + \delta_i + \lambda_t + \varepsilon_{it} \qquad (7 - 2)$$

其中，被解释变量 Y_{it} 表示养鸡场的净收益，i 代表养鸡场，t 代表年份，δ_i 为养鸡场个体固定效应，λ_t 为时间固定效应，ε_{it} 代表随机扰动项。D 代表养鸡场是否开展疫病净化的虚拟变量，当 D = 1 时，表示已开展，当 D = 0 时，表示未开展。X'_{it} 为一系列控制变量，包括养鸡场的经营收入、饲料投入、人力投入、净化成本、其他投入成本（疫苗费用、诊疗费用、动力费用、无害化处理费用等）、基本特征等。

2. 动态模型

同时，为了识别疫病净化对养鸡场净收益的动态影响，在式（7 - 2）的基础上，加入了净化时间的虚拟变量，其具体表达如式（7 - 3）所示：

$$Y_{it} = \beta_1 D_1 + \cdots + \beta_6 D_6 + X'_{it}\gamma + \delta_i + \lambda_t + \varepsilon_{it} \qquad (7 - 3)$$

其中，D_1 代表养鸡场净化一年以上对养鸡场净收益的影响，D_6 表示养鸡场净化六年以上对养鸡场净收益的影响。

3. 双重差分模型

此外，为了提高估计结果的精度和可靠性，本章还采用了双重差分法（DD）展开分析。研究首先将各年数据分为四个部分，疫病净化实施前的处理组和控制组，疫病净化实施后的处理组和控制组。通过比较疫病净化实施前后处理组有关指标的变化量与同期控制组相同指标的变化量的差异，从而得到疫病净化影响的净效应。

对此，研究设置处理组 T 为开展疫病净化的养鸡场，控制组 C 为未开展疫病净化的养鸡场，$D_{it}=1$ 属于处理组 T，表示第 i 个养鸡场开展了疫病净化；$D_{it}=0$ 属于控制组 C，表示第 i 个养鸡场没有开展疫病净化。T_{it} 表示时期虚拟变量，令 $T_{it}=1$ 表示养鸡场实施疫病净化之后，$T_{it}=0$ 表示养鸡场实施疫病净化之前。这样，就可以得到处理组和控制组之间受疫病净化的影响变化，其表达式如式（7-4）所示：

$$Impact = (Y_{T1} - Y_{T0}) - (Y_{C1} - Y_{C0}) \tag{7-4}$$

其中，（$Y_{T1} - Y_{T0}$）为养鸡场开展疫病净化前后处理组结果变量的变化（dif_2），（$Y_{C1} - Y_{C0}$）为同期控制组结果变量的变化（dif_1）。两组变化值的差（$dif_2 - dif_1$）为养鸡场开展疫病净化的净效应。本研究建立的实证分析模型如式（7-5）所示：

$$Y_{it} = \beta_0 + \beta_1 T_{it} + \beta_2 D_{it} + \beta_3 (T_{it} \times D_{it}) + X'_{it}\gamma + \varepsilon_{it} \tag{7-5}$$

在式（7-5）中，X'_{it} 为一系列控制变量，ε_{it} 是不可观测的个体异质性误差和时变误差的复合误差项。

表 7-3　双重差分原理分析

	净化之前	净化之后	净化前后的差值
控制组（未净化）	β_0	$\beta_0 + \beta_1$	β_1
处理组（已净化）	$\beta_0 + \beta_2$	$\beta_0 + \beta_1 + \beta_2 + \beta_3$	$\beta_1 + \beta_3$
同一时期两组差值	β_2	$\beta_2 + \beta_3$	β_3

数据来源：该表参照了茹玉[182]43的研究成果。

4. 倾向性分值匹配 + 双重差分模型

为了更精确地讨论 2011～2015 年养鸡场开展疫病净化对净收益的影响，本书还采用倾向性分值匹配 + 双重差分法（PSM + DD）展开分析。倾向性分值匹配是一种半参数匹配估计量，它可以把观测样本的多维特征数据映射至一维的倾向得分值上进行匹配，以此避免"高维诅咒"的问题。这种方法主要有两个显著的特点：一是共同支撑假设，即要求已净化与未净化养鸡场在整体上具备相似的特征；二是条件独立性假设，即要求已净化与未净化养鸡场净收益的差异是由可观测的协变量造成，未观测的因素对其差异不会造成系统性影响，从而使所获数据类似于完全随机化实验。具体来看，在结束 PSM 匹配后，已净化与未净化养鸡场之间唯一的差别就是养鸡场是否开展疫病净化，这时净收益的差异只能由疫病净化的影响来加以解释。

在本书中"倾向得分"可以定义为，在给定样本特征 Z 的情况下，第 i 个养鸡场开展疫病净化的条件概率为式（7-6）：

$$p(X) = \text{Pro}(D = 1 \mid X) = E(D \mid X) \tag{7-6}$$

其中，D 是一个指标函数，若养鸡场已经开展疫病净化，则 D = 1，否则 D = 0。因此，对第 i 个养鸡场而言，假设其倾向得分 p（X_i）已知，则开展疫病净化对养鸡场净收益的平均处理效应为式（7-7）：

$$\text{ATT} = E(Y_{1i} - Y_{0i} \mid D_i = 1) = E\{E(Y_{1i} - Y_{0i} \mid D_i = 1,\ p(X_i))\}$$

$$= E\{E(Y_{1i} \mid D_i = 1,\ p(X_i)) - E(Y_{0i} \mid D_i = 0,\ p(X_i)) \mid D_i = 1\} \tag{7-7}$$

在式（7-7）中，Y_{1i} 和 Y_{0i} 分别表示同一养鸡场 i 实施疫病净化措施前后的净收益。在过往的研究中，倾向得分一般不能够被直接观测，通常主要使用 Probit 或 Logit 等概率模型进行估计。在本章中，选用了 Probit 模型来计算每个养鸡场的倾向分值，即给定一组可以被观测的特征变量 Z 的情况下养鸡场开展疫病净化的概率，形式如式（7-8）所示：

$$\Pr(D_i = 1) = \Phi(X) \tag{7-8}$$

其中，D_i 为被解释变量，Φ（·）为标准正态分布函数。根据 Probit 模型估得每个养鸡场的倾向分值后，能够选择落在"共同支撑"区域的个体与样本养鸡场进行匹配。常见的匹配方法有最近邻匹配、半径匹配、分层匹配等，但由于 p（X_i）是一个连续变量，采用上述匹配方法的缺点是可能仅有很少的未净化养鸡场能够符合控制组的匹配标准。为此，本章采用核匹配方法（Kernel Matching）来解决样本配对选择问题，因为核匹配的原理是利用所有非参与者的平均权重为每个参与者建立匹配的控制组。完成核匹配后，就可以进一步计算平均处理效应 ATT。

$$\tau^k = \frac{1}{N^T} \sum_{i \in T} \left\{ Y_i^T - \frac{\displaystyle\sum_{j \in C} \frac{Y_j^C G(p_j - p_i)}{h_n}}{\displaystyle\sum_{k \in C} \frac{G(p_k - p_i)}{h_n}} \right\} \tag{7-9}$$

在式（7-9）中，T 和 C 分别为已净化的处理组和未净化的控制组养鸡场组成的集合，N^T 为已净化养鸡场的数目，Y_i^T 和 Y_j^C 为两类养鸡场的净收益。$G(\cdot)$ 为核函数；p 为倾向得分值，h_n 为"带宽参数"，大括号中最后一项是 Y_{0i} 的一致估计量。然而，式（7-9）中得到的 ATT 仅仅是匹配后处理组与控制组养鸡场的净收益的平均差异，还不是疫病净化后所带来的"政策处理净效应"。因此还必须在核匹配的基础上进一步根据倾向得分产生的权重，利用倍差法（DD）来估计政策处理净效应 ATT。

$$ATT^{KPSM-DD} = \frac{1}{N^*} \sum_{i \in \{1_T \cap S^*\}} \left[\left(Y_{i,T}^1 - \sum_{j \in \{0_T \cap S^*\}} w_{ij} Y_{j,T}^0 \right) - \left(\sum_{j \in \{1_C \cap S^*\}} w_{ij} Y_{j,C}^1 - \sum_{j \in \{0_C \cap S^*\}} w_{ij} Y_{j,C}^0 \right) \right] \qquad (7-10)$$

式（7-10）中的 KPSM-DD 表示核匹配双重差分法，T 代表已净化养鸡场构成的集合，C 代表未净化养鸡场构成的集合，0 表示对照基期，1 表示净化效果考察期，S^* 表示共同支撑区域，N^* 为已净化养鸡场进入公共支撑区域的数目，Y 为养鸡场的净收益，w_{ij} 表示与已净化养鸡场相匹配的未净化养鸡场的权重。根据核匹配的 KPSM-DD 模型如式（7-11）所示：

$$Y_{it} \times Weight_{it}^{KPSM} = \beta_0 + \beta_1 T_{it} + \beta_2 D_{it} + \beta_3 (D_{it} \times T_{it}) + \mu_{it} \qquad (7-11)$$

其中，被解释变量 Y_{it} 表示养鸡场的净收益，i 代表养鸡场，t 代表年份，μ_{it} 代表随机扰动项。D_{it} 为养鸡场是否开展疫病净化的虚拟变量，当 $D_{it}=1$ 时，表示已开展。当 $D_{it}=0$ 时，表示未开展。T_{it} 为开展疫病净化年份前后的虚拟变量，当 $T_{it}=1$ 时，表示养鸡场开展疫病净化后的年份，$T_{it}=0$ 时，表示养鸡场开展疫病净化之前的年份。交乘项 $D_{it} \times T_{it}$ 的系数 β_3 表示疫病净化对养鸡场净收益影响的净效应。式（7-11）左端的 Weight 是利用 Probit 模型根据控制变量进行倾向得分估计产生的权重变量。

第四节　基于固定效应模型的估计结果

一、静态影响

疫病净化对养鸡场净收益影响的估计结果如表 7-4 所示。此处 FE 和 RE 分别代表采用固定效应模型和随机效应模型进行估计，所有模型的 F 值和 P 值均非常显著，表明模型设定比较合理。其中，是否开展疫病净化对养鸡场的净收益产生了显著的正向影响，二者之间每万只鸡的平均净收益差额约为 4 万元。原因在于养鸡场开展疫病净化后，降低了动物病死的概率，增强了鸡群的生产性能，提高了产品的质量安全，引起了各阶段鸡的价格上升，使养鸡场动物的销售量和销售额增加，近而推动了养鸡场经济效益的提升。就具体净化病种来看，开展禽白血病净化、鸡白痢净化全部对养鸡场的净收益产生了显著地正向影响。但相比而言，禽白血病净化的效果优于鸡白痢净化，二者之间平均每万只鸡净收益的差额约为 1 万元。

表 7-4　疫病净化对养鸡场净收益的影响结果（基本回归）

变量	模型一		模型二		模型三	
	FE	RE	FE	RE	FE	RE
是否开展疫病净化	4.058* (2.171)	3.738* (1.982)				
是否开展禽白血病净化			4.459** (2.097)	3.851** (1.900)		
是否开展鸡白痢净化					3.767* (2.133)	3.461* (1.921)
营业收入	1.010*** (0.007)	1.010*** (0.007)	1.010*** (0.007)	1.010*** (0.007)	1.010*** (0.007)	1.010*** (0.007)
饲料投入	-2.468*** (0.145)	-2.488*** (0.147)	-2.458*** (0.143)	-2.478*** (0.145)	-2.472*** (0.146)	-2.491*** (0.147)
人力投入	-5.364*** (1.427)	-5.293*** (1.443)	-5.368*** (1.424)	-5.297*** (1.442)	-5.364*** (1.429)	-5.292*** (1.445)
疫病净化投入	-1.082*** (0.055)	-1.083*** (0.053)	-1.092*** (0.055)	-1.091*** (0.054)	-1.089*** (0.057)	-1.089*** (0.054)
其他投入	-0.708*** (0.211)	-0.720*** (0.213)	-0.706*** (0.210)	-0.718*** (0.213)	-0.709*** (0.211)	-0.721*** (0.213)
是否为封闭式栏舍		4.121 (6.961)		4.125 (6.963)		4.205 (6.973)
是否为半封闭式栏舍		3.416 (7.016)		3.213 (6.994)		3.449 (7.020)

续表

变量	模型一		模型二		模型三	
	FE	RE	FE	RE	FE	RE
是否为开放式栏舍		10.95		10.73		10.86
		(9.572)		(9.541)		(9.551)
是否为其他类型栏舍		-18.89		-19.04		-18.91
		(18.20)		(18.16)		(18.22)
是否为笼养		20.94		21.13		20.81
		(13.78)		(13.80)		(13.77)
是否为平养		8.931*		8.535*		8.860*
		(4.894)		(4.891)		(4.887)
是否为其他方式饲养		-2.896		-3.486		-3.137
		(13.09)		(13.07)		(13.13)
是否全进全出		-3.401		-3.689		-3.438
		(4.409)		(4.426)		(4.408)
蛋鸡场（对照组）						
肉鸡场		-7.307*		-7.403*		-7.284*
		(4.169)		(4.198)		(4.163)
祖代及以上场（对照组）						
父母代场		7.240		7.908		7.154
		(13.70)		(13.77)		(13.69)
商品代场		4.252		3.899		4.063
		(14.21)		(14.14)		(14.20)
混合代场		5.836		6.308		5.715
		(12.17)		(12.25)		(12.15)
对照组（华北地区）						
华东地区		12.32		12.12		12.42
		(15.99)		(15.99)		(16.00)
华中地区		16.99		17.31		16.97
		(14.25)		(14.32)		(14.25)
华南地区		10.07		9.734		9.978
		(13.16)		(13.14)		(13.15)

续表

变量	模型一		模型二		模型三	
	FE	RE	FE	RE	FE	RE
西南地区		14.44		14.80		14.46
		(14.73)		(14.78)		(14.74)
西北地区		13.90		14.21		13.90
		(13.83)		(13.90)		(13.83)
东北地区		20.21		20.57		20.18
		(15.74)		(15.78)		(15.74)
2011 年（对照组）						
2012 年	-2.511***	-2.471***	-2.435***	-2.392***	-2.512***	-2.470***
	(0.959)	(0.942)	(0.930)	(0.918)	(0.963)	(0.945)
2013 年	-4.266***	-4.179***	-4.266***	-4.152***	-4.217***	-4.132***
	(1.264)	(1.231)	(1.254)	(1.218)	(1.256)	(1.221)
2014 年	-5.964***	-5.846***	-6.013***	-5.854***	-5.946***	-5.828***
	(1.121)	(1.081)	(1.117)	(1.071)	(1.126)	(1.081)
2015 年	-6.927***	-6.751***	-6.989***	-6.768***	-6.902***	-6.727***
	(1.679)	(1.603)	(1.685)	(1.602)	(1.683)	(1.602)
常数项	7.727	-27.41	8.410	-27.03	8.064	-26.96
	(5.681)	(35.072)	(5.728)	(35.023)	(5.733)	(35.060)
样本量	1235	1235	1235	1235	1235	1235
F	3866.56		3881.37		3858.84	
P	0.000	0.000	0.000	0.000	0.0003	0.000

注：有159个场次的养鸡场因财务数据缺失较多，故暂未放入模型进行估算。***、**、*分别表示在99%、95%、90%的置信水平下显著，括号内为标准误。

数据来源：笔者根据实地调研数据，经计算得到。

从收入与成本的角度来看，营业收入对养鸡场的净收益产生了显著的正向影响，这不难理解，随着收入的提高使得养鸡场获利能力增强，提升了盈利的空间。此外，饲料投入、人力投入、疫病净化投入以及其他投入对养鸡场的净收益产生了显著的负向影响，表明它们在一定程度上抑制了养鸡场的净收益，这符合生产经济学理论，投入成本越高，产出越少。不过，人力投入和饲料投入的回归系数较大，也间接说明上述两项投入是养鸡场的主要成本来源，需要加强控制，从而降低养鸡场的经济成本。

从养鸡场基本特征的角度来看，养鸡场的栏舍类型并未对其净收益产生显著影响，但不同栏舍类型之间仍存在一定的差异，相比可知采用开放型栏舍的养鸡场净收益最高，其次为封闭式栏舍与半封闭式栏舍，其他类型栏舍的净收益最低。从饲养方式角度来看，采用平养方式的养鸡场与非平养养鸡场之间的净收益存在显著差异，每万只鸡净收益的差额约为9万元。另外，采用全进全出饲养模式的养鸡场比未采用者净收益要低，但二者之间的差异不显著。对此，要求养鸡场需根据自身的实际情况，合理的选择栏舍类型和饲养方式，尽可能避免鸡群的全进全出，造成补栏不及时的后果，以此降低养殖的经营成本，提高经济效益。

此外，与肉鸡场相比，蛋鸡场每万只鸡的净收益更高，且在90%的置信水平下显著。不同代次和区域养鸡场每万只鸡净收益的差异并不明显，但不同年份之间差别较大。相比2011年，自2012年后养鸡场每万只鸡的净收益呈持续下降态势，这表明该段时间内养鸡场的经营绩效较差，行业整体不景气。主要原因是受2013年禽流感的影响，大量鸡群遭到扑杀，养鸡场的空栏现象较为突出，导致后续生产能力受滞。加之，消费者对禽肉和禽蛋消费动力不足，且消费信心恢复时间较长，使市场解冻速度较慢。以上结果共同对养鸡场的生产和经营产生诸多负面影响，进而影响了养鸡场的经济效益。

二、动态影响

表7-5为疫病净化对养鸡场净收益动态影响的结果。表中分别给出了是否开展疫病净化、是否开展禽白血病净化和是否开展鸡白痢净化对养鸡场净收益的动态影响结果。其中，各个模型的F值和P值均显著，表明模型设置合理。由表可知，开展疫病净化的第一年，养鸡场的净收益有了明显的增加，每万只鸡的净收益较净化之前平均增加了约4万元。但自疫病净化的第二年开始，这种增幅逐渐放缓且不明显。上述结果表明，随着养鸡场净化工作的持续推进，依托疫病净化创造经济效益的能力逐渐变弱。

另外，由于净化时间在五年以上养鸡场的场次数明显减少（见表7-1），部分一直坚持疫病净化的养鸡场经济收益反而有了明显提升。由此说明，疫病净化是一项持续性的工作，并非仅在早期容易实现预期的净化目标，长期维持同样可以获得可观的经济效益。

从净化不同病种的角度来看，开展禽白血病净化的养鸡场在净化初期经济收益略优于开展鸡白痢净化。随着净化时间的推进，鸡白痢净化的效益逐渐开始显现，但未有明显的增加。不过，净化的病种越多，在净化五年以上的时间段内获得的效益越大，这在净化初期并没有得以体现。上述结果表明，养鸡场在保证长期净化的基础上，可适当考虑更多病种的净化，从而获取更高的收益。

表 7 - 5　疫病净化对养鸡场净收益的影响结果（动态回归）

变量	是否开展疫病净化		是否开展禽白血病净化		是否开展鸡白痢净化	
	FE	RE	FE	RE	FE	RE
净化第一年	3.729 *	3.191 *	3.930 *	3.183 *	3.323	2.821
	(2.180)	(1.906)	(2.037)	(1.825)	(2.138)	(1.830)
净化第二年	1.370	1.156	0.975	0.666	1.593	1.378
	(1.277)	(1.229)	(1.505)	(1.475)	(1.292)	(1.253)
净化第三年	0.985	0.714	3.245 **	2.878 **	0.818	0.554
	(1.188)	(1.102)	(1.290)	(1.235)	(1.171)	(1.091)
净化第四年	1.307	1.072	-0.260	-0.665	1.217	1.003
	(1.257)	(1.213)	(1.624)	(1.588)	(1.264)	(1.227)
净化第五年	-0.0110	-0.594	1.621	0.697	-0.025	-0.605
	(1.495)	(1.221)	(1.588)	(1.393)	(1.513)	(1.248)
净化五年以上	3.294	3.060 *	2.861	2.858	3.078	2.906
	(2.092)	(1.851)	(1.861)	(1.801)	(2.161)	(1.916)
营业收入	1.010 ***	1.010 ***	1.010 ***	1.010 ***	1.010 ***	1.010 ***
	(0.007)	(0.007)	(0.007)	(0.007)	(0.007)	(0.007)
饲料投入	-2.467 ***	-2.490 ***	-2.449 ***	-2.472 ***	-2.474 ***	-2.496 ***
	(0.144)	(0.146)	(0.143)	(0.145)	(0.145)	(0.147)
人力投入	-5.373 ***	-5.299 ***	-5.378 ***	-5.304 ***	-5.375 ***	-5.299 ***
	(1.427)	(1.445)	(1.420)	(1.442)	(1.428)	(1.447)
疫病净化投入	-1.094 ***	-1.092 ***	-1.103 ***	-1.099 ***	-1.089 ***	-1.089 ***
	(0.058)	(0.054)	(0.060)	(0.056)	(0.057)	(0.054)
其他投入	-0.702 ***	-0.716 ***	-0.700 ***	-0.715 ***	-0.702 ***	-0.716 ***
	(0.211)	(0.213)	(0.209)	(0.213)	(0.211)	(0.214)
常数项	6.264	-28.64	7.279	-28.51	6.812	-28.14
	(5.600)	(35.59)	(5.590)	(35.37)	(5.591)	(35.56)

续表

变量	是否开展疫病净化		是否开展禽白血病净化		是否开展鸡白痢净化	
	FE	RE	FE	RE	FE	RE
养鸡场基本特征		YES		YES		YES
年份虚拟变量	YES	YES	YES	YES	YES	YES
控制虚拟变量		YES		YES		YES
样本量	1235	1235	1235	1235	1235	1235
F	3334.40		3114.79		3429.07	
P	0.000	0.000	0.000	0.000	0.000	0.000

注：有159个场次的养鸡场因财务数据缺失较多，故暂未放入模型进行估算。***、**、*分别表示在99%、95%、90%的置信水平下显著，括号内为标准误。

数据来源：笔者根据实地调研数据，经计算得到。

第五节 基于双重差分模型的估计结果

一、数据处理

本节根据双重差分法的应用原理，首先将所收集的数据分为两个部分：第一部分是把始终没有开展疫病净化的养鸡场作为对照组；第二部分是把已经开展疫病净化的养鸡场作为处理组。其次，将已净化养鸡场分为五组，前三组分别为2012年、2013年和2014年开展疫病净化的养鸡场，第四组为2011年以及之前开展疫病净化的养鸡场，第五组为2015年开展疫病净化的养鸡场。由于第四组无法获得政策实施前养鸡场的经营数据，第五组无法获得政策实施后养鸡场的经营数据，因此本节将重点分析前三组的政策影响情况。

具体分析思路下：对于2012年开展疫病净化的养鸡场，将2011年的数据作为净化前的经营数据，将2013年的数据作为净化后的经营数据。同理，2012年和2014年的数据分别作为2013年养鸡场净化前后的经营数据，2013年和2015年的数据分别作为2014年养鸡场净化前后的经营数据。此外，本节还将2011年和2015年的数据分别作为2013年（前后两年）养鸡场净化前后的经营数据。其次，将净化前后一年以及尚未开展净化的养鸡场数据生成数据集 A，将净化前后两年以及尚未净化的养鸡场数据生成数据集 B。最后，分别对两个数据集进行政策影响分析。

二、模型分析结果

表 7-6 给出了疫病净化对养鸡场净收益影响的双重差分分析结果。由输出的结果可知，所有模型的 F 值和 P 值均非常显著，表明模型设定较为合理。其中，政策执行前后一年，养鸡场每万只鸡的净收益平均增加了约 12.8 万元（FE）、11.7 万元（RE）；政策执行前后两年，养鸡场每万只鸡的净收益平均增加了约 44.7 万元（FE）、42.6 万元（RE）；由此可见，开展疫病净化能够有效增加养鸡场的净收益，并且政策执行的时间越长，其获得的净收益越大。另外，其他控制变量的输出结果与前文类似，也表明本节所得结论的可信度较高。

表 7-6　疫病净化对养鸡场净收益的影响结果（DD）

变量	政策执行前后一年		政策执行前后两年	
	FE	RE	FE	RE
净化前后	-16.78***	-17.59***	-53.68***	-54.08***
	(5.252)	(5.439)	(16.87)	(17.28)
是否净化	-3.685	-3.559	-4.785	-4.256
	(4.007)	(3.950)	(8.896)	(8.963)
政策效应	12.80**	11.67*	44.69**	42.57**
	(6.390)	(6.291)	(21.10)	(21.06)
营业收入	1.000***	1.000***	1.000***	0.997***
	(0.005)	(0.005)	(0.009)	(0.010)
饲料投入	-2.677***	-2.771***	-3.200***	-3.409***
	(0.154)	(0.172)	(0.407)	(0.475)
人力投入	-4.625***	-4.235***	-5.023***	-3.913***
	(0.484)	(0.512)	(1.259)	(1.344)
疫病净化投入	-0.656***	-0.556***	0.887	1.633
	(0.203)	(0.205)	(2.270)	(2.368)
其他投入	-1.322***	-1.340***	-1.496***	-1.644***
	(0.064)	(0.064)	(0.286)	(0.304)

续表

变量	政策执行前后一年		政策执行前后两年	
	FE	RE	FE	RE
蛋鸡场（对照组）				
肉鸡场		-4.402		-8.069
		(3.184)		(8.611)
祖代及以上场（对照组）				
父母代场		-0.072		1.817
		(4.113)		(11.44)
商品代场		-5.871		3.433
		(6.451)		(17.92)
混合代场		-5.363		-3.061
		(6.199)		(16.21)
对照组（华北地区）				
华东地区		-12.50**		-23.36
		(6.358)		(19.93)
华中地区		-9.591		-19.36
		(6.844)		(22.81)
华南地区		-11.74		-13.44
		(7.969)		(22.75)
西南地区		-9.050		-7.530
		(6.691)		(19.78)
西北地区		-23.21***		-46.41*
		(8.017)		(25.07)
东北地区		1.749		2.613
		(7.736)		(21.94)
是否全进全出		12.11***		24.86**
		(3.541)		(9.578)
常数项	20.83***	26.58***	38.19***	40.42
	(4.936)	(8.999)	(11.84)	(25.98)
样本量	587	587	169	169
F	5327.45	2322.22	1525.27	655.67
P	0.000	0.000	0.000	0.000

注：***、**、*分别表示在99%、95%、90%的置信水平下显著，括号内为标准误。人力投入由于个别养鸡场的数据为零，影响了估计的精确性，从而进行了95%的缩尾处理。

数据来源：笔者根据实地调研数据，经计算得到。

三、假设检验结果

除上述分析外，双重差分法的使用前提还需明确控制组与对照组是否具备相同的变化方向，即平行性趋势检验。表7-7和表7-8分别给出了两类养鸡场净化前一年以及净化前两年各个变量平行性趋势检验的结果。由表可知，两类养鸡场净化前各个变量之间的差异并不显著，由此可以得出双重差分法的应用较为合理，其获得的分析结果能够较好地说明开展疫病净化对养鸡场的净收益产生了显著的影响。

表7-7 双重差分的平行性检验结果（前后一年）

变量	对照组均值	处理组均值	差值（diff）	|t|	Pr（|T| > |t|）
净收益	129.7	71.03	-58.69	1.440	0.151
营业收入	210.0	154.7	-55.31	1.360	0.175
饲料投入	22.84	23.55	0.714	0.630	0.526
人力投入	5.030	4.437	-0.594	1.580	0.116
疫病净化投入	0.121	0.241	0.119	1.230	0.220
其他投入	12.56	12.92	0.357	0.240	0.812
肉鸡场	0.549	0.524	-0.025	0.450	0.654
父母代场	0.541	0.537	-0.004	0.070	0.945
商品代场	0.197	0.240	0.043	0.930	0.355
混合代场	0.107	0.092	-0.015	0.450	0.655
华东地区	0.270	0.258	-0.013	0.260	0.795
华中地区	0.148	0.131	-0.017	0.430	0.669
华南地区	0.082	0.070	-0.012	0.410	0.681
西南地区	0.295	0.262	-0.033	0.660	0.509
西北地区	0.066	0.092	0.026	0.850	0.399
东北地区	0.098	0.118	0.020	0.550	0.580
是否全进全出	0.713	0.716	0.003	0.060	0.952

数据来源：笔者根据实地调研数据，经计算得到。

表7-8 双重差分的平行性检验结果（前后两年）

变量	对照组均值	处理组均值	差值（diff）	∣t∣	Pr（∣T∣> ∣t∣）
净收益	175.6	67.93	-107.6	1.320	0.189
营业收入	257.5	154.1	-103.5	1.270	0.207
饲料投入	22.94	24.17	1.226	0.700	0.484
人力投入	5.265	4.323	-0.942	1.610	0.110
疫病净化投入	0.072	0.253	0.181	1.160	0.247
其他投入	13.57	13.83	0.260	0.100	0.923
肉鸡场	0.561	0.532	-0.030	0.340	0.733
父母代场	0.561	0.532	-0.030	0.340	0.733
商品代场	0.175	0.241	0.065	0.910	0.364
混合代场	0.105	0.089	-0.017	0.320	0.747
华东地区	0.281	0.253	-0.028	0.360	0.722
华中地区	0.158	0.127	-0.031	0.520	0.606
华南地区	0.088	0.076	-0.012	0.250	0.806
西南地区	0.298	0.253	-0.045	0.580	0.563
西北地区	0.053	0.089	0.036	0.790	0.431
东北地区	0.088	0.127	0.039	0.710	0.479
是否全进全出	0.719	0.709	-0.010	0.130	0.895

数据来源：笔者根据实地调研数据，经计算得到。

第六节 基于倾向性分值匹配＋双重差分模型的估计结果

一、数据处理

本节根据倾向性分值匹配＋双重差分法的应用原理，仍然先将调查数据分为已净化养鸡场的处理组和未净化养鸡场的对照组。同时，考虑到2011年以及之前净化的养鸡场无法获得政策执行前的数据，2015年净化的养鸡场无法获得政策执行后的数据，因而本节主要关注 2012 年、2013 年和 2014 年实施净化的养鸡场。对于 2012 年净化的养鸡场，2011 年为政策执行前的数据，2012 年及其之后为政策执行后的数据。同理，2011 年和 2012 年为 2013 年实施净化养鸡场的政策执行前的数据，2013 年及其之后为政策执行后的数据。2011~2013 年为 2014 年实施净化养鸡场的政策执行前的数据，2014 年及其之后为政策执行后的数据。然后，对三组数据分别进行计量模型分析。此外，为了区分不同病种净化的政策效应，本节还给出了开展禽白血病和鸡白痢净化的估计结果。

二、模型分析结果

表 7 - 9 给出了疫病净化对养鸡场净收益影响的倾向性分值匹配 + 倍差的回归结果。从表中可以看到，2012 年开展禽白血病净化、2013 年开展鸡白痢净化、2014 年开展疫病净化以及 2014 年开展鸡白痢净化这四个模型的概率 P 值未通过显著性检验。其主要原因为：2012 年开展禽白血病净化的养鸡场以及 2013 年开展鸡白痢净化的养鸡场因其政策实施前的样本数量较少，无法有效地与政策实施后的样本进行比对分析，从而导致了模型的显著性未通过。同理，2014 年开展疫病净化的养鸡场以及开展鸡白痢净化的养鸡场，因其政策实施后的样本量较少，无法有效地与政策实施前的样本进行比对分析，从而导致了模型的显著性未通过。

对此，本节将重点讨论概率 P 值通过显著性检验的五个模型结果。由表 7 - 9 结果可知，2013 年开展禽白血病净化的养鸡场，其净收益较未净化养鸡场有了显著的增加，平均每万只鸡的净收益增加了约 42 万元，与上文双重差分模型（前后两年）的分析结果类似。而剩余四模型中的政策效应均不显著，可能的原因是采用 PSM + DD 的分析方法，需要为处理组每一个养鸡场寻找与之相配的养鸡场。而在调查样本中，某些已净化养鸡场的饲养规模较大，经营管理水平明显高于对照组养鸡场，从而使得这类养鸡场很难在对照组中找到合适的匹配对象，因此导致这类养鸡场很难在本节选取的控制组中找到合适的匹配样本，从而使得回归结果不显著。

三、假设检验结果

前文提到共同支撑假设和条件独立性假设是使用 PSM 法的必要条件，是否满足上述两个假设将直接影响匹配的质量[183]2-15。在本节中，大多数观测值均在共同取值范围内，只有少量的样本有所损失。以 2013 年实施疫病净化的样本组为例，分别仅有 7 个（疫病净化）和 6 个（禽白血病净化）无法进行匹配，由此也间接说明匹配效果较好。此外，结合本章的理论分析，在协变量的选择上，严格按照所需变量完成了匹配，基本涵盖了所有对净收益产生影响的因素，进而满足了条件独立性假设的要求。

表 7 – 9　疫病净化对养鸡场净收益的影响结果（PSM + DD）

变量	2012 年			2013 年			2014 年		
	疫病净化	禽白血病净化	鸡白痢净化	疫病净化	禽白血病净化	鸡白痢净化	疫病净化	禽白血病净化	鸡白痢净化
净化前后	– 8.887	1.888	3.225	– 17.50	– 17.66	– 12.30	5.322	– 14.97	0.718
	(26.56)	(20.19)	(23.646)	(23.67)	(15.16)	(27.398)	(22.78)	(13.88)	(21.555)
是否净化	15.89	– 12.97	– 66.552**	4.551	11.55	– 16.15	– 6.397	30.322**	27.787*
	(33.55)	(25.54)	(28.954)	(25.70)	(16.48)	(27.775)	(15.79)	(12.81)	(15.576)
政策效应	34.43	28.43	45.73	47.45	42.113**	48.18	24.809*	10.89	– 12.09
	(37.53)	(28.55)	(33.437)	(32.91)	(21.12)	(38.080)	(14.88)	(19.53)	(30.156)
常数项	59.184**	62.935***	78.670***	79.298***	70.487***	89.781***	49.016***	62.598***	53.747***
	(23.72)	(18.056)	(20.474)	(18.18)	(11.76)	(19.903)	(10.50)	(9.198)	(11.014)
样本量	316	370	219	325	617	261	305	532	249
F	3.123	0.998	3.089	2.233	5.732	0.766	2.002	4.831	1.222
P	0.026	0.394	0.028	0.084	0.001	0.514	0.114	0.003	0.302

注：***、**、* 分别表示在 99%、95%、90% 的置信水平下显著，括号内为标准误。为了提高匹配的质量和效率，表中对净收益进行了双侧 2.5% 的缩尾处理。

数据来源：笔者根据实地调研数据，经计算得到。

表 7 – 10 和表 7 – 11 分别给出了 2013 年开展疫病净化以及 2013 年开展禽白血病净化的平衡性检验结果。由表可知，在完成匹配后，样本全部控制变量的标准化偏差明显变小，并且其绝对值大都小于 15%。由 t 值的结果可知，匹配后的已净化与未净化养鸡场的控制变量已经不存在系统性差异，这表明很难再由控制变量影响养鸡场的净收益，其净收益的差异主要由是否开展疫病净化所造成。

此外，从模型总体拟合优度统计量（见表 7 – 12）中不难发现，已净化与未净化养鸡场进行匹配后，Pseudo R^2 的值有了显著下降，LR 统计量以及概率 P 值也不再显著，这说明采用匹配的方法可以有效平衡两组样本控制变量的分布，即两组样本的平衡性得到了保证[184]32 – 43。

表 7-10　2013 年开展疫病净化匹配前后控制变量平衡性检验结果

变量	类型	均值		标准化偏差（%）	标准化偏差变化（%）	t 值
		处理组	对照组			
营业收入	匹配前	191.1	173.9	6.1	-10.7	0.44
	匹配后	175.8	194.7	-6.8		-0.50
饲料投入	匹配前	21.18	23.30	-20.2	49.1	-1.76*
	匹配后	21.02	19.94	10.3		0.67
人力投入	匹配前	7.588	4.750	34.6	99.5	3.94***
	匹配后	6.404	6.388	0.2		0.02
疫病净化投入	匹配前	1.429	0.199	56.6	90.3	6.76***
	匹配后	0.867	0.747	5.5		0.59
其他投入	匹配前	18.73	12.80	36.2	52.2	3.42***
	匹配后	17.69	14.85	17.3		1.09

注：***、**、*分别表示在99%、95%、90%的置信水平下显著。

数据来源：笔者根据实地调研数据，经计算得到。

表 7-11　2013 年开展禽白血病净化匹配前后控制变量平衡性检验结果

变量	类型	均值		标准化偏差（%）	标准化偏差变化（%）	t 值
		处理组	对照组			
营业收入	匹配前	177.0	172.4	1.7	-1523	0.13
	匹配后	163.1	237.6	-28.4		-1.55
饲料投入	匹配前	21.03	24.52	-35.6	65.9	-3.32***
	匹配后	20.92	22.11	-12.1		-0.84
人力投入	匹配前	6.947	5.136	22.6	72	2.98***
	匹配后	6.150	6.657	-6.3		-0.52
疫病净化投入	匹配前	1.302	0.272	53.6	96.1	8.30***
	匹配后	0.856	0.816	2.1		0.24
其他投入	匹配前	13.27	12.52	6.4	12.7	0.53
	匹配后	12.56	11.92	5.6		0.44

注：***、**、*分别表示在99%、95%、90%的置信水平下显著。

数据来源：笔者根据实地调研数据，经计算得到。

表 7 - 12 **2013 年开展净化工作匹配前后模型总体拟合优度统计量**

拟合优度统计量	2013 年开展疫病净化		2013 年开展禽白血病净化	
	匹配前	匹配后	匹配前	匹配后
Pseudo R^2	0.131	0.011	0.139	0.015
LR 统计量	58.54	2.490	82.01	3.870
P 值（P > χ^2）	0.000	0.778	0.000	0.568

四、结果讨论

通过以上分析可以发现，三种方法估计的结果虽然方向相同，但所得的系数存在差异，其主要原因如下：

基于固定效应模型的分析，该部分内容给出了 2011～2015 年已净化与未净化养鸡场每万只鸡净收益的平均差值，利用的是全样本，所得结论代表性最强。

基于双重差分模型的分析，由于该方法需要考虑养鸡场疫病净化前及净化后的数据，而 2011 年开展疫病净化的养鸡场缺少净化前的数据，2015 年开展疫病净化的养鸡场缺少净化后的数据，所以这两年数据没有放入模型展开分析。因此，该部分主要讨论了 2012 年、2013 年、2014 年开展疫病净化对养鸡场净收益的影响。此外，从数据结构的角度来考虑，剩余三年数据属于"两组多期"的结构，即处理组中执行政策的时间点不同。对此，该部分主要参考了刘玉梅等[178]106-110的研究，忽略时间影响，单纯比较政策实施后某年的经济效应①。即开展疫病净化第二年（前后一年）与同期未净化养鸡场每万只鸡净收益之间的差别，以及开展疫病净化第三年（前后两年）与同期未净化养鸡场每万只鸡净收益之间的差别。这与固定效应模型在分析视角上以及样本选择上均存在差异，由此出现了不同的回归结果。

基于倾向性分值匹配 + 双重差分模型的分析，同样因 2011 年开展疫病净化的养鸡场缺少净化前的数据，2015 年开展疫病净化的养鸡场缺少净化后的数据，所以这两年数据没有进入模型展开分析。此外，考虑到倾向性分值匹配法的前提假设，该部分主要依照不同净化年份展开分析，即划分为 2012 年开展疫病净化、2013 年开展疫病净化、2014 年开展疫病净化三个样本组。其中，以 2012 年开展

---

① 这里经济效应的货币变量，均以 2011 年为基期，剔除了通货膨胀的影响。

疫病净化组为例，2011 年为其净化之前的数据，2012～2015 年为其净化之后的数据①。同理，其余两组数据全部采用了相同的处理方式。由此可知，该部分内容主要回答了 2012 年、2013 年、2014 年开展疫病净化的养鸡场与匹配成功的未净化养鸡场同期每万只鸡净收益的平均差值。相比固定效应模型以及双重差分模型，估计的精度有所提升，但在样本数量的利用上却有所降低②。另外，从匹配效率的角度来看，2013 年开展疫病净化的样本组效率最高，主要因为政策实施前后的样本数量相对均等，能够形成有效的对照，因此也成为了前文讨论的重点。

除上述原因外，从每万只鸡净收益差值变化的角度来看，已净化与未净化养鸡场每万只鸡净收益的平均差值约为 4 万元，且随着净化时间的推移，二者之间的差距越来越大。根据动态回归的结果，开展疫病净化的第一年，已净化养鸡场每万只鸡的净收益较同期未净化养鸡场平均增加了 4 万元。而根据双重差分模型的分析结果，开展疫病净化的第二年（前后一年），已净化养鸡场每万只鸡的净收益较同期未净化养鸡场平均增加了 12 万元。开展疫病净化的第三年（前后两年），已净化养鸡场每万只鸡的净收益较同期未净化养鸡场平均增加了 43 万元。

值得注意的是，开展疫病净化的第三年，已净化养鸡场的每万只鸡净收益较同期未净化养鸡场有了明显的增加，相比净化第二年差值的增幅为 31 万元。这主要因为双重差分模型（前后两年）的政策执行年为 2013 年，而在当年全国大范围内遭受了禽流感的影响，使得大量鸡群遭到扑杀、深埋以及无害化处理，导致家禽市场波动较大，家禽产品价格暴跌[58]104-107，家禽养殖企业损失惨重。根据本书第六章成本收益分析的结果，2013 年未净化养鸡场的平均净收益率为 −20.78%，而已净化养鸡场的平均净收益率仅为 −0.44%，二者之间相差 20.34%。由此说明在遭受重大疫情的情况下，已净化养鸡场抗击市场风险的能力更强，能够避免更多的经济损失。此外，再结合本章理论分析中两类养鸡场收入差异的原因，这就能很好地解释了为什么二者之间每万只鸡净收益的差异逐步放大。从更深层次的角度来理解，当出现"极端市场"时，疫病净化的经济效应将会放大。

---

　　① 此处将 2012～2015 年的数据混在一起进行分析，主要基于两方面的考虑：一是仅放某一年的数据，处理组样本数量较少，无法形成有效匹配；二是本节所有货币变量都以 2011 年为基期，剔除了通货膨胀的影响，从而保证不同年份的货币变量均具备相等的价值。

　　② 损失了一些未匹配成功的样本。

此外，结合倾向性分值匹配＋双重差分模型的分析结果，以 2013 年开展疫病净化的样本组为例，2013 年开展疫病净化的养鸡场与匹配成功的未净化养鸡场同期每万只鸡净收益的平均差值约为 47 万元，但不显著。不过，从净化不同病种的角度来看，2013 年开展禽白血病净化的养鸡场与匹配成功的未净化养鸡场同期每万只鸡净收益的差值在 95％ 的置信水平下显著，平均差额约为 42 万元。而 2013 年开展鸡白痢净化的养鸡场虽比匹配成功的未净化养鸡场同期每万只鸡的净收益有所提升，但不明显。当然这不难理解，结合本书第四章、第五章的分析结果，禽白血病净化对鸡群健康的积极影响要比鸡白痢净化大，并且禽白血病净化带来抗生素费用的降幅也更为明显，所以出现了上述结果。

第七节　本章小结

本章通过对全国 297 个规模化养鸡场 2011～2015 年的调查，运用固定效应模型、双重差分模型以及倾向性分值匹配＋双重差分模型讨论了疫病净化与养鸡场净收益之间的关系。结果表明，养鸡场开展疫病净化后净收益有了明显提升。具体来看：

第一，养鸡场开展疫病净化后，每万只鸡的平均净收益比未净化养鸡场超出约 4 万元。从净化不同病种的角度来看，养鸡场开展禽白血病净化获得的净收益高于开展鸡白痢净化，其差额约为 1 万元。

第二，开展疫病净化的第一年，养鸡场的净收益有了明显的增加，每万只鸡的净收益较净化之前平均增加了约 4 万元。但自疫病净化的第二年开始，这种增幅逐渐放缓且不明显。不过，一些坚持净化五年以上的养鸡场经济效益反而有了显著提升，这表明疫病净化是一项持续性的工作，并非仅在早期容易实现预期的净化目标，长期维持同样可以获得可观的经济效益。

第三，基于双重差分的分析视角，发现养鸡场开展疫病净化的前后一年，较同期未净化养鸡场每万只鸡的净收益平均增加了约 12 万元。开展疫病净化的前后两年，较同期未净化养鸡场每万只鸡的净收益平均增加了约 43 万元。基于倾向性分值匹配＋双重差分的分析视角，2013 年开展禽白血病净化的养鸡场，较同期匹配成功的未净化养鸡场其净收益有了显著的增加，平均每万只鸡的净收益增加了约 42 万元。然而，2013 年开展鸡白痢净化的养鸡场，较同期匹配成功的未净化养鸡场其净收益虽有所增加，但并不显著。

　　本章结论的现实意义在于：养鸡场采用疫病净化技术后，一方面，企业显性的经济效益有了明显的提高，增强了持续经营的能力。另一方面，隐性地提升了企业所售产品的质量，进而更好地契合市场需求，优化产品供给结构。同时，这也为全国推行疫病净化政策提供了经验支持，本书按照种鸡存栏 15 亿只（2015年）来估算，每年将额外创造收益 60 亿元，增幅较为显著。另外，这还为国家畜牧业的供给侧结构性改革提供了方向支持，以此提高我国家禽产品的国际市场竞争力。

第八章 疫病净化对养鸡场生产效率的影响分析

第六章和第七章分别给出了养鸡场开展疫病净化后，成本、收入及利润的变动情况，以对养鸡场净收益的影响情况，但尚未明晰动物疫病净化与养鸡场绩效之间的关系。例如，某些养鸡场开展疫病净化后，一旦遭遇经营困难所表现的生产低效率，将直接影响它们继续参与的意愿。由此，提出了本章的研究目标，通过考察疫病净化与养鸡场生产效率之间的关系，重点讨论开展疫病净化后养鸡场的生产效率是否有了显著提升，从而为养鸡场提供疫病净化对生产效率影响的结论。

第一节 文献回顾

目前，已有很多学者将养殖场的生产效率作为衡量疫病净化与防控效果的一项重要指标。其中，生产效率的提高是指养殖场有效地利用各种投入品，提升饲养动物的数量和质量[185]1336-1347。自 20 世纪 80 年代以来，美国实施了兽医健康管理计划（VHHM①）[186-187]1-10,55-60，后来一些国家也纷纷效仿建立了本国的VHHM[115]478-486。该计划旨在将动物生产与福利、疫病预防与控制、公共健康与卫生相结合[188-189]162-169,1267-1279，通过改进农场的生产与管理实践，最大限度地提升畜群的健康水平和农场的生产效率[190-191,188]51-55,44-52,162-169。

随后，一些学者对该项计划的影响进行了评估。例如，在 20 世纪 80 年代Williamson[192]573-576的一项为期四年的对照试验结果显示，参与该计划的试验农场的经济效益显著地增加，每头母牛的净收益远高于对照农场，并且奶牛的平均

---

① 类似于我国的动物疫病净化政策

产犊间隔变短，体细胞计数变低，这些农场的生产效率有了明显提高。Sol等[193]149-157发现加入VHHM两年后，试验农场比对照农场每头牛的净利润高80欧元，成本收益比可达1∶5。但与此相反的是，近几年的研究显示，Hässig等[113]470-476通过对奥地利11个参与计划的牛群与11个常规牛群进行对比发现，两组的产奶量均呈稳定增长的趋势，试验牛群的产犊间隔没有显著减少。后来，Derk等[115]478-486利用荷兰572个农场2008~2012年的财务数据，采用随机前沿分析法研究参加VHHM是否会影响农场的生产效率，结果发现二者之间的关系不显著，说明参与该计划并未对这些农场的生产效率造成影响。

国内学者尚未直接探讨疫病净化与养殖场绩效之间的关系，现有研究主要分析了疫病净化对动物健康和成本收益的影响。例如，一些学者的研究结果表明，养殖场开展动物疫病净化后，可有效降低动物的疫病发病率和死亡率[194]1709-1719，提升动物的后代繁育能力[195]1427-1434，减少兽药的使用[196]82-96，使养殖场的收入有所增加[197]231-238，间接佐证了疫病净化可能会提高养殖场的生产效率。

由上述文献结论可知，在参加该计划的早期农场生产效率有了明显的提升，随着计划的持续推进，这种差异逐渐缩小直至消失，有学者认为是饲养者通过其他信息渠道获得了指导，进行农场的日常管理[115]478-486。就中国而言，国务院从2012年开始推行疫病净化政策，在净化的初期养殖场生产效率的变化是否与兽医健康管理计划的情况类似？随后这种变化是否随时间而改变？有待做进一步地分析与验证。此外，已有研究表明一些养殖场没有参与VHHM的主要原因是回报低、成本高，时间消耗太久，绩效不明显[198]734-740。同理，我国尚未进行疫病净化的养殖场是否也是相同的原因？还是其他方面的原因？如果研究结果可以显示动物疫病净化对养殖场的生产效率呈正向影响[199-200]318-323,1-8，将有利于向未净化养殖场推广此项措施[116]1-9，提高参与的积极性[201-202]138-150,284-295，并根据自身的实际情况做出合理的决策[203]1-12。

基于上述结论，本章选取规模化养鸡场作为研究对象，禽白血病和鸡白痢为具体净化的病种，以此考察疫病净化与养鸡场生产效率之间的关系，并重点讨论疫病净化是否降低了养鸡场的技术无效率，从而为养鸡场提供疫病净化对生产效率影响的有关结论。本章的具体分析思路为：首先，建立随机前沿生产函数和技术效率损失函数。其次，分析随机前沿生产函数和技术效率损失函数估计的结果，识别技术效率损失值的时序变化，判断禽白血病是否净化、鸡白痢是否净化、其他疫病是否净化以及是否降低了养鸡场的技术效率损失。再次，分析疫病净化对不同类型养鸡场技术效率损失的影响程度。最后，讨论疫病净化对不同地区养鸡场技术效率损失的影响程度，并分析出现不同影响的原因。

第二节　疫病净化对养鸡场生产效率的影响机理

常见测量养鸡场生产绩效的标准主要有两个：一是收入边界，二是利润边界。鉴于收入是养鸡场的重要经营成果，是获得利润的前提基础，有助于养鸡场深入了解和分析市场需求变化，以便做出正确的经营管理决策。因此，本章选取养鸡场的收入作为评价生产表现的标准。

在本章中，研究假设养鸡场面临的是由 $p = (p_1, \cdots, p_M) \in R_{++}^M$ 所决定的非负产出价格向量，并且尝试用可支配的投入向量 x（如土地、劳动力、饲料等）实现收入 $p^T y = \sum_M p_M y_M$ 最大化。假定养鸡场的收入有效性用函数 RE（x, y, p）$= p^T y/r(x, p)$ 来表示，那么收入有效性可以用实际收入与最大收入比率来衡量[204]30-34。图 8 - 1 给出了养鸡场产品价格为 p^A 时，以投入 x^A 来生产产出 y^A 的情况，那么收入的有效性可由真实收入 $p^{AT} y^A$ 与最大收入 $r(x^A, p^A) = p^{AT} y^E$ 的比率来衡量，在图 8 - 2 中用 $r(x, p^A)$ 描绘了相同的情况。

由图 8 - 1 和图 8 - 2 可知，收入的有效性数值被限制在 0 和 1 之间，当且仅当实现最大化产出向量时，才能达到顶部边界。那么，未能实现收入最大化的核

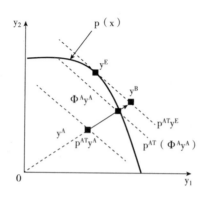

图 8 - 1　收入有效性的测度和分解（M = 2）

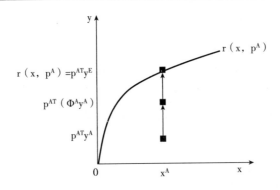

图 8 - 2　收入有效性的测度和分解（M = 1）

心原因就是存在产出导向型技术无效。本章产出导向型技术有效性可用TE_0（x^A，y^A）= $p^{AT}y^A/p^{AT}$（$\Phi^A y^A$）=（Φ^A）$^{-1}$来测度，其中收入有效性可表示为在y^A下的收入与y^E下的收入的比率，而产出导向型技术有效性则可表示为在y^A下的收入与$\Phi^A y^A$下的收入的比率（等同于y^B下的收入）。

就养鸡场的实际经营情况来看，鲜有养鸡场的经营收入可以达到顶部边界。除了必要的要素投入劳动和资本外，经常被忽视的技术无效也会对实际收入产生影响，进而影响了收入的有效性。假设TE_1（x^A，y^A）= $1 -$（Φ^A）$^{-1}$为养鸡场在收入为y^A的技术无效率项，那么一些影响技术无效率的因素（如养殖规模、饲养密度、日常管理等）将是提升养鸡场经营绩效的重点。

因此，在剔除传统要素投入的基础上，结合已有文献，把疫病净化作为影响因素探讨其是否对养鸡场的技术无效产生显著影响。如果影响显著为正，将可以为养鸡场提供一个改进技术无效的途径，增加收入的有效性。同时，也为疫病净化政策的全国范围推广奠定理论基础。

第三节　分析方法与指标

一、样本描述

图 8 - 3 给出了 2011 ~ 2015 年养鸡场的营业收入情况。由结果可知，2011 年已净化养鸡场与未净化养鸡场的营业收入较为接近，差额仅为 90.75 万元。2012

年，两种养鸡场的营业收入开始有了明显差异，差值约为700万元。2013年受全国范围内禽流感的影响，两种养鸡场的营业收入都有了显著的降幅。相比而言，未净化养鸡场在2013～2015年的营业收入变动不大，但已净化养鸡场2014～2015年的营业收入较2013年有了一定的提升，两种养鸡场的营业收入差距有了进一步的拉大。总体来看，已净化养鸡场2011～2015年的营业收入高于未经化养鸡场，并且二者之间的差别呈逐渐扩大的趋势。

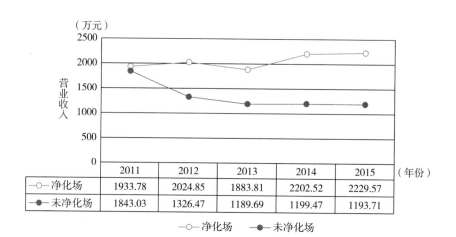

图8-3 2011～2015年养鸡场营业收入情况

二、模型设定

评估生产效率的研究方法主要有数据包络分析方法（DEA）和随机前沿分析法（SFA）。数据包络分析法以各个决策主体的相对有效性为指标，评价具备相同类型的多个投入和产出的若干决策主体是否相对有效的传统方法[205]109-112。随机前沿分析法是一种经济方法，将前沿函数拟合为生产数据，然后使用估计边界的经验观测距离来测量单个观察值在从给定输入集合产生输出时的效率[115]478。就本书而言，SFA的主要优点是将实际生产的产出区分为生产函数、随机扰动和技术无效率三个部分，即考虑了随机扰动对生产效率的影响，而DEA仅仅把真实产出和最大产出的差别全部归因于技术效率[206]25-28，并不能识别各个投入要素的贡献，因此本章最终选用了随机前沿分析法。

目前，已有部分文献采用随机前沿分析法研究养殖场的生产效率。例如，

Khumbakar 等[207]279-286通过研究奶牛农场的技术效率和配置效率，进而分析农场的生产效率，研究结论表明大农场比中小农场技术效率更高，农民的受教育水平偏低是造成技术效率低下的重要原因。后来，Álvarez 等[161]3693-3698讨论了集约化对奶牛农场生产效率的影响，发现集约农场的生产效率无限接近边界，并得出集约化与农场效率存在正相关关系。潘丹等[208]389-392利用《全国农产品成本收益资料汇编》中的宏观数据对全国蛋鸡产业的技术效率进行分析，发现该产业正处于规模报酬递减阶段，养殖规模、农民受教育程度、防疫水平对蛋鸡生产的技术效率呈正向影响。朱宁[209]71-80通过分析清粪方式对蛋鸡养殖户生产效率的影响，认为清粪频率越高，生产效率也会越高，并且饲养者个体特征、是否参加过政府培训、养殖规模、饲养年限等会对生产效率产生影响。此外，在其他要素不变的情况下，规模养殖模式的技术效率明显高于散养模式，且规模养殖模式的产出效率更为稳定[210]64-73。

1. 随机前沿生产函数

具体到本章，我们参考了 Battese 和 Coelli[211]325-332的研究思路，将随机前沿分析方法应用到面板数据的分析。所选用的生产函数为：

$$y_i = f(x_i, \beta) + \varepsilon_i \tag{8-1}$$

在式（8-1）中，y_i表示的是第 i 个养殖企业的生产产出，x_i表示的是第 i 个养殖企业的投入要素，β 为待估计参数值，ε_i表示模型中的误差项，并且$\varepsilon_i = v_i - u_i$。$v_i$表示养殖企业在生产过程中不能控制的因素，用来识别测量误差和随机干扰的效果，例如统计误差、自然灾害等，且v_i服从 $N(0, \sigma_v^2)$；u_i表示的是养殖企业的生产技术无效率部分，即企业产出与生产可能性边界的距离，u_i服从截尾正态分布，即$u_i \geq 0$，$u_i \sim N(m_i, \sigma_u^2)$。根据过往研究的经验，模型采用了极大似然法展开估计，并利用 Aigner 等[212]21-37提供的似然函数：

$$\ln L(y \mid \beta, \sigma_v, \varphi) = N\left[\ln \frac{1}{\varphi} + \frac{1}{2}\left(\frac{\sigma_v}{\varphi}\right)^2\right] + \sum_{i=1}^{N}\left[\ln F^*\left(\frac{-\varepsilon_i}{\sigma_v} - \frac{\sigma_v}{\varphi}\right) + \frac{\varepsilon_i}{\varphi}\right]$$

$$\tag{8-2}$$

在式（8-2）中，$\varphi = \sigma_u$且F^*表示服从标准正态分布的累积分布函数。值得注意的是，由于无法直接观测随机误差u_i，因此 Schmidt 和 Jondow[213]233-238认为养殖企业的生产无效率可以利用给定ε_i下的u_i条件分布来估计。如果u_i服从指数分布，那么估计形式可以表示为式（8-3）：

$$E\left(u_i \mid \varepsilon_i\right) = \sigma_v\left\{\frac{f^*\left(\frac{\varepsilon_i}{\sigma_v}\bigg/\frac{\sigma_v}{\varphi}\right)}{1 - F^*\left(\frac{\varepsilon_i}{\sigma_v}\bigg/\frac{\sigma_v}{\varphi}\right)}\right\} - \left(\frac{\varepsilon_i}{\sigma_v}\bigg/\frac{\sigma_v}{\varphi}\right) \tag{8-3}$$

在式（8-3）中，f^* 和 F^* 分别表示标准正态密度函数和累积分布函数。当已知 $E\left(u_i \mid \varepsilon_i\right)$ 时，养殖企业的生产技术效率可以由 $\exp\left[-E\left(u_i \mid \varepsilon_i\right)\right]$ 估计得出[214]58-65。

在随机前沿模型具体函数形式的选择方面，过往文献较为常用的有柯布-道格拉斯（Cobb-Douglas）生产函数和超越对数（Translog）生产函数。在本章中，由于研究尚未确定养鸡场的技术进步和投入要素替代弹性情况，而超越对数生产函数可以较好地反映养鸡场各个投入要素之间的关系、技术进步的差异，以及技术进步伴随时间的变动等，能够有效地提高对生产效率增长率估计的准确性。因此，本章最终选择了超越对数形式的随机前沿生产函数作为本研究计量模型形式。考虑到"技术效率不随时间而变"的假定对于养鸡场持续五年的经营可能不现实，因而本章采用了随机效应的时变衰减模型进行计量估计。其具体模型形式设定如式（8-4）所示：

$$\ln Y_{it} = \beta_0 + \sum_{n=1}^{3}\beta_n \ln x_{nit} + \frac{1}{2}\sum_{n=1}^{3}\sum_{j=1}^{3}\beta_{nj}\ln x_{nit}\ln x_{jit} + \frac{1}{2}\sum_{n=j=1}^{3}$$
$$\beta_{nj}\left(\ln x_{nit}\right)^2 + V_{it} - U_i \tag{8-4}$$

在式（8-4）中，Y_{it} 是养鸡场的营业收入（万元/年）；x_{it} 表示劳动力投入（人/年）、饲料投入（吨/年）、中间投入（万元/年）（包括疫苗费用、诊疗费用、土地使用成本，动力费用、日常消耗品费用、病死鸡无害化处理费用等）。V_{it} 是服从分布为 $N\left(0, \sigma_v^2\right)$ 的随机干扰误差项，用来识别模型的测量误差和随机扰动的效果；U_i 为技术无效率项，体现养鸡场的技术效率降低程度，U_i 是服从独立的截断正态分布 $N\left(m_i, \sigma_u^2\right)$。

2. 技术效率损失函数

在 $N\left(m_i, \sigma_u^2\right)$ 中，m_i 为技术效率损失函数，它的值越大，表示技术效率损失越高，即技术效率值越低。其中，m_i 可以具体表示为式（8-5）：

$$m_i = \delta_i Z_i \tag{8-5}$$

在式（8-5）中，Z_i 为影响第 i 个养鸡场技术效率的变量，δ_i 为待估参数。由于 m_i 反映着养鸡场技术无效率降低的程度。因此，δ_i 为负说明该变量对养鸡场技术效率有正向影响，反之亦然。影响养鸡场生产技术效率的因素很多，主要包括自然环境、社会经济条件、养鸡场自身特征等。综合已有的文献[208-209]389-392，以及考虑数据的可获得性，本章将技术效率损失函数设置为如下形式：

$$m_i = \alpha_0 + \alpha_1 D_i + \alpha_2 T_i + \alpha_3 M_i + \alpha_4 jcsj_i + \alpha_5 lnc_i + \alpha_6 jcbj_i + \alpha_7 zfbt_i + \alpha_8 js_i +$$

$$\alpha_9 md_i + \alpha_{10} ym_i + \alpha_{11} sc_i + \alpha_{12} fy_i + X'_i \gamma + \varepsilon_i \qquad (8-6)$$

在式（8-6）中，D_i 表示养鸡场的鸡白痢是否净化，T_i 表示禽白血病是否净化，M_i 表示其他疫病是否净化，反映疫病净化对养鸡场技术无效率的影响；$jcsj_i$ 表示养鸡场的建场时间，c_i 表示饲养规模，$zfbt_i$ 表示是否获得政府补贴，js_i 代表技术人员数量，上述四个指标反映养鸡场的基本特征对技术无效率的影响；md_i 表示 7 周龄以上动物的饲养密度，ym_i 表示产蛋鸡注射疫苗的次数，sc_i 表示生产档案每月的登记频率，fy_i 表示防疫档案每月的登记频率，上述四个指标反映养鸡场的日常管理对技术无效率的影响；X'_i 为一系列控制虚拟变量，包括养鸡场的类型、代次、区域以及年份；ε_i 为随机扰动项。

三、变量选择

（1）因变量。本章选取养鸡场的营业收入①作为被解释变量，主要核算三方面内容，主营业务收入（销售各个成长阶段鸡）、其他业务收入（出售鸡蛋、粪便、废弃物等）以及政府补贴收入。

（2）自变量。本章的核心解释变量为养鸡场是否开展禽白血病净化、是否开展鸡白痢净化以及是否开展其他疫病净化，该变量为虚拟变量，0 表示未净化，1 表示已净化。

（3）要素投入。依据养鸡场在实际经营过程中主要的要素投入[207-208]279-286,389-392，将其分为三个部分，饲料投入、人力投入，以及中间投入（主要包含疫病净化费用、疫苗费用、诊疗费用、动力费用、无害化处理费用等）。

（4）养鸡场基本特征。根据 Khumbakar 等[207]279-286、潘丹等[208]389-392 以及朱宁[209]71-80 的研究成果，养殖场的饲养规模、养殖年限、是否享受补贴等对生产

---

① 此处的营业收入，本章以 2011 年为基期，各省食品类居民消费价格指数（2011～2015 年的 Wind 资讯）消除物价变动的影响。同理，下文的要素投入也采用了相同的方式剔除通货膨胀的影响。

效率产生了显著影响。由此，本章选取了建场时长、饲养规模（年末存栏量）、是否享受政府补贴以及技术人员数量体现养鸡场的基本特征。

（5）养鸡场日常管理。潘丹等[208]389-392的结论表明，防疫水平对养鸡场的生产效率产生显著正向影响。朱宁[209]71-80发现养鸡场的日常管理越严格，其生产效率越高。据此，本章选用了饲养密度（7周龄以上）、产蛋鸡注射疫苗次数、生产档案登记频率、防疫档案登记频率来反映养鸡场的日常管理状况。

（6）控制虚拟变量。张锐等[194-197]1709-1719,1427-1434,82-96,231-238的研究结果发现，疫病净化对不同类型、代次、地区和年份养鸡场的鸡群健康状况以及成本收益情况产生的影响各异。同理，是否也会对生产效率产生不同的影响值得深入探讨。对此，本章设置了类型（蛋鸡、肉鸡）、代次（祖代及以上场、父母代场、商品代场、混合代场）、区域（华北、华东、华中、华南、西南、西北、东北）和时间（2011～2015年）虚拟变量，分别以"蛋鸡场""祖代及以上场""华北地区""2011年"为对照组，用来比较它们之间的差异。

表 8 - 1　变量定义及描述统计（生产效率）

分类	变量名称	变量解释	均值	标准差
因变量	营业收入	万元/年	1821	3884
要素投入	劳动力	人/年	46.92	72.15
	饲料投入	吨/年	254525	360857
	中间投入	万元/年	152.2	268.3
疫病净化	是否开展鸡白痢净化	0=否，1=是	0.633	0.482
	是否开展禽白血病净化	0=否，1=是	0.390	0.488
	是否开展其他疫病净化	0=否，1=是	0.080	0.271
养鸡场特征	建场时长	年	8.893	7.263
	饲养规模	万只/年	11.57	18.02
	是否享受政府补贴	0=否，1=是	0.316	0.465
	技术人员数量	人/年	3.861	5.716
养鸡场日常管理	饲养密度（7周龄以上）	只/平方米	11.33	6.455
	产蛋鸡疫苗注射次数	次/年	8.807	6.405
	生产档案登记频率	次/月	21.30	12.38
	防疫档案登记频率	次/月	14.14	11.60

续表

分类	变量名称	变量解释	均值	标准差
控制虚拟变量	养鸡场类型	1 = 蛋鸡场（对照组）		
		2 = 肉鸡场	0.429	0.495
	养鸡场代次	1 = 祖代及以上场（对照组）		
		2 = 父母代场	0.604	0.489
		3 = 商品代场	0.093	0.290
		4 = 混合代场	0.122	0.327
	养鸡场所处区域	1 = 华北地区（对照组）		
		2 = 华东地区	0.251	0.434
		3 = 华中地区	0.124	0.330
		4 = 华南地区	0.056	0.231
		5 = 西南地区	0.179	0.383
		6 = 西北地区	0.090	0.287
		7 = 东北地区	0.127	0.333
	年份	1 = 2011 年（对照组）		
		2 = 2012 年	0.189	0.392
		3 = 2013 年	0.205	0.404
		4 = 2014 年	0.213	0.409
		5 = 2015 年	0.218	0.413

数据来源：笔者根据实地调研数据，经计算得到。

第四节　基于全部养鸡场的估计结果

本节首先利用养鸡场2011～2015年的面板调查数据，利用随机前沿生产函数和技术效率损失函数展开分析，以此识别疫病净化是否降低了养鸡场的技术无效率。表8-2和表8-3分别为随机前沿生产函数和技术效率损失函数估计的结果。

表8-2分别显示了最小二乘估计（OLS）、随机前沿估计（FT）、随机效应估计（RE）以及面板随机前沿估计（XTFT），即式（8-4）的结果。其中，无效

表 8 - 2 随机前沿生产函数的估计结果

变量	OLS	FT	RE	XTFT
劳动力投入	1.601***	0.771**	2.593***	2.366***
	(0.418)	(0.304)	(0.763)	(0.371)
饲料投入	-0.245*	-0.385***	-0.133	-0.042
	(0.141)	(0.104)	(0.192)	(0.124)
中间投入	0.083	0.298	-0.194	0.001
	(0.185)	(0.181)	(0.437)	(0.216)
劳动力投入平方	0.031	0.093***	-0.157	-0.061
	(0.047)	(0.034)	(0.166)	(0.068)
饲料投入平方	0.057***	0.049***	0.071***	0.065***
	(0.006)	(0.004)	(0.012)	(0.005)
中间投入平方	0.028	0.033	0.0850	0.110***
	(0.027)	(0.022)	(0.081)	(0.036)
劳动力投入×饲料投入	-0.119***	-0.057*	-0.147***	-0.144***
	(0.032)	(0.030)	(0.051)	(0.034)
劳动力投入×中间投入	-0.030	-0.098**	0.0880	-0.008
	(0.064)	(0.045)	(0.213)	(0.083)
饲料投入×中间投入	-0.011	-0.008	-0.054***	-0.063***
	(0.015)	(0.018)	(0.018)	(0.017)
常数项	0.076	3.365***	-3.245*	0.890
	(1.197)	(0.832)	(1.670)	(1.082)
无效率项		0.568***		0.637***
		(0.032)		(0.069)
eta				0.012***
				(0.004)
N	1238	1238	1238	1238
Loglikehood	-1644	-1556		-1414
F	86.65			
P	0.000	0.000	0.000	0.000

注：有 156 个场次的养鸡场因财务数据缺失较多，故没有放入模型进行计算。***、**、*分别表示在 99%、95%、90% 的置信水平下显著，括号内为标准误。

数据来源：笔者根据实地调研数据，经计算得到。

表 8 - 3 全样本技术效率损失函数的估计结果

变量	OLS	FT	RE	XTFT
是否开展鸡白痢净化	0.232 ***	- 0.179 ***	0.199 **	- 0.183 ***
	(0.072)	(0.045)	(0.086)	(0.050)
是否开展禽白血病净化	0.029	0.034	- 0.024	- 0.019
	(0.065)	(0.037)	(0.076)	(0.042)
是否开展其他疫病净化	0.146 *	- 0.047	0.168	- 0.151 **
	(0.084)	(0.036)	(0.155)	(0.066)
建场时长	0.002	- 0.005 **	0.015 *	- 0.004 *
	(0.004)	(0.002)	(0.008)	(0.002)
饲养规模	0.003	- 0.001 **	- 0.006	- 0.001
	(0.002)	(0.001)	(0.005)	(0.001)
是否享受政府补贴	0.081	- 0.046	0.220 ***	- 0.013
	(0.062)	(0.037)	(0.080)	(0.046)
技术人员数量	0.008	- 0.001	0.022 **	- 0.006
	(0.007)	(0.002)	(0.011)	(0.004)
饲养密度（7 周龄以上）	0.022 ***	- 0.009 ***	0.025 ***	- 0.022 ***
	(0.004)	(0.002)	(0.010)	(0.004)
产蛋鸡疫苗注射次数	0.001	- 0.000	0.042 **	0.005
	(0.003)	(0.002)	(0.018)	(0.003)
生产档案登记频率	0.006 **	- 0.003	0.007	- 0.005 ***
	(0.003)	(0.002)	(0.005)	(0.002)
防疫档案登记频率	- 0.007 **	0.002	- 0.008	0.008 ***
	(0.003)	(0.002)	(0.006)	(0.002)
蛋鸡场（对照组）				
肉鸡场	0.215 ***	- 0.021	0.161	- 0.206 ***
	(0.056)	(0.030)	(0.122)	(0.040)
祖代及以上场（对照组）				
父母代场	- 0.109	- 0.015	- 0.176	0.075
	(0.089)	(0.056)	(0.168)	(0.058)
商品代场	- 0.053	- 0.133 **	- 0.116	0.078
	(0.119)	(0.065)	(0.251)	(0.082)
混合代场	0.015	- 0.088 *	0.121	- 0.095
	(0.096)	(0.051)	(0.198)	(0.066)

续表

变量	OLS	FT	RE	XTFT
华北地区（对照组）				
华东地区	0.199*	−0.119	0.393*	−0.161**
	(0.112)	(0.073)	(0.223)	(0.072)
华中地区	0.062	−0.076	0.217	−0.054
	(0.128)	(0.086)	(0.240)	(0.085)
华南地区	0.211	−0.126	0.438	−0.075
	(0.139)	(0.081)	(0.306)	(0.097)
西南地区	0.164	−0.118	0.327	−0.107
	(0.111)	(0.076)	(0.220)	(0.074)
西北地区	0.234**	−0.175***	0.413*	−0.223***
	(0.104)	(0.066)	(0.229)	(0.074)
东北地区	−0.203*	0.003	−0.169	0.181***
	(0.107)	(0.073)	(0.207)	(0.067)
2011年（对照组）				
2012年	−0.160	0.096	−0.164***	0.044
	(0.101)	(0.066)	(0.057)	(0.063)
2013年	−0.140	0.042	−0.180***	0.077
	(0.090)	(0.056)	(0.055)	(0.063)
2014年	−0.015	−0.014	−0.0650	0.089
	(0.085)	(0.049)	(0.054)	(0.062)
2015年	−0.090	0.028	−0.119*	0.124*
	(0.091)	(0.057)	(0.065)	(0.065)
常数项	0.076	0.969***	−3.245*	3.565***
	(1.197)	(0.130)	(1.670)	(0.121)
N	1238	1238	1238	1238
Loglikehood	−1644	−1036		−1272
F	86.65	2.655		8.420
P	0.000	0.000	0.000	0.000

注：***、**、*分别表示在99%、95%、90%的置信水平下显著，括号内为标准误。需要注意的是，OLS和RE模型中变量的系数为正，表明它们对营业收入产生了积极的影响。而FT和XTFT模型中变量的系数为负，表明它们降低了养鸡场的技术无效率，对营业收入带来了正向的影响，后文同。

数据来源：笔者根据实地调研数据，经计算得到。

率项U_i在99%的置信水平下显著区别于0。这表明，使用随机前沿生产函数模型进行估计优于其他确定性生产函数模型。由输出的 eta 值可知，它在99%的置信水平下显著区别于0，说明生产技术效率随时间改变，也表明本章选用随机效应的时变衰减模型进行估计较为合适。

从模型输出的结果来看，劳动力投入对养鸡场营业收入产生了显著的正向影响，饲料投入对营业收入产生了一定的负向影响。考虑到养殖业属于劳动密集型产业，增加劳动力的投入可以创造更多的营业收入。而饲料投入作为养鸡场在生产过程中主要的成本来源，随其不断地增加，营业收入的增长幅度逐渐被减弱，这与潘丹等[208]389-392的结论较为相似。此外，中间投入对养鸡场的营业收入具有正向的影响，但结果并不显著，表明中间资本投入的增加已经很难带来养鸡场营业收入的显著提高。

表8-3报告了技术效率方程即式（8-6）的估计结果。其中，是否开展鸡白痢净化的系数（XTFT）为负，且该变量在99%的置信水平下显著；是否开展禽白血病净化的系数为负，但不显著；是否开展其他疫病净化的系数为负，且该变量在95%的置信水平下显著。上述结果表明，是否开展鸡白痢净化以及其他疫病净化与养鸡场的生产技术效率损失之间存在显著的负向关系。换言之，在养鸡场生产过程中，一旦开展鸡白痢或者其他疫病的净化，技术效率会有明显的提高。然而，相比鸡白痢和其他疫病净化，禽白血病可能由于其净化技术要求严格、净化费用高昂，使开展该种疫病净化的养鸡场生产技术效率虽有提升，但并不显著。本章的估计结果说明，积极开展疫病净化有利于提高养鸡场的生产效率，疫病净化在动物饲养过程中发挥了积极作用。这与 Sol等[193]149-157以及 Hässig 等[113]470-476的研究结果相似，表明养鸡场开展疫病净化后，疫病发病率有所下降，成活动物的数量明显增加，从而提高了养鸡场的生产技术效率。

值得注意的是，上述分析结果仅是从整体上讨论了动物疫病净化对养鸡场生产技术效率的净影响，它所度量的是一种中和正向影响及负向影响后的平均效应。虽然本章的研究结果显示，平均来讲目前开展动物疫病净化能够促进养鸡场生产技术效率的提高。但是，这并不能说明开展疫病净化不存在降低养鸡场生产技术效率的可能性，特别是在不同类型以及不同地区养鸡场存在显著差异的情况下，仍然可能存在通过强化日常管理，积极引入科学的生产技术，以此提高养鸡场的生产技术效率。

除了是否开展疫病净化的因素外，养鸡场的基本特征以及日常管理也对生产技术效率产生显著影响。首先，建场时长对技术效率产生了显著的正向影响，说明建场历史越悠久，其生产技术效率越高。这并不难理解，现存场相比新建场而言，其日常管理趋向于程序化、规范化，容易合理利用各种生产资源，实现饲养管理的高效化。其次，饲养密度（7 周龄以上）对技术效率产生了显著的正向影响，说明单位区域内饲养的成年鸡越多，其生产技术效率越高。鉴于近年来用于畜禽生产的土地供给逐渐减少，导致用地成本不断高涨。因而，越来越多的养鸡场开始探索如何高效利用有限的生产空间，以此降低生产管理成本。例如，一些养鸡场采用阶梯式笼养的方式来替代传统平养的方式，使空间利用率大为提升，饲养动物的数量增多，进而提高了其生产技术效率。此外，生产档案的月登记频率对生产效率产生了显著的正向影响，防疫档案的月登记频率对生产效率产生了显著的负向影响。这也比较容易理解，生产档案的月登记频率越高，表明养鸡场内部管理越严格、规范，出现生产事故的概率较低，间接保证了企业运营的顺畅以及产品的质量，进而降低了生产技术的无效率。同时，防疫档案的月登记频率越高，说明当月养鸡场动物疫病暴发的次数较多，需要增加更多的疫病防控投入，从而使生产成本上升，制约了生产技术效率的提高。

　　另外，从不同类型的角度来看，肉鸡场相比蛋鸡场而言其生产技术效率更高。从不同代次的角度来看，四个代次的生产技术效率并不存在显著差异，但相比其他代次，混合代场的生产技术效率更高，可能的原因是饲养多个代次的养鸡场，能够降低与其他养鸡场的交易成本。例如，同时生产父母代与商品代的养鸡场，可以将父母代育出的鸡苗直接作为商品代饲养的对象，即减少了购置商品代鸡苗的时间成本和经济成本，进而提高了养鸡场的生产技术效率。从不同区域的角度来看，华东地区和西北地区的生产技术效率显著高于华北地区，东北地区的生产技术效率显著低于华北地区，其余区域与华北地区并未有明显的差异。从不同年份的角度来看，2011～2015 年，养鸡场的生产技术效率并未发生显著变化，但总体呈下降趋势。可能的原因是 2013 年暴发了全国范围的禽流感，使大批用于后代繁育的鸡群遭到扑杀，造成生产出现了停滞。事实上，养鸡场恢复到正常的生产状况需要一定的时间和高额的资金支持[13]28-33。因此在后续的几年里，养鸡场的生产技术效率出现了缓慢下降。

第五节 基于不同类型养鸡场的估计结果

表8-4给出了不同类型养鸡场（蛋鸡、肉鸡）技术效率损失函数的估计结果。由以上结果可知，两类养鸡场是否开展疫病净化与生产技术效率之间的关系并不相同。其中，是否开展禽白血病净化以及其他疫病净化可以提高蛋鸡场的生产技术效率，但不显著。是否开展鸡白痢净化以及其他疫病净化可以提高肉鸡场的生产技术效率，且在95%的置信水平下显著。此外，蛋鸡场开展鸡白痢净化以及肉鸡场开展禽白血病净化非但不能提高反而降低了养鸡场的生产技术效率。

表8-4 不同类型养鸡场技术效率损失函数的估计结果

变量	蛋鸡	肉鸡
是否开展鸡白痢净化	0.041	-0.240**
	(0.064)	(0.095)
是否开展禽白血病净化	-0.076	0.026
	(0.050)	(0.086)
是否开展其他疫病净化	-0.106	-0.251**
	(0.088)	(0.097)
建场时长	0.001	-0.023***
	(0.003)	(0.005)
饲养规模	-0.004***	-0.001
	(0.001)	(0.003)
是否享受政府补贴	-0.115**	0.167*
	(0.052)	(0.091)
技术人员数量	0.001	0.001
	(0.005)	(0.009)
饲养密度（7周龄以上）	-0.008	-0.042***
	(0.005)	(0.006)
产蛋鸡疫苗注射次数	-0.000	0.005
	(0.004)	(0.006)
生产档案登记频率	-0.007***	0.002
	(0.002)	(0.004)

变量	蛋鸡	肉鸡
防疫档案登记频率	0.012 *** (0.002)	0.007 * (0.004)
控制虚拟变量	Yes	Yes
常数项	2.930 *** (0.146)	3.238 *** (0.251)
N	708	533
Loglikehood	−625.6	−643.4
F	6.831	7.217
P	0.000	0.000

注：***、**、*分别表示在99%、95%、90%的置信水平下显著，括号内为标准误。

数据来源：笔者根据实地调研数据，经计算得到。

可能造成上述区别的原因是：蛋鸡的饲养周期比肉鸡长，在相同的时间内肉鸡的出栏数量会更多。同理，已完成净化的肉鸡数量会更多。因此，在净化后可供出售的动物数量增多，销售价格提高的前提下，营业收入增加的会更多，所以肉鸡场比蛋鸡场的生产经营效率会更高。从净化不同病种的角度来看，依据鸡白痢和禽白血病的影响机理，鸡白痢主要危害雏鸡和青年鸡，而禽白血病对成年造成的负面影响较大。与此相对应的是，肉鸡饲养的重点时期在于育雏和育成阶段，而蛋鸡饲养的重点时期在于成年产蛋阶段，这就造成了肉鸡场净化鸡白痢、蛋鸡场净化禽白血病的效果较好的结果。由此可见，并非同时净化一些病种就能大幅提高养鸡场的生产技术效率，而是需要根据饲养动物的特点，选择有针对性的病种逐一开展净化，以此获得预期的净化效果。

第六节　基于不同地区养鸡场的估计结果

表8-5反映了不同地区养鸡场（六个区域）技术效率损失函数的估计结果。上述结果显示，不同地区养鸡场是否开展疫病净化与生产效率之间的关系差异显著。分不同病种来看，开展鸡白痢净化显著提高了华北地区、华南地区以及东北地区养鸡场的生产技术效率，其中对华北地区养鸡场的生产技术效率影响最大。

表 8 - 5　不同地区养鸡场技术效率损失函数的估计结果

变量	华北地区	华东地区	华中地区	西南地区	西北地区	东北地区
是否开展鸡白痢净化	- 0.571 **	- 0.275 **	0.500 ***	0.038	0.248 *	- 0.292 ***
	(0.232)	(0.119)	(0.164)	(0.133)	(0.143)	(0.097)
是否开展禽白血病净化	0.260 **	- 0.225 **	0.258 *	- 0.031	- 0.135 *	0.233 ***
	(0.121)	(0.107)	(0.137)	(0.135)	(0.079)	(0.066)
是否开展其他疫病净化	- 0.018	- 0.183	- 0.203	0.858 **	- 0.064	0.154 **
	(0.139)	(0.246)	(0.138)	(0.337)	(0.128)	(0.067)
建场时长	- 0.029 ***	- 0.011	0.017	- 0.005	0.000	0.009 **
	(0.006)	(0.007)	(0.015)	(0.008)	(0.004)	(0.004)
饲养规模	- 0.002	- 0.009	- 0.011 *	- 0.018 ***	- 0.002	0.003
	(0.002)	(0.008)	(0.007)	(0.007)	(0.003)	(0.002)
是否享受政府补贴	- 0.372 ***	0.099	- 0.143	0.088	0.131 **	- 0.246 ***
	(0.113)	(0.116)	(0.139)	(0.109)	(0.054)	(0.060)
技术人员数量	0.008	0.014	- 0.026 **	0.017 *	0.008	- 0.058 ***
	(0.014)	(0.010)	(0.011)	(0.009)	(0.013)	(0.017)
饲养密度（7 周龄以上）	- 0.042 ***	- 0.002	- 0.056 ***	- 0.025 ***	0.010 **	- 0.009 *
	(0.013)	(0.006)	(0.018)	(0.005)	(0.004)	(0.005)
产蛋鸡疫苗注射次数	0.017 *	0.034 ***	- 0.014	0.034 ***	- 0.034 ***	- 0.001
	(0.010)	(0.008)	(0.009)	(0.010)	(0.005)	(0.003)
生产档案登记频率	0.003	0.005	0.048 ***	- 0.017 ***	- 0.002	0.004 *
	(0.004)	(0.005)	(0.010)	(0.006)	(0.004)	(0.002)
防疫档案登记频率	- 0.009 *	0.007	- 0.019 ***	0.023 ***	- 0.008	- 0.004 *
	(0.005)	(0.006)	(0.006)	(0.004)	(0.007)	(0.003)
常数项	3.417 ***	2.545 ***	2.374 ***	1.598 ***	0.201	0.697 ***
	(0.379)	(0.218)	(0.493)	(0.208)	(0.222)	(0.145)
控制虚拟变量	Yes	Yes	Yes	Yes	Yes	Yes
N	213	312	154	222	112	158
Loglikehood	- 228.4	- 357.4	- 114.3	- 216.6	13.22	- 28.10
F	4.316	3.345	9.641	8.302	71.93	8.648
P	0.000	0.000	0.000	0.000	0.000	0.000

注：***、**、* 分别表示在 99%、95%、90% 的置信水平下显著，括号内为标准误。因华南地区仅有 80 个样本，无法进行面板随机前沿生产函数的估计，故未在此表进行展示。

数据来源：笔者根据实地调研数据，经计算得到。

但对于华中地区以及西北地区的养鸡场而言，其生产技术效率反而有了明显的下降。开展禽白血病净化显著提高了华东地区和西北地区养鸡场的生产技术效率，其中对华东地区的影响最大。不过，对于华北地区、华中地区以及东北地区反而起到了逆向作用。开展其他疫病净化对于华北地区、华东地区、华中地区以及西北地区养鸡场的生产技术效率产生了正向的影响，但不显著。但是，对于西南地区和东北地区的养鸡场来讲，其影响与预期方向恰恰相反。

造成上述区域间的差异可能基于以下两方面的原因：其一，各个地区的自然地理环境不尽相同，其净化效果也存在显著差异。以鸡白痢净化为例，华北地区、华东地区和东北地区处于平原地带，而华中地区、西南地区以及西北地区处于丘陵和高原地带。相比之后容易发现，海拔较低的区域净化效果明显优于海拔较高的区域。原因在于丘陵和高原区域，饲养空间相对密闭，依靠自然地形的阻挡，疫病暴发的范围较小。而平原地带缺乏自然屏障，疫病的流行面积较为广泛，因此开展疫病净化可有效预防疫病的大规模暴发，进而提高了养鸡场的生产技术效率。其二，各地的经济社会条件不同，区域内养鸡场的管理能力及意识差异较大。相比而言，东部地区因经济基础良好，人才储备雄厚，生产设备先进，技术更新迅速等原因，其对疫病综合防治实力远胜于中西部地区，因而净化的成效也较为突出。同时，东部地区的新型媒介应用广泛、信息传播速度快，更容易宣传开展疫病净化所取得的成果，因此该地区的净化比率相对较高，养鸡场的管理者愿意通过疫病净化这种方式进行疾病预防，从而达成预期的防控目标。

需要关注的是，一些区域的养鸡场开展疫病净化后，并未取得良好的效果。可能的原因是：一方面，各地的疫病流行情况差别较大，在没有切合当地实际的前提下，盲目开展一些病种的净化，很有可能增加了养鸡场的经营负担，降低其生产技术效率。另一方面，疫病净化是一项长期而艰巨的工作，短期内很难获得较为明显的成果。鉴于一些区域的养鸡场处于净化初期，其前期的各项投入较大，从而导致了生产技术效率的下降。

第七节　本章小结

动物疫病净化作为加快畜牧业经营方式转变的推手，其有效开展不仅会使养殖场传统"低投入、高风险"的生产理念逐步转向"高投入、低风险"，适应现代农业的发展需要，同时也可为社会提供安全、放心的动物产品，满足广大消费者的日常需求。由于当前国内缺乏对疫病净化效果的讨论，许多养殖企业尚未明晰其具体产生的影响，导致参与的积极性不高。本章基于以上背景，使用全国297个规模化养鸡场2011～2015年的调查数据，通过构建超越对数形式的生产函数模型以及技术损失函数模型，发现疫病净化对养鸡场的经营绩效存在复杂的影响，具体总结如下：

第一，疫病净化能够有效降低养鸡场的生产技术无效率，但实施不同病种的净化，其影响程度存在差异。具体来看，养鸡场开展鸡白痢以及其他疫病净化，可有效提高其生产技术效率，开展禽白血病净化虽也对生产效率产生了影响，但不显著。这也为目前很多学者就疫病净化实际影响存在巨大分歧提供了一个来自中国的实证解释。

第二，不同类型养鸡场开展疫病净化，其对生产效率的影响存在差异。相比蛋鸡场而言，对肉鸡场生产技术效率的影响更大，且净化鸡白痢以及其他疫病，这种影响非常显著。这就需要养鸡场根据自身类型的实际，确定好净化病种的先后顺序。

第三，区域之间一些病种的净化，对养鸡场生产技术效率的影响表现大不相同。具体来看，开展鸡白痢净化显著提高了华北地区、华南地区以及东北地区养鸡场的生产技术效率，开展禽白血病净化显著提高了华东地区和西北地区养鸡场的生产技术效率，开展其他疫病净化暂时没有提高各个区域养鸡场的生产技术效率。另外，地区间养鸡场的生产技术效率也存在差异，华东地区和西北地区的生产技术效率相对较高，华北地区、华南地区、西南地区及华中地区次之。这就要求国家在推行净化政策过程中，需要因地制宜、明确优先净化区域。

第九章 美国家禽疫病净化的
实施方案及对我国的启示

进入 21 世纪以来，伴随着世界经济一体化进程的加快以及全球范围内畜禽饲养模式的转变，原有疫病的流行方式也发生了巨大变化。主要表现在新发疫病数量增多、疫情传播速度加快、辐射范围增大等方面，对全球畜牧业及相关产业造成了严重的负面影响。

目前，制定并实施全国性的防控计划已成为世界各国扑灭动物疫病的核心举措。例如，美国、澳大利亚、英国、荷兰、泰国等国家先后制定并实施了禽流感、口蹄疫、猪伪狂犬病等八种动物疫病的扑灭计划。此外，欧盟自 20 世纪 90 年代开始，实施了辖区内统一的动物疫病监测、控制以及扑灭计划。与此同时，美国还专门针对生猪和家禽制定了生猪健康促进计划和家禽改良计划。

总体来看，发达国家主要开展了三种不同形式的防控计划[20]3-9：一是扑灭计划，即在某一限定的地理区域内扑灭某种动物疫病；二是控制计划，即以降低某种疾病的发病率或患病率为目标进行疫病预防；三是健康促进计划，即通过净化一些常见的畜禽疫病，提升畜禽的健康水平。通过对这些计划的执行，多种较为常见的动物疫病得到了有效控制或根除，从而降低了相应的疫病防治费用，国家间的贸易壁垒得以消融，为全球畜牧业的健康发展创造了良好的内外部环境。不过，对于发展中国家来讲，实施的手段较为单一，以控制计划为主。

就中国而言，考虑到我国的家禽疫病净化仍然处于初始阶段，尚未形成富有成效的净化方案及执行措施。由此，本书通过梳理、分析全球实施最为成功的家禽疫病净化方案——美国家禽改良计划（与我国疫病净化政策类似），以及执行后所产生的具体影响，如经济影响、社会影响等，总结成功经验和历史教训，从而提出对我国执行家禽疫病净化政策的启示。

<h1 style="text-align:center">第一节　执行背景</h1>

美国家禽改良计划（National Poultry Improvement Plan，NPIP）是一项由美国农业部动植物检疫局和各州官方兽医机构进行日常管理，家禽饲养者自愿参与的合作项目。其最早于1933年7月开始实施，目前仍在执行中。

18世纪末，美国的家禽养殖经常受到细菌性白痢（Bacillary White Diarrhen，BWD）的影响，它使得雏鸡的死亡率高达80%。虽然饲养者已经深刻认识到其危害，但一直苦于没有找到合理的方法应对。直至1899年，美国科学家发现了该病的病原，并且在1913年研制出相应的诊断技术。随后，一些养殖场开始重视对鸡白痢进行检测和预防。然而，考虑到该病病原广泛存在于市场中，仅在单个养殖场进行防治很难取得良好的效果。因此，许多养殖者开始积极合作，努力改良家禽的品种。

随着美国国内交通条件的改善，这些品质优秀且不携带鸡白痢病原的家禽迅速推广至美国全境。不过，当这些优良品种在全国范围内流通时，无疑需要制定统一的鸡白痢检测和防疫标准，以及全国性工作计划，以此促进全美家禽业的健康发展[215]7-8。在此基础上，美国政府及时制定了NPIP，建立了"联邦—州—参与者"三位一体的疫病防控协作机制。现如今，NPIP对H5H7禽流感、滑液支原体、败血型支原体、鸡白痢—伤寒以及肠炎沙门氏菌等疫病都有了非常明确的净化方案以及检测标准，如表9-1所示。

表9-1　NPIP的疫病净化方案

净化病种名称	检测时间及频率	
	商品禽	原种禽
鸡白痢—伤寒	大于4月龄，检测300只血样；之后每隔12个月检测300只血样	
败血性支原体	大于4月龄，检测150只血样；之后每隔90天检测75只血样	大于4月龄，检测300只血样；之后每隔90天检测150只血样
滑液支原体	大于4月龄，检测150只血样；之后每隔90天检测75只血样	大于4月龄，检测300只血样；之后每隔90天检测150只血样

·167·

净化病种名称	检测时间及频率	
	商品禽	原种禽
肠炎沙门氏菌	每月环境采样检测	每月环境采样检测
	大于 4 月龄，检测 300 只血样；之后每隔 12 个月检测 300 只血样检测	大于 4 月龄，检测 300 只血样；之后每隔 30 天检测 300 只血样
H5/H7 禽流感	大于 4 月龄，AI 抗体检测 30 只血样；之后每隔 180 天检测 30 只血样	

注：本表根据丽萍等[216]10-13的研究成果，列出了蛋鸡和肉鸡净化方案的内容。另外，火鸡、水禽、展览禽、竞技禽、特种禽等禽群的净化方案没有在此表反映。

第二节　基本做法

一、有效的立法支持，确保有法可依

1935 年，美国国会通过了 NPIP，使 NPIP 拥有了法律效力，随后该方案一直在不断地完善。1985 年，新一版的 NPIP 诞生，主要包含 NPIP 和 NPIP 附文两部分。其主要内容可从美国《联邦规章典集》第九篇《动物和动物产品》中《国家家禽改良计划》和《国家家禽改良计划辅助规定》查阅。这两部法律详细规定了 NPIP 的运行方式，实施监督以及检查的机构、人员的授权方法，有关机构和人员的权责，参加计划的前提条件以及实验室的监测技术。此外，NPIP 的规则并非一成不变，随着内外部环境的变化，规则也会做适当的调整。例如，联邦政府会积极与各州兽医管理部门以及养殖场主进行协商，汇总出讨论稿，并按照规定程序向 NPIP 技术委员会提交讨论。一旦通过，新规则立即生效。可见，强有力的法律保障使得美国的 NPIP 具备了很好的延续性，并且随着时间的推移，仍能发挥重要作用。

二、合理的权责分配，保证运行通畅

"联邦—州—参与者"三位一体的运行机制并非由一方主导、另外两方协作来形成，而是三方"各司其职、各尽其责、并协调一致"，有效地保证了 NPIP 能顺利执行。三方具体的权利与义务分配如下：

1. APHIS 和大会委员会

动植物卫生检验局（Animal and Plant Health Inspection Service，APHIS）虽是 NPIP 的领导者，但仅限于领导，并不享有决策权，其核心价值在于实施 NPIP 过程中充当组织者和协调者的角色。从本质上来看，大会委员会是 NPIP 具体的执行机构，它由 APHIS、各州兽医管理部门以及 NPIP 参加者共同组成，其内部包括主席、副主席、执行秘书以及区域委员会这些成员。一般来讲，委员会的主席和副主席通过选取产生，区域委员会由各地区养殖场主代表组成，执行秘书由 APHIS 的代表担任。

大会委员会涉及多方面的职能，例如：编制 NPIP 的年度预算；向 USDA 提供资金使用的相关说明以确保 NPIP 的正常运转；协助组织召开两年一次的 NPIP 研讨会；向成员反馈其提供议题的意见；在研讨会休会期间，对《联邦规章典集》中 NPIP 规定的管理程序提供合理性建议及解释；帮助 APHIS 评估行业管理人员以及养殖场主提出的对 NPIP 的修订意见；当出现突发事件可能影响 NPIP 的顺利进行时，能够直接向农业部长提供解决问题的方案；密切联系 NPIP 和美国动物卫生协会；围绕 NPIP 在家禽工业中的参与程度和职能；以及 NPIP 的服务宗旨向 USDA 提供相关建议和意见；等等。

2. 各州兽医管理部门

各州兽医管理部门的职责主要涉及三个方面：第一，监督。即指定具备一定资格的人作为"授权代理人"，对样品进行收集以及全血检测。同时，州一级的机构必须雇佣或者授权给具备资格条件的人，一方面执行、监督参与养殖场的检测，另一方面确保官方的检测程序符合 NPIP 的要求。第二，检查。NPIP 的全面性与完整性是依靠各州随机抽样检测系统维持。每一个参与的孵化场每年至少需要检测一次，使其满足地方机构以及 NPIP 规定一致的孵化标准。此外，所有养殖场的记录，尤其是用于种蛋生产的种禽群记录每年由州检查者验收并保存。第三，日常管理。基于 NPIP 的标准，制定符合地方禽群特色的标准。对 NPIP 的参与者进行检测，并根据是否感染沙门氏菌对其进行详细分类。另外，对一些野生、走私禽类以及官方无法管控的禽类及其制品加强检测，尽量避免因类似行为使该州偶然感染这种疫病。

3. 参与者

NPIP 面向美国全境的养殖场开放，但需要具备一定的条件：一是需要满足"美国鸡白痢—伤寒净化"的标准；二是需要向当地兽医管理部门证明自身的硬件设施、人员结构和素质、饲养方法等能够达到 NPIP 要求，并且承诺遵守 NPIP 的规定，积极履行 NPIP 规定的各项责任。

主要义务：第一，养殖场加入 NPIP 后，必须从州内的种蛋场、孵化场引进种禽。如果选择从州外引种，则需要与当地兽医管理部门签订书面协议，接受 NPIP 的监督。第二，在 1968 年之前加入 NPIP 的种鸡全部需要血检，1980 年后的只需要抽检种鸡数量的 7% ~ 20%。同时，所有参加 NPIP 的成员必须每年按时、按规定数量进行送样检测，并且样品中雌雄样本的比例与禽群中雌禽与雄禽的比例一致。如果送检样本检测出阳性反应，那么来自这个禽群的所有动物都要被送回原养殖地进行隔离，任何家禽及其制品不允许外运，官方机构将定点对养殖场进行监测。

主要权利：第一，NPIP 的参与者可以在其产品的包装上使用 NPIP 的会徽，且这些成员可以被认定为加入国家改良计划的养殖场、孵化场以及加工厂。第二，NPIP 的参与者其出产的家禽和家禽制品将被授予一个批准编号，可用在发货标签、证书、发票等文件，以便与其他产品进行区分。第三，NPIP 的参与者其家禽可列在官方水禽、观赏禽和斗鸡的目录。第四，在全国商品博览会上可以免费列出公司的名字。

三、详细的实施准则，保障执行的可操作性

NPIP 以 APHIS 为媒介，同各州兽医管理部门以及养殖场主签署谅解备忘录进行统一管理，清晰地界定了各方的权责。虽然 APHIS 制定了适用全国的 NPIP 技术标准，但允许各州制定自己的技术和管理标准（可以与 NPIP 的标准相同，也可以更严格，但不能与 NPIP 的标准冲突）。

具体来看，NPIP 详细地列举了血液检验方法和养禽场生物安全管理办法。例如，NPIP 于 1969 年确定了三种鸡白痢—伤寒的血液检验方法（标准试管凝集法、染色抗原全血凝集法、快速血清试验）。此外，NPIP 要求参与者需要按程序进行检疫，保持禽舍清洁；需要从无疫区引进种蛋和雏禽；需要对禽舍、孵化场、运输车辆进行严格消毒等一些措施的细节进行了详细规定，通过严格执行生物安全措施确保养殖场饲养的家禽不被鸡白痢—伤寒感染。

四、个人与社会利益有机结合，实现效益最大化

NPIP 在有效控制国内禽类主要疫病的同时，并没有大幅增加国家和参与者

的经济负担。在执行经费中，联邦政府承担3%，州兽医管理部门承担30%，参与者承担67%[217-218]64-66,16-20。但是，NPIP也使参与者获得了巨大的经济收益，同时美国民众可以从市场上购买卫生、放心的禽类制品，政府获得了更多的税收，实现了参与者与国家的"双赢"。

第三节 实施成效

自1935年美国开展NPIP以来，该计划对美国养禽业的发展，尤其是家禽疫病防治以及禽类产品的对外贸易发挥了重要的作用。对此，后文将详细梳理NPIP实施后所产生的具体影响。

一、有效降低动物患病概率，疫病防治成本大为下降

表9-2给出了1950~1962年，美国开展鸡白痢净化后所取得的成效。其中由表9-2的第四列可知，美国全境鸡白痢阳性鸡的比率从1950年的0.72%下降至1962年的0.018%，下降了0.702%，下降的幅度非常明显。同时，美国东北14个州的阳性鸡的比率由1950年的0.2%下降至1962年的0.01%，下降了0.19%，降幅也较为明显。在调查鸡只总数没发生较大变动的情况下，不难发现无疫鸡只的数量有了显著的增加。

表9-2 美国在1950~1962年净化鸡白痢所取得的成效

	鸡群数量	鸡只数量	鸡白痢阳性鸡比重（%）	无疫鸡只数量
美国全境				
1950 年	111422	37237674	0.72	13302644
1956 年	70468	36112781	0.07	31273701
1962 年	28869	35516244	0.018	35516244
美国东北 14 个州				
1950 年	14330	11818661	0.20	9466328
1956 年	9712	12078156	0.03	11564274
1962 年	4873	11617694	0.01	11344881

资料来源：笔者根据张先光等[219]4-6的研究成果整理所得。

表9-3反映了1936~1980年，美国参加NPIP的种鸡鸡群鸡白痢的净化情况。其中由表9-3第六列可知，鸡白痢的阳性率随着净化时间的推移，呈持续下降的趋势，从1936年的3.66%下降至1980年的0.0011%，降幅为3.6589%。此外，随着鸡白痢阳性率的降低，参加鸡白痢检测数量的占比也发生了变化，1970年约有一半的鸡只参加了检测，到1980年比重仅为7.4%。可见，鸡白痢净化取得的阶段性成效显著。

表9-3 1936~1980年美国参加NPIP的种鸡鸡群鸡白痢检测情况

年份	种鸡鸡群数量	参加检测的种鸡鸡只数	检测数量占总数的比重（%）	阳性种鸡鸡只数	阳性率（%）
1936	9191	4329000	100	158516	3.66
1940	47966	11184000	100	345389	3.09
1950	111422	37237000	100	269115	0.12
1960	37857	37030000	100	6812	0.018
1970	8340	35890000	48.9	162	0.0045
1980	6677	36071000	7.4	41	0.0011

数据来源：笔者根据张先光等[219]4-6的研究成果整理所得。

自1987年开始，美国彻底根除了鸡白痢。虽然在2001年和2002年偶然分离到鸡沙门氏菌，但仅在散养鸡群中获得[218]16-20，并未在养殖场内发现。可见，美国的家禽改良计划有效降低了动物患病的概率，使禽病的负担有所下降，令其防控成本仅占养禽业总成本的1%。

二、推动家禽工业快速发展，使其占据全球市场的重要位置

随着家禽改良计划的实施，促使美国的家禽工业取得了巨大的进步。例如，产蛋鸡（蛋鸡）的年产蛋量从1930年的93只上升至1985年的260只，生产每打鸡蛋所需的饲料由1922年的8.4磅下降至1985年的3.7磅。1928年的洛岛红肉用鸡16周龄时体重为3.8磅，每增长1磅体重消耗饲料13.3磅，1949年新汉肉用鸡12周龄时体重为3.4磅，每增长一磅肉消耗饲料12.9磅，1983年美国的肉用鸡在51日龄（7周龄左右）体重为4.1磅即可上市，肉料比达到了1：2.05[219]4-6。

此外，表 9-4 显示了美国可供食用的家禽产品及其价值比较的结果。由表可知，在家禽改良计划的实施期间，肉用仔鸡、火鸡和蛋的产量及市场价值全都有了明显提升。肉用仔鸡由 1950 年的 14 亿磅增至 1985 年的 189 亿磅，增加了 175 亿磅，增幅为 1250%；其市场价值由 1950 年的 5.32 亿美元增至 1985 年的 56.89 亿美元，增加了 51.57 亿美元，增幅为 969%。火鸡由 1950 年的 6.5 亿磅增至 1985 年的 37 亿磅，增加了 30.5 亿磅，增幅为 469%；其市场价值由 1950 年的 2.69 亿美元增至 1985 年的 18.19 亿美元，增加了 15.5 亿美元，增幅为 576%。禽蛋由 1950 年的 49.1 亿打增至 1985 年的 56.9 亿打，增加了 7.8 亿打，增幅为 16%，其市场价值由 1985 年的 17.77 亿美元增至 1985 年的 32.5 亿美元，增加了 14.73 亿美元，增幅为 83%。从上述分析中可以发现，肉用仔鸡的增速最快，其次是火鸡，禽蛋的增幅相对较小。但从整体层面来讲，美国的家禽生产取得了非常优异的成绩。

表 9-4　美国可供食用的家禽产品及其价值比较

年份	肉用仔鸡		火鸡		蛋	
	亿磅	亿美元	亿磅	亿美元	亿打	亿美元
1950	14	5.32	6.5	2.69	49.1	17.77
1983	123	48.73	26	12.61	56.7	34.65
1985	189	56.89	37	18.19	56.9	32.5

数据来源：笔者根据张先光等[219]4-6的研究成果整理所得。

由于美国家禽工业生产水平的提升，以及执行家禽改良计划后禽类产品质量的提高，其家禽产品的对外贸易也有了明显的增幅。长期以来，美国一直是世界禽类产品的第一大出口国，在全球市场中占据了重要位置。由图 9-1 可知，美国在 20 世纪 60~80 年代，活禽及禽蛋的出口有了高速的增长。其中，活禽出口额由 1962 年的 722 万美元增至 1985 年的 5593 万美元，增加了 4871 万美元，增幅为 675%；禽蛋出口额由 1962 年的 1328 万美元增至 1977 年的 5887 万美元，增加了 4559 万美元，增幅为 343%。从平均增速的角度来看，禽蛋的增速较快，活禽的增速相对较为平缓。

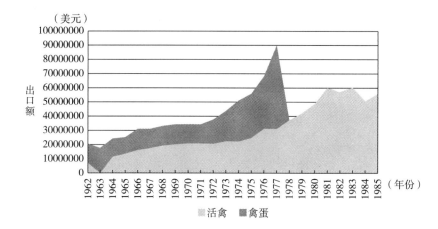

图9-1 美国20世纪60~80年代家禽产品的出口情况

注：在SITC分类下统计了美国活禽（0014）以及禽蛋（0250）的贸易出口额。活禽1963年的数据以及禽蛋1977~1985年的数据无法获取。

数据来源：UN Comtrade Database。

三、保障家禽产品的质量安全，增强产业体系的竞争力

事实上，种禽是家禽产业体系的支柱。鉴于美国的家禽产品长期处于全球市场的垄断位置，若想持续地推广自己的家禽产业体系，需要坚持不懈地开展种禽疫病净化，以此保证后代禽雏有较高的成活率，较为健康的体质，进而保持其在全球客户中的声誉。例如，在现代化养鸡业的早期，沙门氏菌的对种禽的危害较大，尤其是雏禽，美国就有针对性地将沙门氏菌净化放在首位。随后支原体、禽流感等危害比较严重的疫病，美国也相继列入净化计划中。另外，根据于丽萍等[216]10-13的研究成果，美国在2005年就已经有48个州，95%的禽群参加了NPIP，检测实验室高达130个。随着美国净化病种和实施范围进一步的拓宽，家禽产品的质量得到明显提高，使其市场竞争力大为增强。

换句话讲，美国家禽产业体系的全球化覆盖战略，除了在全球范围内销售玉米、大豆等饲料原料以及禽类产品等，其竞争的核心是种禽的出售。一旦种禽出现问题，将会诱发整个产业体系的坍塌。因此，美国的家禽改良计划从产业体系整体利益出发，得到了严格且高效低执行，确保了种禽质量铁打不宕。

第四节　主要启示

一、紧扣家禽疫病防治的核心

NPIP 要求所有参与者（种禽场和孵化场）必须达到限定的技术标准，并且根据家禽的育种体系，按照"原代—曾祖代—祖代—父母代—商品代"的顺序，从源头顺流而下，逐代控制和根除一些疫病，由此确保在之后代次的饲养管理中，动物疫病防控的工作压力可以明显下降。例如，一些有发病历史的养禽场，通过引进无疫群，以及做好日常的消毒工作，可以迅速返回无疫状态。与此相反，假如在上一个代次的种禽饲养以及种蛋孵化过程中相关疫病防治措施没有做好，将极有可能出现把病原传给下一代次的风险，从而引起疫病的大面积扩散。不过，就我国的实际情况来看，一些已开展疫病净化的养禽企业由于受技术、经费等因素的影响，在具体操作方面存在纰漏，关键的净化措施没有得到及时落实，违背了疫病净化工作长期持续的特点[27]77-79，导致养禽企业已净化的疫病再次暴发。

二、执行计划详细周密

NPIP 对各个环节的规定都非常详细，其具体术语、技术标准、管理措施、检测程序、修订方法以及监督机制表达清晰，可操作性强。此外，国家统一的标准令NPIP 在全美得以顺利执行，同时允许地方根据疫病流行情况做适当调整，使执行效率得到有效提升。当然，就我国现实情况来看，虽然中国动物疫病预防控制中心也制定了非常具体、周全的家禽疫病净化方案，但考虑到动物疫病净化是一项系统性工作，需要雄厚的人力和物力支持，一些地方政府受检测设备、人才储备、管理制度的约束，并未很好地予以开展[27]77-79，执行效果与预期存在明显差距。

三、各方利益协调有序

NPIP "三位一体"的管理模式对各方的权利与义务有了明确的界定和约束。养殖企业负责做好净化工作并按时提供检测样品，实验室负责检验，地方兽医管理部门负责监督实验室以及养殖企业。养殖企业为了取得更多的经济利润，积极落实各项疫病净化措施，并按时提交检测样品；实验室为了获得检测样品的费用，努力保证检测结果的质量并且提供准确的检测分析数据；地方政府的相关部门为了避免养殖企业、实验室以及消费者的投诉，尽力行使好其监督和管理的权力。三方相辅相成，互相制约。

然而，就我国实际情况来看，涉及动物疫病净化的相关单位经常出现错位、权责不分以及工作懈怠的情况。比如，兽医管理部门要求养禽场采用一些不合理的检测方法，不仅增加了企业的经济负担，同时也使得企业面临着更加不确定的疫病风险；很多科研机构的专业实验室并未满载运转，而国家又花费大量的投入进行新建；某些养禽场暴发疫病后，为了避免经济损失无人买单的后果，迅速售出可能感染的禽群，加剧了疫情的扩散，使疫病防控的效果大打折扣[218]16-20。因此，协调好参与各方的权利和义务，对于动物疫病净化工作的开展至关重要。

第五节　本章小结

动物疫病净化工作本身是一项较为烦琐的系统工程，涉及的主体包括政府的相关职能部门、养殖企业（场）、有关科研单位等，如何统一这些主体的行为目标和利益诉求，做好动物疫病的防治工作，将是一个值得深入探讨的话题。随着我国家禽业快速的发展，在解决城乡肉蛋供给方面起到了重要作用。但是一些常见的家禽疫病由于耐药性不断增强，有些药物的用量已成倍增加，无限接近中毒的临界，并且防治效果不佳。因此，NPIP 的顺利执行，为我国家禽疫病防治提供了可参考的范本。虽然，我国已经开始重视动物疫病的净化工作，但在仿照美国 NPIP 的同时，需要紧密结合我国的国情、地方的实际以及兽医管理体制的改革。充分建立在全国动物疫病处理方案的基础下，避免地方保护特权，利用经济手段和法律手段提高参与各方开展疫病净化的主动性。

为此，要充分认识养殖企业在动物疫病净化中的主体作用，利用市场机制和经济效益调动参与主体的积极性，确保企业在疫病净化上的投入和努力可以得到良好的经济回报和社会认可。地方兽医管理部门做好对净化主体的考核评估与复查监督，为企业定期提供疫病净化技术的培训机会，巩固疫病净化所取得的成果。另外，政府需加大对养殖企业开展疫病净化的资助，明确疫病净化的具体措施，并加强对疫病净化工作的宣传，进一步拓展无疫区域，由此提升我国养殖业的疫病防治水平以及生物安全管理水平。

第十章 研究结论与政策建议

第一节 主要结论

本书通过使用全国 297 个规模化养鸡场 2011～2015 年的调查数据，利用固定效应分析、随机效应分析、处理效应分析、成本效益分析、双重差分分析、倾向得分 + 双重差分分析、随机前沿分析等方法，发现疫病净化对养鸡场产生了诸多方面的影响。此外，本书还对美国家禽改良计划进行了梳理，并由此形成对我国的经验借鉴。具体总结如下：

第一，养鸡场实施疫病净化可以有效降低养鸡场动物的死亡率。合理的疫苗投入可有效降低养鸡场鸡群的死亡率，但诊疗投入却与鸡群死亡率同方向变化，原因在于疫苗可以预防、控制疫病的发生、流行，而诊疗更多的是治疗和诊断动物疫病，考虑禽白血病和鸡白痢在临床上感染率很高，造成的危害严重，并且尚未有合适的药物进行对抗，目前只能做好被动预防，因此疫苗的防控效果优于诊疗的效果。同时，研究还发现肉鸡场的鸡群死亡率比蛋鸡场低，商品代场的鸡群死亡率比祖代及以上场、父母代场及混合代场低。通过分析疫病净化对不同养鸡规模鸡群死亡率的影响可知，饲养规模介于 3.44 万～13.24 万只的效果最优，呈典型的倒 U 形。这意味着规模过小或过大的养鸡场实施疫病净化都有可能导致"规模不经济"。通过比较净化不同病种对各个鸡群健康指标的影响，发现养鸡场开展禽白血病净化更多影响成年鸡的健康，而开展鸡白痢净化对雏鸡的影响最为突出。此外，疫病净化可以提升鸡群的后代繁育能力。已净化养鸡场的日最高产蛋率、种蛋合格率、种蛋受精率、受精蛋孵化率分别比未净化养鸡场高 1.091%、1.090%、0.892%、0.528%。相比已净化养鸡场与未净化养鸡场之间后代繁育指标的差异，净化不同病种带来的差异较小。全国七个地区中，华北地区养鸡场鸡群的后代繁育能力最强。

第二，养鸡场开展鸡白痢净化抗生素费用并未有显著的降幅，但开展禽白血病净化以及同时开展两种疫病净化的养鸡场抗生素费用有了明显的下降。就疫病净化对不同代次养鸡场抗生素使用的影响来看，祖代及以上的净化效果最优，商品代场次之，混合代场最劣。其中，父母代场由于受净化不同病种的影响，养鸡场的抗生素费用出现明显差异，净化禽白血病能够降低养鸡场抗生素的费用，但净化鸡白痢反而增加了养鸡场抗生素的费用。处在不同的净化阶段，抗生素费用削减的程度也不尽相同。在疫病净化的初期，禽白血病的净化效果较为突出，中后期鸡白痢的净化效果更为优异。这意味着养鸡场可以通过开展疫病净化来替代抗生素的使用，且在长期坚持的基础上抗生素的费用会发生质的减少。有助于削减养鸡场的生产成本，提高养鸡的经济效益。

第三，从总体收益的角度来看，已净化养鸡场的经济效益好于未净化场，蛋鸡场的净化效果优于肉鸡场，祖代及以上场的净化效果胜于其他代次的养鸡场。东部地区养鸡场的净化工作取得的成效较好，中西部地区养鸡场仍有很大的上升空间。从单只鸡的净收益来看，疫病净化对单只肉鸡的利润影响大于蛋鸡，对混合代养鸡场单只鸡的利润影响大于其他代次。目前，仅有华东地区、华南地区和西北地区的已净化养鸡场单只鸡的净收益大于未净化场，其余区域均低于未净化场。从不同年份的角度来看，仅有 2011 年未净化养鸡场的净收益及单只鸡净收益高于已净化场，其他年份均低于已净化场。自 2013 年以后，已净化养鸡场单只鸡净收益与未净化养鸡场之间的差距正在扩大，可见随着时间的推移，疫病净化的经济效益逐渐显现。

第四，养鸡场开展疫病净化后，每万只鸡的平均净收益比未净化养鸡场超出大约 4 万元。从净化不同病种的角度来看，养鸡场开展禽白血病净化获得的净收益略高于开展鸡白痢净化。开展疫病净化的第一年，养鸡场的净收益有了明显的增加，每万只鸡的净收益较净化之前平均增加了约 4 万元。但自疫病净化的第二年开始，这种增幅逐渐放缓且不明显。不过，一些坚持净化五年以上的养鸡场经济效益反而有了显著提升，这表明疫病净化是一项持续性的工作，并非仅在早期容易实现预期的净化目标，长期维持同样可以获得可观的经济效益。基于双重差分的分析视角，发现养鸡场开展疫病净化的前后一年，较同期未净化养鸡场每万只鸡的净收益平均增加了约 12 万元。开展疫病净化的前后两年，较同期未净化养鸡场每万只鸡的净收益平均增加了约 43 万元。基于倾向性分值匹配＋双重差分的分析视角，2013 年开展禽白血病净化的养鸡场，较同期匹配成功的未净化养鸡场其净收益有了显著的增加，平均每万只鸡的净收益增加了约 42 万元。然而，2013 年开展鸡白痢净化的养鸡场，较同期匹配成功的未净化养鸡场其净收益虽有所增加，但并不显著。

第五，疫病净化能够有效降低养鸡场的生产技术无效率，但实施不同病种的净化，其影响程度存在差异。具体来看，养鸡场开展鸡白痢以及其他疫病净化，可有效提高其生产技术效率，开展禽白血病净化也对生产效率产生了影响，但不显著。这也为目前很多学者就疫病净化实际影响存在巨大分歧提供了一个来自中国的实证解释。不同类型养鸡场开展疫病净化，其对生产效率的影响存在差异。相比蛋鸡场而言，对肉鸡场生产技术效率的影响更大，且净化鸡白痢以及其他疫病，这种影响非常显著。这就需要养鸡场根据自身类型的实际情况，确定好净化病种的先后顺序。区域之间一些病种的净化，对养鸡场生产技术效率的影响表现大不相同。具体来看，开展鸡白痢净化显著提高了华北地区、华南地区以及东北地区养鸡场的生产技术效率，开展禽白血病净化显著提高了华东地区和西北地区养鸡场的生产技术效率，开展其他疫病净化暂时没有提高各个区域养鸡场的生产技术效率。另外，地区间养鸡场的生产技术效率也存在差异，华东地区和西北地区的生产技术效率相对较高，华北地区、华南地区、西南地区及华中地区次之，东北地区最低。这就要求国家在推行净化政策过程中，需要因地制宜、明确优先净化区域。

第六，美国家禽改良计划（NPIP）的顺利执行，为我国家禽疫病防治提供了可参考的范本。该计划执行后有效降低了养鸡场动物患病概率，疫病防治成本大为下降；推动了家禽工业快速发展，使其占据全球市场的重要位置；保障了家禽产品的质量安全，增强了产业体系的竞争力。虽然，我国已经开始重视动物疫病的净化工作，但在仿照美国 NPIP 的同时，需要紧密结合我国的国情、地方的实际情况以及兽医管理体制的改革。在基于重大动物疫病处理方案的基础上，消除地方保护主义，利用法律和经济的双重手段提高参与各方开展疫病净化的主动性。

第七，依据本书的研究结果，按照全国种鸡存栏 15 亿只（2015 年数据）来估算，实施疫病净化每年将减少 600 万只种鸡的死亡，新增成活鸡苗 1500 万只，节约抗生素费用 3.75 亿元，额外创造经济收益 60 亿元，现实影响非常明显。

第二节　政策建议

鉴于疫病净化对养鸡场产生了诸多有益的影响，结合我国当前疫病净化的实际情况，本书提出了以下对策建议：

第一，构建符合我国国情的疫病净化模式，坚持分层实施，由易到难。在具体净化病种选择上，优先考虑拥有较好技术支撑、较小面源污染、较高净化收益的疫病，通过净化一种或多种疫病从而提高养鸡场以及区域的综合防控水平。例如，优先考虑鸡白痢，尔后考虑其他疫病。在具体场点选择上，优先考虑防疫条件较好、管理水平高的养鸡场，并以此为基点逐步推广。例如，优先考虑祖代及以上场，尔后考虑其他代次的养鸡场。在具体区域选择上，优先考虑家禽产业分布密、经济条件好、净化意识强的地区，从而保障净化工作的有效开展。例如，优先考虑东部地区，尔后考虑中西部地区。

第二，国家应当加大对疫病净化工作的重视程度。①可以让更多的规模化养鸡场甚至中小养鸡场（户）能充分认识到动物疫病净化的重要性，在结合自身实际条件的基础上，积极地开展疫病净化工作①，从而提高全国的疫病净化率。②积极建立疫病净化的财政保障政策，加大对养鸡场的财政补贴力度，形成由政府牵头，各有关责任主体一起分担的局面，有效保证疫病净化需要的种种支出，确保疫病净化机制的长远性②。③充分发挥政策的鼓励作用，由此引导更多的资金、技术、设备以及人才向疫病净化领域流动，加快推进更多养鸡企业开展动物疫病净化。

第三，突出已净化养鸡场的产品优势，确保出售产品"优质有价"。利用市场机制和经济效益调动参与主体的积极性，确保企业在疫病净化上的投入和努力可以得到良好的经济回报和社会认可。一方面，可以利用第三方认证机构的专业权威，对已完成规定病种净化的养鸡场予以认证，促使企业"品牌化"的形成，

---

① 就本书的调查结果来看，规模化养鸡场鸡白痢的净化率为60%，禽白血病的净化率仅为40%，如果延伸至中小规模养鸡场（户），上述比率会更低。

② 实施疫病净化是一项长期性、持续性的工作，在此过程中需要大量的人力、物力投入，尤其是开展禽白血病净化，很多养鸡场因其高额的经济投入而选择了舍弃。

从而增强养鸡场在市场竞争中的"话语权"①。另一方面，短期内给予已净化养鸡场产品设定最低销售价格或是在交易价格上予以政府补贴。与此同时，提高禽类产品市场准入的条件，未获得相应认证的产品在市场交易、流通过程中受到某些条件的限制，从而为已净化养鸡场提供"优质有价"的竞争环境②。

第四，动物卫生部门需要配合好有关工作。各级疫病防控部门需要协助国家做好政策和制度的顶层设计，并积极与养鸡企业展开合作，了解企业落实政策的相关需求，努力为企业提供有关的技术配套，帮助企业制定符合自身特性的疫病净化方案③，以及定期组织企业技术人员进行培训、交流，提高企业自主开展疫病净化的能力。此外，还可安排专家组入场进行指导或授课，提升企业实施疫病净化的效率。派出有关技术骨干辅导企业购置专业设备，并培训设备的操作人员，以此降低设备安装、调试的时间。为尚未有能力开展疫病净化的企业提供委托检测服务，弥补一些企业无法落实的盲区等。

第五，结合养鸡场的具体特征与经营实际，有针对性、有重点地开展疫病净化工作。从鸡群健康的角度来考虑，蛋鸡场可以优先考虑净化禽白血病，肉鸡场可以优先考虑净化鸡白痢。从兽药使用的角度来考虑，父母代场、商品代场以及混合代场需要认真落实各种疫病净化政策，由此扩大疫病净化的积极影响。从成本收益的角度来考虑，已净化养鸡场的成本费用利润率较低，日后需做好饲养成本的管控。同时，父母代的已净化养鸡场单只鸡的净收益远低于未净化场，取得的净化效果不好，未来应强化对父母代养鸡场的指导与监督，从而提升疫病净化的经济收益。从生产效率的角度来考虑，地区间养鸡场的生产技术效率存在显著差异，七大区中东北地区的影响程度最低，这就要求东北地区的养鸡场应当强化生产经营管理，严格执行各项疫病净化措施，由此增加疫病净化的经济收益，进而提升该地区养鸡场的生产技术效率。

第六，紧抓养鸡场内部管理，保证各项净化措施落实到位。考虑到疫病净化是一项系统性工程，关系到引种培育和生产管理的各个环节，因此有必要要求养鸡场强化内部管理，将任务和责任分配至每一位员工，确保各项措施执行到位。

---

① 根据调研了解的情况来看，一些养鸡场尚未开展疫病净化工作的关键是净化成果无法得到市场认可，造成企业缺乏竞争优势。

② 养鸡场之间的竞争归根结底还是产品质量的竞争，但在现实交易中经常出现"低质高价、高质低价"的不正常现象，扰乱了家禽市场的供需平衡，给已净化养鸡场造成了一定的经济损失。

③ 尽可能做到"每场一案，每病一案"。

对此，一方面，尽可能从已开展净化工作的上游企业引进种源，提高引种的质量；另一方面，重视养鸡场的生物安全管理，做好鸡群的检测淘汰和消毒措施，减少饲养环境中病原数量，从而降低动物患病的概率。此外，对于一些尚未有能力净化的病种，短期内可适度购买一定数量的公共服务，以此提升企业产品的市场竞争力。

第七，加强行业内的联系与合作，从而实现全产业链的疫病净化。对于养鸡场而言，横向可以与兽医管理部门、生物制药企业以及疫苗企业等进行联合，进行技术协同与创新，推进疫病净化工作的开展。纵向可以与有责任、有意向开展疫病净化的不同代次的养鸡场共同合作、制定净化方案，从而达成疫病净化的预期目标。通过运用纵横联合的机制，实现祖代及以上场—父母代场—商品代场全产业链系统的疫病净化，由此提升我国家禽产品的国际竞争力。

第八，完善相关法律法规，营造良好的经营环境。随着我国规模化养殖进程的提速以及动物疫病净化工作的加快，亟须国家制定相关的法律、法规推进动物疫病净化①，淘汰落后的养鸡企业，并在时机成熟的情况下，逐步强制进行某些疫病的净化，从而实现我国预期的动物疫病净化目标。

---

① 虽然我国已在《动物防疫法》中明确要求对三大类动物疫病实施净化，但该法律条款过于笼统，在实际执行中无法形成有效参照。因此，有必要丰富及细化有关条例和规范，保障在推动疫病净化的进程中有法可依。

参考文献

［1］李鹏．中国设施畜牧业的现状及发展重点．天津农业科学，2010（1）：110－112.

［2］张晖．中国畜牧业面源污染研究——基于长三角地区生猪养殖户的调查．南京农业大学博士学位论文，2010.

［3］张梅，綦爱平，曲香云．中国畜牧业现状及发展趋势分析．中国畜牧兽医文摘，2014（5）：2.

［4］刘芳，龙华平等．我国畜禽良种繁育体系建设与发展研究．中国畜牧杂志，2012（12）：3－7.

［5］刘瑞瑛．对建设重大动物疫病防控机制的思考．四川畜牧兽医，2010（12）：18－19.

［6］徐快慧，刘永功．产业链视角下多利益主体参与的动物疫病防控机制研究．中国畜牧杂志，2012（10）：19－22.

［7］赵德明．我国重大动物疫病防控策略的分析．中国农业科技导报，2006（5）：1－4.

［8］张鲁安，付雯等．我国动物疫病防控工作中存在的问题及建议．中国动物检疫，2012（7）：19－22.

［9］王军，杨国丽等．对重大动物疫病防控工作的几点认识与思考．现代畜牧兽医，2012（7）：32－38.

［10］俞国乔，宋国光，顾小根．动物疫病防控风险和对策措施．中国动物检疫，2012（6）：35－36.

［11］Garner, M. G., Lack, M. B. An Evaluation of Alternate Control Strategies for Foot－and－Mouth Disease in Australia: A Regional Approach. Preventive Veterinary Medicine, 1995（1－2）：9－32.

［12］浦华，王济民，吕新业．动物疫病防控应急措施的经济学优化——基

于禽流感防控中实施强制免疫的实证分析. 农业经济问题, 2008 (11): 26 – 31.

[13] 张莉琴, 康小玮, 林万龙. 高致病性禽流感疫情防制措施造成的养殖户损失及政府补偿分析. 农业经济问题, 2009 (12): 28 – 33.

[14] 孙媛媛, 浦华. 我国无规定动物疫病区建设的效益评估——基于2006—2009 年的数据分析. 中国畜牧杂志, 2011 (20): 18 – 22.

[15] 浦华, 王济民. 我国无规定动物疫病区建设的探讨. 中国畜牧杂志, 2007 (14): 17 – 21.

[16] 刘芳, 贾幼陵, 杜雅楠. 中国无疫区建设与动物疫病净化. 中国动物检疫, 2011 (1): 81 – 83.

[17] 李金祥, 郑增忍. 我国动物疫病区域化管理实践与思考. 农业经济问题, 2015 (1): 7 – 14.

[18] 刘芳. 我国动物疫病净化长效机制的研究. 内蒙古农业大学博士学位论文, 2012: 1 – 4.

[19] 张淼洁, 付雯等. 动物疫病净化概述. 中国畜牧业, 2015 (19): 24 – 25.

[20] 滕翔雁, 宋建德等. 若干国家重大动物疫病防控计划. 中国动物检疫, 2014 (2): 3 – 9.

[21] 赵维宁, 郑增忍. 动物疫病区域化管理国际规则与我国无规定动物疫病区建设策略研究. 中国动物检疫, 2008 (12): 1 – 3.

[22] 韩雪, 顾小雪等. 我国种鸡主要疫病净化现状和对策. 中国家禽, 2016 (5): 64 – 66.

[23] 韩雪, 张倩等. 祖代种鸡场主要疫病监测与净化对策. 畜牧与兽医, 2016 (8): 109 – 112.

[24] 韩雪, 张倩等. 2015 年我国父母代种鸡场主要疫病净化情况调查. 中国兽医学报, 2017 (8): 1490 – 1494.

[25] 农业部. 国家中长期动物疫病防控战略研究. 北京: 中国农业出版社, 2012: 5 – 20.

[26] 吴清民. 兽医传染病学. 北京: 中国农业大学出版社, 2002: 100 – 120.

[27] 权亚玮, 张涛. 动物疫病净化技术探讨与分析. 畜牧兽医杂志, 2012 (3): 77 – 79.

[28] 王长江, 王琴沙等. 动物疫病净化的基本要求和方法探讨. 中国动物检疫, 2013 (8): 40 – 43.

［29］杨林，张淼洁等．种鸡场疫病净化综合防控措施．中国畜牧业，2016（2）：38 - 40．

［30］张锐，姜琳瑶，刘玉梅．主要畜禽养殖场动物疫病净化影响的研究综述．黑龙江畜牧兽医，2017（19）：61 - 64．

［31］李纪平，邵世义等．纯种猪场伪狂犬病控制与净化方法的研究初报．中国兽医杂志，2006（3）：25 - 26．

［32］刘芳，贾幼陵．完善我国动物疫病净化措施的必要性．黑龙江畜牧兽医，2012（8）：15 - 17．

［33］Moda，G. Non - Technical Constraints to Eradication：The Italian Experience. Veterinary Microbiology，2006（2 - 4）：253 - 258．

［34］Thiermann，A. B. International Standards：The World Organisation for Animal Health Terrestrial Animal Health Code. Revue Scientifique Et Technique，2015（1）：277．

［35］Otte，M. J.，Chilonda，P. Animal Health Economics：An Introduction. Roma，Italy：FAO，2000：1 - 10．

［36］浦华．动物疫病防控的经济学分析．中国农业科学院博士学位论文，2007：14 - 15．

［37］谢仲伦．动物卫生经济学．北京：中国农业出版社，2006：1 - 30．

［38］王济民，浦华等．动物卫生风险分析与风险管理的经济学评估．北京：中国农业出版社，2016：297 - 298．

［39］Ajzen，I.，Fishbein，M. Attitude - Behavior Relations：A Theoretical Analysis and Review of Empirical Research. Psychological Bulletin，1977（5）：888 - 918．

［40］Ajzen，I. The Theory of Planned Behavior. Organizational Behavior & Human Decision Processes，1991（2）：179 - 211．

［41］孙亚楠．地理标志农产品的品质控制及监管效果研究．南京农业大学博士学位论文，2014：15．

［42］王春超．转型时期中国农户经济决策行为研究中的基本理论假设．经济学家，2011（1）：57 - 62．

［43］浦华，白裕兵．养殖户违规用药行为影响因素研究．农业技术经济，2014（3）：40 - 48．

［44］James，Oliver. Performance Measures and Democracy：Information Effects

On Citizens in Field and Laboratory Experiments. Journal of Public Administration Research & Theory, 2011 (3): 399 – 418.

[45] 亚当·斯密. 国民财富的性质和原因的研究（上卷）. 北京：商务印书馆，1972：8 – 10.

[46] 吴三强. 美国企业并购研究. 吉林大学博士学位论文，2016：25.

[47] 伊特韦尔约. 新帕尔格雷夫经济学大辞典. 北京：经济科学出版社，1996：9 – 28.

[48] 胡代光. 现代市场经济的理论与实践. 北京：商务印书馆，1996：300 – 342.

[49] 马歇尔. 经济学原理（上卷）. 北京：商务印书馆，1981：324 – 331.

[50] 陶菡. 我国工业企业规模经济的评价及研究. 西安电子科技大学硕士学位论文，2014：50.

[51] Hotelling, H. Stability in Competition. Economic Journal, 1929 (153): 41 – 57.

[52] Gabszewicz, J. J., Thisse, J. F. Price Competition, Quality and Income Disparities. Journal of Economic Theory, 1979 (3): 340 – 359.

[53] Shaked, A., Sutton, J. Natural Oligopolies. Econometrica, 1983 (5): 1469 – 1483.

[54] 袁静. 动物疫病净化对畜牧业供给侧改革的影响. 农村经济与科技，2018 (11): 97 – 98.

[55] 林恩·佩波尔，丹·理查兹，乔治·诺曼. 产业组织：现代理论与实践. 北京：中国人民大学出版社，2014：139 – 147.

[56] 泰勒尔. 产业组织理论. 北京：中国人民大学出版社，1997：534 – 537.

[57] 陈琼. 中国肉鸡生产的成本收益与效率研究. 中国农业科学院博士学位论文，2013：58.

[58] 魏秀玉. 全国家禽产品供需状况研究. 河南农业大学学报，2014 (1): 104 – 107.

[59] Delgado, C., Rosegrant, M., et al. Livestock to 2020: The Next Food Revolution. Vision Discussion Papers, 1999 (1): 27 – 29.

[60] Rich, K. M. New Methods for Integrated Models of Animal Disease Control,

2007：1－10.

［61］Blokhuis, H. J., Veissier, I., et al. The Welfare Qualityâ⑧ Project and Beyond：Safeguarding Farm Animal Well－Being. Acta Agriculturae Scandinavica, 2010 （3）：129－140.

［62］Rushen, J., Butterworth, A., Swanson, J. C. Animal Behavior and Well－Being Symposium：Farm Animal Welfare Assurance：Science and Application1. Journal of Animal Science, 2011 （4）：1219－1228.

［63］Houe, H., Pedersen, K. M., Meyling, A. A Computerized Spread Sheet Model for Calculating Total Annual National Losses Due to Bovine Viral Diarrhea Virus Infection in Dairy Herds and Sensitivity Analysis of Selected Parameters, 1993：1－10.

［64］Taylor, L. F., Janzen, E. D., et al. Performance, Survival, Necropsy, and Virological Findings From Calves Persistently Infected with the Bovine Viral Diarrhea Virus Originating From a Single Saskatchewan Beef Herd. The Canadian Veterinary Journal, 1997 （1）：29－37.

［65］Power, A. P., Harris, S. A. A Cost－Benefit Evaluation of Alternative Control Policies for Foot－and－Mouth Disease in Great Britain. Journal of Agricultural Economics, 2010 （3）：573－600.

［66］Graham, D. A., Clegg, T. A., et al. Survival Time of Calves with Positive Bvd Virus Results Born During the Voluntary Phase of the Irish Eradication Programme. Preventive Veterinary Medicine, 2015 （3－4）：123－133.

［67］韦平，崔治中．地方品种鸡禽白血病和鸡白痢的危害及净化防控的实践．中国家禽，2015 （9）：1－4.

［68］何辉．禽白血病控制和净化计划的优化与评估．中国家禽，2014 （3）：38－39.

［69］齐岩，张贺楠，刘有昌．禽白血病的危害及防控．家禽科学，2010 （6）：5－9.

［70］何爱飞，徐春志等．蛋鸡血管瘤型禽白血病的诊断．动物医学进展，2009 （1）：112－115.

［71］张倩．我国祖代种鸡场禽白血病、禽网状内皮组织增殖症和鸡白痢的监测与分析．中国农业大学博士学位论文，2017：10－11.

［72］薛九利，李瑞香等．鸡白痢的危害及预防措施．畜牧与饲料科学，

2015 (1): 110 – 111.

［73］张丹俊，沈学怀等．禽白血病和鸡白痢净化与非净化鸡群生产性能差异性研究．安徽农业大学学报，2013 (5): 695 – 700.

［74］时倩，潘玲，周杰．鸡白痢鸡伤寒对种鸡生产性能的影响．吉林农业科学，2011 (4): 55 – 57.

［75］广西大学课题组．广西鸡育种公司实施国家禽白血病净化项目有成效．广西畜牧兽医，2014 (2): 112.

［76］刘洋，顾小雪等．种鸡场鸡白痢净化效果及可行性分析．中国家禽，2017 (11): 71 – 73.

［77］崔治中．种鸡场的疫病净化．中国家禽，2010 (17): 5 – 6.

［78］吴学敏，王隆柏等．规模化猪场猪瘟的净化及成效．福建畜牧兽医，2011 (5): 75 – 79.

［79］Whipple, D. L., Palmer, M. V. Reemergence of Tuberculosis in Animals in the United States. 2000: 281 – 299.

［80］Gilsdorf, M. J., Ebel, E. D., et al. Benefit and Cost Assessment of the U. S. Bovine Tuberculosis Eradication Program. Blackwell Publishing Ltd., 2008: 1 – 10.

［81］Maresca, C., Costarelli, S., et al. Enzootic Bovine Leukosis: Report of Eradication and Surveillance Measures in Italy Over an 8 – Year Period (2005 – 2012). Preventive Veterinary Medicine, 2015 (3 – 4): 222 – 226.

［82］Ryan, T. J., Livingstone, P. G., et al. Advances in Understanding Disease Epidemiology and Implications for Control and Eradication of Tuberculosis in Livestock: The Experience From New Zealand. Veterinary Microbiology, 2006 (2 – 4): 211 – 219.

［83］Lindberg, A., Brownlie, J., et al. The Control of Bovine Viral Diarrhoea Virus in Europe: Today and in the Future. Revue Scientifique et Technique (International Office of Epizootics), 2006 (3): 961 – 979.

［84］Presi, P., Heim, D. Bvd Eradication in Switzerland—a New Approach. Veterinary Microbiology, 2010 (1 – 2): 137 – 142.

［85］Stott, A. W., Gunn, G. J. Use of a Benefit Function to Assess the Relative Investment Potential of Alternative Farm Animal Disease Prevention Strategies. Preventive Veterinary Medicine, 2008 (3 – 4): 179 – 193.

［86］Lindberg, A. L., Alenius, S. Principles for Eradication of Bovine Viral Diarrhoea Virus（Bvdv）Infections in Cattle Populations. Vet Microbiol, 1999（2 – 3）: 197 – 222.

［87］Djunaidi, H., Djunaidi, A. C. M. The Economic Impacts of Avian Influenza On World Poultry Trade and the U. S. Poultry Industry: A Spatial Equilibrium Analysis. Journal of Agricultural & Applied Economics, 2007（2）: 313 – 323.

［88］陈强. 高级计量经济学及 Stata 应用. 北京: 高等教育出版社, 2014: 325 – 327.

［89］Heckman, J. J. Sample Selection Bias as a Specification Error. Econometrica, 1979（1）: 153 – 161.

［90］Maddala, G. S. Limited – Dependent and Qualitative Variables in Econometrics. Cambridge: Cambridge University Press, 1983: 80 – 81.

［91］Carlos Javier, R. H., Ichiro, K., Mauricio, A. Social Capital, Mental Health and Biomarkers in Chile: Assessing the Effects of Social Capital in a Middle – Income Country. Social Science & Medicine, 2014（1）: 47 – 58.

［92］陈在余, 王洪亮. 农村居民收入及收入差距对农民健康的影响——基于地区比较的角度分析. 南开经济研究, 2010（5）: 71 – 83.

［93］Buckles, K., Hagemann, A., et al. The Effect of College Education On Mortality. Journal of Health Economics, 2016: 99 – 114.

［94］Zhao, X. Competition, Information, and Quality: Evidence From Nursing Homes. Journal of Health Economics, 2016: 136 – 152.

［95］Hollard, G., Sene, O. Social Capital and Access to Primary Health Care in Developing Countries: Evidence From Sub – Saharan Africa. Journal of Health Economics, 2016: 1 – 11.

［96］初小辉. 吉林省猪伪狂犬病流行病学调查与防控措施的研究及应用. 吉林大学博士学位论文, 2011: 73 – 74.

［97］Tomassen, F. H., de Koeijer, A., et al. A Decision – Tree to Optimise Control Measures During the Early Stage of a Foot – and – Mouth Disease Epidemic. Preventive Veterinary Medicine, 2002（4）: 301 – 324.

［98］Mangen, M. J., Nielen, M., Burrell, A. M. Simulated Effect of Pig – Population Density On Epidemic Size and Choice of Control Strategy for Classical Swine Fever Epidemics in the Netherlands. Preventive Veterinary Medicine, 2002（2）: 141 – 163.

［99］强雁．浅谈规模型猪场疫病的防治措施．吉林农业，2010（7）：193．

［100］Wilesmith，J. Spatio – Temporal Epidemiology of Foot – and – Mouth Disease in Two Counties of Great Britain in 2001. Preventive Veterinary Medicine，2003（3）：157 – 170.

［101］林伟坤．规模养殖户家禽疫病防控行为的影响因素研究．南京农业大学硕士学位论文，2009：40 – 41．

［102］王中力．我国动物疫病区域化管理模式的应用与分析．中国农业大学博士学位论文，2014：74 – 76．

［103］Alexandersen，S.，Zhang，Z.，et al. The Pathogenesis and Diagnosis of Foot – and – Mouth Disease. Journal of Comparative Pathology，2003（1）：1 – 36.

［104］McLaws，M.，Ribble，C.，et al. Factors Associated with the Early Detection of Foot – and – Mouth Disease During the 2001 Epidemic in the United Kingdom. The Canadian Veterinary Journal，2009（1）：53 – 60.

［105］孟凡东．我国畜牧业生态经济发展的系统分析．青岛大学博士学位论文，2012：134 – 135．

［106］王飞，冯泽清等．二郎山山地鸡不同品系的鸡白痢净化效果分析．中国畜牧兽医，2014（5）：216 – 220．

［107］吴海冲，汤剑雄等．福建某鸡场禽白血病的净化效果探讨．畜牧与兽医，2015（5）：105 – 107．

［108］Clegg，T. A.，Graham，D. A.，et al. Temporal Trends in the Retention of Bvd + Calves and Associated Animal and Herd – Level Risk Factors During the Compulsory Eradication Programme in Ireland. Preventive Veterinary Medicine，2016：128 – 138.

［109］Gavora，J. S.，Spencer，J. L. et al. Lymphoid Leukosis Virus Infection：Effects On Production and Mortality and Consequences in Selection for High Egg Production. Poultry Science，1980（10）：2165 – 2178.

［110］屈凤琴，杨淑琴等．鸡白痢阳性鸡对种鸡生产性能影响的调查．中国畜禽传染病，1998（1）：44 – 46．

［111］张桂枝，靳双星，黄炎坤．禽白血病和鸡白痢净化与非净化鸡群生产性能的差异性比较．中国兽医杂志，2017（7）：49 – 51．

［112］刘玉梅，张锐等．猪伪狂犬病净化对猪生产性能影响的研究．中国畜

牧兽医，2017（10）：3063－3069.

［113］Hässig，M. ，Kemper－Gisler，D. et al. Vergleich Von Leistungsfähigkeit Und Tierärztlichen Kosten in Landwirtschaftlichen Betrieben Mit Und Ohne Integrierte Tierärztliche Bestandesbetreuung（Itb）. Sat Schweizer Archiv Für Tierheilkunde，2010（10）：470－476.

［114］Woods，Abigail. Is Prevention Better than Cure? The Rise and Fall of Veterinary Preventive Medicine，C. 1950－1980. Social History of Medicine，2013（1）：113－131.

［115］Derks，M. ，Hogeveen，H. ，et al. Efficiency of Dairy Farms Participating and Not Participating in Veterinary Herd Health Management Programs. Preventive Veterinary Medicine，2014（3－4）：478－486.

［116］Laanen，M. ，Maes，D. et al. Pig，Cattle and Poultry Farmers with a Known Interest in Research Have Comparable Perspectives On Disease Prevention and On－Farm Biosecurity. Preventive Veterinary Medicine，2014（1－2）：1－9.

［117］Landers，T. F. ，Larson，E. L. A Review of Antibiotic Use in Food Animals：Perspective，Policy，and Potential. Public Health Reports，2012（1）：4－22.

［118］Anonymous. The Uk Five Year Antimicrobial Resistance Strategy 2013 to 2018. UK，London：Department of Health，2013.

［119］Levy，S. Reduced Antibiotic Use in Livestock：How Denmark Tackledresistance. Environmental Health Perspectives，2014（6）：A160－A165.

［120］Anonymous. Reduced and Responsible：Policy On the Use of Antibiotics in Food－Producing Animals in the Netherlands. Netherlands，Hague：Ministry of Economic Affairs，2014.

［121］Anonymous. Ec Launches Action Plan to Tackle Antimicrobial Resistance. Veterinary Record，2011（22）：565－566.

［122］丁建英. 动物性食品中兽药残留对人体健康的影响. 中国畜牧杂志，2006（12）：4－6.

［123］秦占国. 国内外兽药残留与动物源食品安全管理研究. 华中农业大学硕士学位论文，2009.

［124］Wei，X. ，Lin，W. ，Hennessy，D. A. Biosecurity and Disease Management in China' S Animal Agriculture Sector. Food Policy，2015：52－64.

[125] Erdem, S. , Dan, R. , Wossink, A. Using Best – Worst Scaling to Explore Perceptions of Relative Responsibility for Ensuring Food Safety. Food Policy, 2012 (6): 661 –670.

[126] Jones, P. J. , Marier, E. A. , et al. Factors Affecting Dairy Farmers' Attitudes Towards Antimicrobial Medicine Usage in Cattle in England and Wales. Preventive Veterinary Medicine, 2015 (1 –2): 30 –40.

[127] Friedman, D. B. , Kanwat, C. P. et al. Importance of Prudent Antibiotic Use On Dairy Farms in South Carolina: A Pilot Project On Farmers' Knowledge, Attitudes and Practices. Zoonoses and Public Health, 2007 (9 –10): 366 –375.

[128] Rushton, J. Anti – Microbial Use in Animals: How to Assess the Trade – Offs. Zoonoses Public Health, 2015 (s1): 10 –21.

[129] Aarestrup, F. M. Veterinary Drug Usage and Antimicrobial Resistance in Bacteria of Animal Origin. Basic & Clinical Pharmacology & Toxicology, 2005 (4): 271 –281.

[130] Ramirez, C. R. , Harding, A. L. et al. Limited Efficacy of Antimicrobial Metaphylaxis in Finishing Pigs: A Randomized Clinical Trial. Preventive Veterinary Medicine, 2015 (1 –2): 176 –178.

[131] Postma, M. , Sjölund, M. et al. Assigning Defined Daily Doses Animal: A European Multi – Country Experience for Antimicrobial Products Authorized for Usage in Pigs. Journal of Antimicrobial Chemotherapy, 2015 (1): 294 –302.

[132] Corrégé, I. , Berthelot, N. et al. Biosecurity, Health Control, Farming Conception and Management Factors: Impact On Technical and Economic Performances. : Animal Hygiene and Sustainable Livestock Production. Proceedings of the Xvth International Congress of the International Society for Animal Hygiene, Vienna, Austria, 3 –7 July, 2011.

[133] Laanen, M. , Persoons, D. et al. Relationship Between Biosecurity and Production/Antimicrobial Treatment Characteristics in Pig Herds. The Veterinary Journal, 2013 (2): 508 –512.

[134] Postma, M. , Backhans, A. et al. The Biosecurity Status and its Associations with Production and Management Characteristics in Farrow – to – Finish Pig Herds. Animal, 2016 (3): 478 –489.

［135］Callens, B., Boyen, F. et al. Reply to Letter to the Editor by Moore and Elborn (2012) Concerning the Manuscript "Prophylactic and Metaphylactic Antimicrobial Use in Belgian Fattening Pig Herds" by B. Callens et al. (2012). Preventive Veterinary Medicine, 2012 (3 – 4): 288 – 290.

［136］Filippitzi, M. E., Callens, B., et al. Antimicrobial Use in Pigs, Broilers and Veal Calves in Belgium. Vlaams Diergeneeskundig Tijdschrift, 2014 (5): 215 – 224.

［137］Rojo – Gimeno, C., Postma, M., et al. Farm – Economic Analysis of Reducing Antimicrobial Use Whilst Adopting Improved Management Strategies On Farrow – to – Finish Pig Farms. Preventive Veterinary Medicine, 2016: 74 – 87.

［138］任庆海，胡东方等. 某规模化猪场猪瘟和伪狂犬病净化的实施及成效分析. 养猪，2013（1）: 100 – 102.

［139］马斌. 奶牛养殖场疫病控制效果观察. 农业科技与信息，2006（7）: 26.

［140］孙贵. 规模养羊场疫病控制效果观察. 吉林畜牧兽医，2008（8）: 8 – 9.

［141］Postma, M., Vanderhaeghen, W., et al. Reducing Antimicrobial Usage in Pig Production without Jeopardizing Production Parameters. Zoonoses and Public Health, 2017（1）: 63 – 74.

［142］Ramsey, D. S. L., O Brien, D. J., et al. Management of On – Farm Risk to Livestock From Bovine Tuberculosis in Michigan, Usa, White – Tailed Deer: Predictions From a Spatially – Explicit Stochastic Model. Preventive Veterinary Medicine, 2016: 26 – 38.

［143］Fraser, R. W., Williams, N. T., et al. Reducing Campylobacter and Salmonella Infection: Two Studies of the Economic Cost and Attitude to Adoption of On – Farm Biosecurity Measures. Zoonoses and Public Health, 2010（7 – 8）: e109 – e115.

［144］Gunn, G. J., Heffernan, C., et al. Measuring and Comparing Constraints to Improved Biosecurity Amongst Gb Farmers, Veterinarians and the Auxiliary Industries. Preventive Veterinary Medicine, 2008（3 – 4）: 310 – 323.

［145］陈杖榴. 兽医药理学. 北京：中国农业出版社，2009: 1 – 15.

［146］Rosenbaum, P. R., Rubin, D. B. Assessing Sensitivity to an Unobserved

Binary Covariate in an Observational Study with Binary Outcome. Journal of the Royal Statistical Society, 1983 (2): 212 – 218.

[147] 冯晓龙, 刘明月等. 农户气候变化适应性决策对农业产出的影响效应——以陕西苹果种植户为例. 中国农村经济, 2017 (3): 31 – 45.

[148] 刘万利, 齐永家, 吴秀敏. 养猪农户采用安全兽药行为的意愿分析——以四川为例. 农业技术经济, 2007 (1): 80 – 87.

[149] 吴秀敏. 养猪户采用安全兽药的意愿及其影响因素——基于四川省养猪户的实证分析. 中国农村经济, 2007 (9): 17 – 24.

[150] 吴林海, 谢旭燕. 生猪养殖户认知特征与兽药使用行为的相关性研究. 中国人口·资源与环境, 2015 (2): 160 – 169.

[151] 王瑜. 养猪户的药物添加剂使用行为及其影响因素分析——基于江苏省 542 户农户的调查数据. 农业技术经济, 2009 (5): 46 – 55.

[152] 朱宁, 秦富. 畜禽养殖户兽药超标使用行为及其影响因素分析——以蛋鸡为例. 中国农学通报, 2015 (23): 7 – 11.

[153] Perry, B., McDermott, J., Randolph, T. Can Epidemiology and Economics Make a Meaningful Contribution to National Animal – Disease Control? Preventive Veterinary Medicine, 2001 (4): 231 – 260.

[154] Ssematimba, A., Hagenaars, T. J., et al. Avian Influenza Transmission Risks: Analysis of Biosecurity Measures and Contact Structure in Dutch Poultry Farming. Preventive Veterinary Medicine, 2013 (1 – 2): 106 – 115.

[155] Rich, K. M., Winter – Nelson, A. An Integrated Epidemiological – Economic Analysis of Foot and Mouth Disease: Applications to the Southern Cone of South America. American Journal of Agricultural Economics, 2010 (3): 682 – 697.

[156] Wilkinson, K. Organised Chaos: An Interpretive Approach to Evidence – Based Policy Making in Defra. Political Studies, 2011 (4): 959 – 977.

[157] Otte, M. J., Nugent, R., Mcleod, A. Transboundary Animal Diseases: Assessment of Socio – Economic Impacts and Institutional Responses. Rome, 2004.

[158] Bosman, K. J., Mourits, M. C. M., et al. Minimization of the Impact of Aujeszky'S Disease Outbreaks in the Netherlands: A Conceptual Framework. Transboundary and Emerging Diseases, 2013 (4): 303 – 314.

[159] Yamane, I., Ishizeki, S., Yamazaki, H. Aujeszky'S Disease and the

Effects of Infection On Japanese Swine Herdproductivity: A Cross – Sectional Study. Journal of Veterinary Medical Science, 2015 (5): 579 – 582.

［160］Rich, K. M., Miller, G. Y., Winter – Nelson, A. A Review of Economic Tools for the Assessment of Animal Disease Outbreaks. Revue Scientifique et Technique (International Office of Epizootics), 2005 (3): 833 – 845.

［161］Alvarez, A., Del Corral, J. et al. Does Intensification Improve the Economic Efficiency of Dairy Farms? Journal of Dairy Science, 2008 (9): 3693 – 3698.

［162］Mahul, O., Durand, B. Simulated Economic Consequences of Foot – and – Mouth Disease Epidemics and their Public Control in France. Preventive Veterinary Medicine, 1999 (1 – 2): 23 – 38.

［163］Perry, B. D., Randolph, T. F., et al. The Impact and Poverty Reduction Implications of Foot and Mouth Disease Control in Southern Africa with Special Reference to Zimbabwe. Astrophysical Journal, 2003: 1 – 10.

［164］Berentsen, P. B. M., Dijkhuizen, A. A., Oskam, A. J. A Dynamic Model for Cost – Benefit Analyses of Foot – and – Mouth Disease Control Strategies. Preventive Veterinary Medicine, 1992 (3 – 4): 229 – 243.

［165］Paarlberg, P. L., Lee, J. G. Import Restrictions in the Presence of a Health Risk: An Illustration Using Fmd. American Journal of Agricultural Economics, 1998 (1): 175 – 183.

［166］Bates, T. W., Carpenter, T. E., Thurmond, M. C. Benefit – Cost Analysis of Vaccination and Preemptive Slaughter as a Means of Eradicating Foot – and – Mouth Disease. American Journal of Veterinary Research, 2003 (7): 805 – 812.

［167］Elbakidze, L., Highfield, L., et al. Economics Analysis of Mitigation Strategies for Fmd Introduction in Highly Concentrated Animal Feeding Regions. Review of Agricultural Economics, 2009 (4): 931 – 950.

［168］曹光乔, 潘丹. 我国蛋鸡养殖成本收益及其影响因素分析. 中国家禽, 2011 (17): 26 – 28.

［169］陆昌华, 胡肄农等. 动物疫病损失模型及治疗的经济评估模型构建. 家畜生态学报, 2015 (6): 5 – 10.

［170］孙向东, 刘拥军, 王幼明. 动物疫病风险分析. 北京: 中国农业出版社, 2015: 404 – 415.

［171］Dijkhuizen, A. A., Huirne, R. B. M., Jalvingh, A. W. Economic Analysis of Animal Diseases and Their Control. Preventive Veterinary Medicine, 1995 (2): 135 – 149.

［172］李钢. 规模化种猪场猪伪狂犬病的净化方案的研究. 湖南农业大学硕士学位论文, 2010: 22 – 25.

［173］孙广力, 杨本等. 猪伪狂犬病防治技术措施的经济评价分析. 黑龙江畜牧兽医, 2003 (8): 39 – 40.

［174］Valle, P. S., Skjerve, E., et al. Ten Years of Bovine Virus Diarrhoea Virus (Bvdv) Control in Norway: A Cost – Benefit Analysis. Preventive Veterinary Medicine, 2005 (1 – 2): 189 – 207.

［175］王秀清. 中国粮食国际竞争力研究. 农业技术经济, 1999 (2): 6 – 11.

［176］郝飞, 汤德元等. 规模化猪场猪瘟净化措施的研究. 畜牧与兽医, 2013 (7): 82 – 92.

［177］甘书钻, 陆维和等. 一个种猪场健康养殖的成功经验. 广西畜牧兽医, 2015 (1): 26 – 28.

［178］刘玉梅, 张锐等. 规模养殖、疫病净化与企业效益分析——基于猪伪狂犬病净化的调查研究. 中国兽医杂志, 2017 (7): 106 – 110.

［179］Moennig, V., Houe, H., Lindberg, A. Bvd Control in Europe: Current Status and Perspectives. Animal Health Research Reviews, 2005 (1): 63 – 74.

［180］Ketusing, N., Reeves, A., et al. Evaluation of Strategies for the Eradication of Pseudorabies Virus (Aujeszky's Disease) in Commercial Swine Farms in Chiang – Mai and Lampoon Provinces, Thailand, Using a Simulation Disease Spread Model. Transboundary and Emerging Diseases, 2014 (2): 169 – 176.

［181］司伟. 全球化背景下的中国糖业：价格、成本与技术效率. 中国农业大学博士学位论文, 2005: 117 – 118.

［182］茹玉. 省直管县财政体制改革对县级财政状况的影响研究. 中国农业大学博士学位论文, 2017: 65 – 68.

［183］翟黎明, 夏显力, 吴爱娣. 政府不同介入场景下农地流转对农户生计资本的影响——基于 PSM – DID 的计量分析. 中国农村经济, 2017 (2): 2 – 15.

［184］刘瑞明, 赵仁杰. 西部大开发：增长驱动还是政策陷阱——基于

PSM – DID 方法的研究. 中国工业经济, 2015 (6): 32 – 43.

[185] Derks, M., van Werven, T., et al. Associations Between Farmer Participation in Veterinary Herd Health Management Programs and Farm Performance. Journal of Dairy Science, 2014 (3): 1336 – 1347.

[186] Brand, A., Noordhuizen, J. P. T. M., Schukken, Y. H. Herd Health and Production Management in Dairy Practice. Recercat Home, 1996 (97): 1 – 10.

[187] Radostits, O. M., Leslie, K. E., Fetrow, J. Herd Health: Food Animal Production Medicine, 2Nded. Journal of Veterinary Internal Medicine, 1995 (1): 55 – 60.

[188] Noordhuizen, J. P., Wentink, G. H. Developments in Veterinary Herd Health Programmes On Dairy Farms: A Review. The Veterinary Quarterly, 2001 (4): 162 – 169.

[189] LeBlanc, S. J., Lissemore, K. D., et al. Major Advances in Disease Prevention in Dairy Cattle. Journal of Dairy Science, 2006 (4): 1267 – 1279.

[190] Braun, R. K., Noordhuizen, J. P. T. M., et al. A Goal – Oriented Approach to Herd Health and Production Control Dairy Cows, 1982 (9): 51 – 55.

[191] Kruif, A. D., Opsomer, G. Integrated Dairy Herd Health Management as the Basis for Prevention. Vlaams Diergeneeskundig Tijdschrift, 2004 (1): 44 – 52.

[192] Williamson, N. B. The Economic Efficiency of a Veterinary Preventive Medicine and Management Program in Victorian Dairy Herds: Analytical Methods Defended. Australian Veterinary Journal, 1981 (12): 573 – 576.

[193] Sol, J., Stelwagen, J., Dijkhuizen, A. A. A Three Year Herd Health and Management Program On Thirty Dutch Dairy Farms. Veterinary Quarterly, 1984 (3): 149 – 157.

[194] 张锐, 杨林等. 禽白血病和鸡白痢净化效果的调查与分析. 畜牧兽医学报, 2018 (8): 1709 – 1719.

[195] 张锐, 刘玉梅等. 疫病净化对动物后代繁育的影响研究——基于全国 297 个规模化养鸡场的实证分析. 浙江农业学报, 2018 (8): 1427 – 1434.

[196] 张锐, 翟新验等. 规模化养鸡场的疫病净化、兽药使用的影响因素分析. 农业经济与管理, 2018 (5): 82 – 96.

[197] 张锐, 翟新验等. 疫病净化对规模化养鸡场经济效益的影响分析. 中国农业资源与区划, 2018 (9): 231 – 238.

[198] Lievaart, J. J. , Noordhuizen, J. P. Veterinary Assistance to Dairy Farms in the Netherlands: An Assessment of the Situation by Dairy Farmers. Tijdschrift Voor Diergeneeskunde, 1999 (24): 734 – 740.

[199] Leach, K. A. , Whay, H. R. , Maggs, C. M. Working Towards a Reduction in Cattle Lameness: 2. Understanding Dairy Farmers' Motivations. Research in Veterinary Science, 2010 (2): 318 – 323.

[200] Brennan, M. L. , Christley, R. M. Biosecurity On Cattle Farms: A Study in North – West England. PLoS ONE, 2012 (1): e28139, 1 – 8.

[201] Casal, J. , De Manuel, A. , et al. Biosecurity Measures On Swine Farms in Spain: Perceptions by Farmers and their Relationship to Current On – Farm Measures. Preventive Veterinary Medicine, 2007 (1 – 2): 138 – 150.

[202] Valeeva, N. I. , van Asseldonk, M. A. P. M. , Backus, G. B. C. Perceived Risk and Strategy Efficacy as Motivators of Risk Management Strategy Adoption to Prevent Animal Diseases in Pig Farming. Preventive Veterinary Medicine, 2011 (4): 284 – 295.

[203] Hoinville, L. J. , Alban, L. , et al. Proposed Terms and Concepts for Describing and Evaluating Animal – Health Surveillance Systems. Preventive Veterinary Medicine, 2013 (1 – 2): 1 – 12.

[204] 昆伯卡舒伯利 C. , 拉维尔 C. A. 诺克斯. 随机边界分析. 复旦大学出版社, 2007: 30 – 34.

[205] 杨雪姣, 王春瑞, 孙福田. 基于 DEA 方法对黑龙江省农业科技进步贡献率的测算及分析. 开发研究, 2014 (2): 109 – 112.

[206] 李双杰, 范超. 随机前沿分析与数据包络分析方法的评析与比较. 统计与决策, 2009 (7): 25 – 28.

[207] Khumbakar, S. C. , Ghosh, S. , Mcgukin, J. T. A Generalized Production Function Approach for Estimating Determinants of Inefficiency in Us Dairy Firm. Journal of Business & Economic Statistics, 1991 (3): 279 – 286.

[208] 潘丹, 曹光乔, 秦富. 基于随机前沿分析的中国蛋鸡生产技术效率研究. 江苏农业科学, 2013 (6): 389 – 392.

[209] 朱宁. 畜禽养殖户废弃物处理及其对养殖效果影响的实证研究. 中国农业大学博士学位论文, 2014: 71 – 80.

[210] 郜亮亮, 李栋等. 中国奶牛不同养殖模式效率的随机前沿分析——来

自 7 省 50 县监测数据的证据. 中国农村观察, 2015 (3): 64 - 73.

[211] Battese, G. E. , Coelli, T. J. A Model for Technical Inefficiency Effects in a Stochastic Frontier Production Function for Panel Data. Empirical Economics, 1995 (2): 325 - 332.

[212] Aigner, D. , Lovell, C. A. K. , Schmidt, P. Formulation and Estimation of Stochastic Frontier Production Function Models. Journal of Econometrics, 1977 (1): 21 - 37.

[213] Schmidt, P. , Jondrow, J. On the Estimation of Technical Inefficiency in the Stochastic Frontier Production Function Model. Journal of Econometrics, 1981 (2): 233 - 238.

[214] 李后建, 张宗益. 技术采纳对农业生产技术效率的影响效应分析——基于随机前沿分析与分位数回归分解. 统计与信息论坛, 2013 (12): 58 - 65.

[215] 王志亮, 陈继明等. 美国养禽业促进计划 (NPIP) 对我国动物疫病防控工作的借鉴性. 中国动物检疫, 2005 (2): 7 - 8.

[216] 于丽萍, 王永玲等. 家禽和生猪健康促进策略研究. 中国动物检疫, 2014 (2): 10 - 13.

[217] 孙向东, 刘拥军等. 美国家禽改良计划特点和管理结构. 中国动物检疫, 2009 (7): 64 - 66.

[218] 陈连颐, 胡传伟. 美国家禽业发展状况全景扫描. 中国禽业导刊, 2007 (12): 16 - 20.

[219] 张先光, 李康然. 美国家禽改良计划简介及我们对中国的建议. 中国动物保健, 1999 (2): 4 - 6.

附　录

附录一　部分计量估计结果

附表 1　疫病净化对不同代次养鸡场抗生素使用的模型估计结果

变量	鸡白痢净化				禽白血病净化			
	祖代及以上	父母代场	商品代场	混合代场	祖代及以上	父母代场	商品代场	混合代场
核心解释变量								
是否开展疫病净化	-0.609***	0.373	-1.235	0.036	-0.515**	-0.170	-1.207	0.050
	(0.230)	(0.327)	(0.998)	(0.152)	(0.203)	(0.192)	(0.937)	(0.163)
养鸡场基本特征								
疫苗费用	0.312***	0.076**	0.047	-0.019	0.317***	0.078*	0.050	-0.017
	(0.089)	(0.038)	(0.049)	(0.041)	(0.095)	(0.040)	(0.052)	(0.044)
是否为封闭式栏舍	-1.347	-0.379	0	0.453***	-1.372	-0.347	0	0.430***
	(1.267)	(0.422)	(.)	(0.079)	(1.317)	(0.387)	(.)	(0.076)
是否为半封闭式栏舍	-2.071*	0.151	3.502***	0.553*	-1.991*	0.159	3.637***	0.507
	(1.074)	(0.417)	(1.244)	(0.322)	(1.110)	(0.377)	(1.345)	(0.399)
是否为开放式栏舍	0.682	-0.550	-3.540**	0.165	0.894	-0.648	-3.614**	0.101
	(2.277)	(0.401)	(1.509)	(0.355)	(2.289)	(0.414)	(1.643)	(0.145)
是否为笼养	-2.918	-0.306	4.616**	-8.542***	-2.913	-0.382	4.789**	-8.514***
	(1.910)	(0.400)	(2.197)	(2.028)	(1.937)	(0.380)	(2.347)	(1.976)
是否为平养	-3.308*	-0.0730	2.320***	-0.156	-3.252*	-0.128	2.662***	-0.165
	(1.689)	(0.240)	(0.782)	(0.133)	(1.726)	(0.200)	(0.954)	(0.138)
是否为其他方式饲养	0	-0.635**	6.117*	0	0	-0.589**	6.062	0
	(.)	(0.305)	(3.601)	(.)	(.)	(0.266)	(3.745)	(.)

变量	鸡白痢净化				禽白血病净化			
	祖代及以上	父母代场	商品代场	混合代场	祖代及以上	父母代场	商品代场	混合代场
是否有独立兽医室	2.569 *	-0.437	-4.144 **	10.58 ***	2.727 **	-0.477	-4.181 **	10.52 ***
	(1.322)	(0.657)	(2.003)	(1.557)	(1.276)	(0.603)	(2.113)	(1.716)
是否有净道	-1.447	-0.188	-2.780 **	3.493 ***	0	-0.121	-2.834 **	3.403 ***
	(1.517)	(0.354)	(1.304)	(0.280)	(.)	(0.371)	(1.381)	(0.482)
是否有污道	0.093	0.994 **	0	0	-0.091	0.860 **	0	0
	(1.182)	(0.420)	(.)	(.)	(1.222)	(0.393)	(.)	(.)
养鸡场日常管理								
生产档案登记频率	-0.094 ***	-0.001	-0.138 **	0.022 ***	-0.100 ***	0.001	-0.141 **	0.021 ***
	(0.027)	(0.009)	(0.055)	(0.003)	(0.027)	(0.010)	(0.058)	(0.006)
投入品使用档案登记频率	0.051 **	0.015 *	0.058 ***	0.001	0.051 **	0.015 *	0.064 ***	0.001
	(0.024)	(0.009)	(0.013)	(0.004)	(0.023)	(0.009)	(0.016)	(0.005)
是否建立产品追溯制度	-0.169	0.262	-1.111	0.385 ***	-0.108	0.351	-1.084	0.411 ***
	(0.810)	(0.276)	(0.696)	(0.111)	(0.832)	(0.282)	(0.725)	(0.048)
养殖的风险偏好								
是否敢使用新药	0.306	0.507	-2.686	0.123	0.069	0.489	-2.454	0.124
	(0.924)	(0.435)	(2.282)	(0.213)	(0.911)	(0.451)	(2.273)	(0.174)
对待投资的态度	0.171	-0.123	-0.051	-0.062	0.186	-0.137	-0.053	-0.077
	(0.398)	(0.145)	(0.063)	(0.077)	(0.392)	(0.137)	(0.066)	(0.099)
兽药使用方式								
是否根据饲养经验使用兽药	-0.904	-0.153	0	-0.574 ***	-1.177	-0.125	0	-0.545 ***
	(0.964)	(0.279)	(.)	(0.153)	(0.960)	(0.276)	(.)	(0.054)
是否根据兽药说明使用兽药	0.677	-0.017	0.073	2.695 ***	0.726	0.108	-0.389	2.689 ***
	(1.434)	(0.256)	(1.332)	(0.383)	(1.440)	(0.231)	(1.141)	(0.284)
是否根据兽医指导使用兽药	0	0.148	-2.154 ***	-0.297	-1.687	0.179	-2.385 **	-0.324
	(.)	(0.219)	(0.792)	(0.279)	(1.548)	(0.211)	(0.984)	(0.305)
是否根据销售推荐使用兽药	0	0.145	0	0	0	0.0580	0	0
	(.)	(0.527)	(.)	(.)	(.)	(0.481)	(.)	(.)

续表

变量名称	鸡白痢净化				禽白血病净化			
	祖代及以上	父母代场	商品代场	混合代场	祖代及以上	父母代场	商品代场	混合代场
是否根据网络查询使用兽药	−2.882**	−0.112	0	0	−2.949**	0.0140	0	0
	(1.253)	(0.483)	(.)	(.)	(1.205)	(0.461)	(.)	(.)
兽药认知								
对兽药效果的认知	−0.054	−0.171	0.874**	−0.220**	−0.044	−0.138	0.923**	−0.205
	(0.355)	(0.186)	(0.425)	(0.106)	(0.363)	(0.192)	(0.460)	(0.132)
对兽药休药期的认知	−1.296	0.011	3.282*	0.512**	−1.285	0.058	3.289*	0.533***
	(0.894)	(0.131)	(1.779)	(0.237)	(0.948)	(0.129)	(1.874)	(0.149)
对兽药残留的认知	0.418	0.143	−0.640*	−1.516***	0.450	0.095	−0.612*	−1.478***
	(0.703)	(0.138)	(0.356)	(0.091)	(0.702)	(0.122)	(0.370)	(0.087)
对禁用兽药的认知	0.813	0.0370	−7.882*	−0.105	0.784	−0.013	−7.965*	−0.125
	(1.135)	(0.171)	(4.160)	(0.282)	(1.176)	(0.175)	(4.396)	(0.181)
控制虚拟变量	YES	YES	YES	YES	YES	YES	YES	YES
常数项	4.817	−0.245	28.27*	0	4.783	0.232	27.98*	0
	(5.191)	(1.229)	(14.96)	(.)	(5.105)	(1.094)	(15.58)	(.)
N	199	718	125	140	199	718	125	140
P	.	0.007	.	.	.	0.001	.	.

附表2　疫病净化对不同代次养鸡场抗生素使用的模型估计结果

变量	两种疫病同时净化				疫病净化			
	祖代及以上	父母代场	商品代场	混合代场	祖代及以上	父母代场	商品代场	混合代场
核心解释变量								
是否开展疫病净化	−0.528**	−0.086	−0.806	0.050	−0.585***	0.072	−2.489	0.036
	(0.230)	(0.175)	(0.630)	(0.163)	(0.200)	(0.156)	(1.728)	(0.152)
养鸡场基本特征								
疫苗费用	0.317***	0.078*	0.053	−0.017	0.313***	0.077*	0.034	−0.019
	(0.095)	(0.040)	(0.054)	(0.044)	(0.088)	(0.040)	(0.038)	(0.041)
是否为封闭式栏舍	−1.443	−0.361	0	0.430***	−1.276	−0.378	0	0.453***
	(1.324)	(0.387)	(.)	(0.076)	(1.263)	(0.393)	(.)	(0.079)

变量	两种疫病同时净化				疫病净化			
	祖代及以上	父母代场	商品代场	混合代场	祖代及以上	父母代场	商品代场	混合代场
是否为半封闭式栏舍	−2.029*	0.148	3.331**	0.507	−2.032*	0.137	4.303***	0.553*
	(1.113)	(0.375)	(1.301)	(0.399)	(1.073)	(0.392)	(1.351)	(0.322)
是否为开放式栏舍	0	−0.650	−3.267**	0.101	0.779	−0.634	−4.526***	0.165
	(.)	(0.414)	(1.556)	(0.145)	(2.230)	(0.408)	(1.697)	(0.355)
是否为笼养	−3.051	−0.354	4.752*	−8.514***	−2.755	−0.321	4.552***	−8.542***
	(1.979)	(0.380)	(2.491)	(1.976)	(1.885)	(0.394)	(1.634)	(2.028)
是否为平养	−3.394*	−0.119	2.262***	−0.165	−3.140*	−0.103	3.201***	−0.156
	(1.765)	(0.203)	(0.812)	(0.138)	(1.665)	(0.210)	(1.200)	(0.133)
是否为其他方式饲养	0.826	−0.610**	6.137	0	0	−0.634**	5.937**	0
	(2.334)	(0.273)	(4.021)	(.)	(.)	(0.285)	(2.646)	(.)
是否有独立兽医室	2.688**	−0.473	−4.107*	10.52***	2.619**	−0.451	−4.333***	10.58***
	(1.278)	(0.608)	(2.227)	(1.716)	(1.315)	(0.614)	(1.543)	(1.557)
是否有净道	0	−0.130	−2.732*	3.403***	−1.504	−0.149	−3.036***	3.493***
	(.)	(0.370)	(1.443)	(0.482)	(1.521)	(0.376)	(1.049)	(0.280)
是否有污道	0.090	0.873**	0	0	−0.117	0.904**	0	0
	(1.185)	(0.394)	(.)	(.)	(1.224)	(0.402)	(.)	(.)
养鸡场日常管理								
生产档案登记频率	−0.099***	0.001	−0.130**	0.021***	−0.096***	0	−0.170***	0.022***
	(0.027)	(0.010)	(0.057)	(0.006)	(0.027)	(0.010)	(0.058)	(0.003)
投入品使用档案登记频率	0.052**	0.016*	0.055***	0.001	0.049**	0.016*	0.081***	0.001
	(0.023)	(0.009)	(0.013)	(0.005)	(0.023)	(0.009)	(0.024)	(0.004)
是否建立产品追溯制度	−0.121	0.330	−1.098	0.411***	−0.155	0.300	−1.093**	0.385***
	(0.833)	(0.279)	(0.775)	(0.048)	(0.807)	(0.259)	(0.516)	(0.111)
养殖的风险偏好								
是否敢使用新药	0.137	0.483	−2.472	0.124	0.222	0.481	−2.862	0.123
	(0.920)	(0.451)	(2.442)	(0.174)	(0.906)	(0.440)	(1.744)	(0.213)

续表

变量	两种疫病同时净化				疫病净化			
	祖代及以上	父母代场	商品代场	混合代场	祖代及以上	父母代场	商品代场	混合代场
对待投资的 态度	0.185	−0.131	−0.057	−0.077	0.173	−0.123	−0.038	−0.062
	(0.399)	(0.136)	(0.070)	(0.099)	(0.390)	(0.142)	(0.050)	(0.077)
兽药使用方式								
是否根据饲养 经验使用兽药	−1.149	−0.128	0	−0.545 ***	−0.947	−0.136	0	−0.574 ***
	(0.963)	(0.276)	(.)	(0.054)	(0.949)	(0.277)	(.)	(0.153)
是否根据兽药 说明使用兽药	0.601	0.086	−0.359	2.689 ***	0.823	0.0470	0.448	2.695 ***
	(1.468)	(0.227)	(1.235)	(0.284)	(1.402)	(0.250)	(1.140)	(0.383)
是否根据兽医 指导使用兽药	−1.651	0.171	−1.966 **	−0.324	0	0.159	−3.206 **	−0.297
	(1.540)	(0.212)	(0.853)	(0.305)	(.)	(0.211)	(1.276)	(0.279)
是否根据销售 推荐使用兽药	0	0.095	0	0	0	0.136	0	0
	(.)	(0.480)	(.)	(.)	(.)	(0.486)	(.)	(.)
是否根据网络 查询使用兽药	−3.025 **	−0.022	0	0	−2.805 **	−0.071	0	0
	(1.239)	(0.466)	(.)	(.)	(1.204)	(0.472)	(.)	(.)
兽药认知								
对兽药效 果的认知	−0.063	−0.139	0.824 *	−0.205	−0.030	−0.146	1.130 **	−0.220 **
	(0.366)	(0.192)	(0.449)	(0.132)	(0.354)	(0.192)	(0.443)	(0.106)
对兽药休药 期的认知	−1.335	0.046	3.421 *	0.533 ***	−1.238	0.028	2.872 **	0.512 **
	(0.940)	(0.129)	(2.004)	(0.149)	(0.909)	(0.123)	(1.353)	(0.237)
对兽药残留的 认知	0.471	0.104	−0.661 *	−1.478 ***	0.391	0.118	−0.517 *	−1.516 ***
	(0.685)	(0.121)	(0.402)	(0.087)	(0.722)	(0.127)	(0.268)	(0.091)
对禁用兽药的 认知	0.810	−0.005	−7.932 *	−0.125	0.784	0.012	−7.899 **	−0.105
	(1.173)	(0.174)	(4.661)	(0.181)	(1.146)	(0.174)	(3.116)	(0.282)
控制虚拟变量	YES	YES	YES	YES	YES	YES	YES	YES
常数项	4.944	0.172	27.26 *	0	4.627	0.031	30.77 **	0
	(5.229)	(1.090)	(16.33)	(.)	(5.076)	(1.174)	(11.99)	(.)
N	199	718	125	140	199	718	125	140
P	.	0.005	.	.	.	0.016	.	.

附表 3　不同净化时间对养鸡场抗生素使用的模型估计结果

变量	鸡白痢净化						禽白血病净化					
	第一年	第二年	第三年	第四年	第五年	五年以上	第一年	第二年	第三年	第四年	第五年	五年以上
核心解释变量												
是否开展疫病净化	0.065	-0.194	-0.309*	-0.259**	-0.388***	-0.454***	-0.423*	-0.530***	-0.415***	-0.192	-0.212	-0.114
	(0.287)	(0.218)	(0.160)	(0.131)	(0.145)	(0.115)	(0.227)	(0.195)	(0.156)	(0.147)	(0.168)	(0.117)
养鸡场基本特征												
是否为封闭式栏舍	-0.295	-0.328	-0.239	-0.173	-0.182	-0.370**	-0.173	-0.216	-0.295	-0.265	-0.262	-0.284*
	(0.299)	(0.273)	(0.256)	(0.260)	(0.265)	(0.154)	(0.183)	(0.177)	(0.187)	(0.191)	(0.208)	(0.148)
是否为半封闭式栏舍	-0.374	-0.300	-0.297	-0.148	-0.185	-0.224	-0.248	-0.232	-0.332	-0.296	-0.309	-0.106
	(0.369)	(0.308)	(0.278)	(0.284)	(0.287)	(0.184)	(0.210)	(0.200)	(0.208)	(0.213)	(0.230)	(0.178)
是否为开放式栏舍	-0.219	-0.252	-0.240	-0.244	-0.257	-0.442***	-0.194	-0.186	-0.196	-0.192	-0.200	-0.283*
	(0.160)	(0.165)	(0.167)	(0.169)	(0.177)	(0.165)	(0.149)	(0.157)	(0.165)	(0.173)	(0.179)	(0.163)
是否为其他类型栏舍	1.129*	0.528	0.294	0.125	0.090	-0.511	0.664	0.366	0.278	0.282	0.309	0.136
	(0.592)	(0.513)	(0.474)	(0.473)	(0.497)	(0.442)	(0.484)	(0.438)	(0.429)	(0.427)	(0.425)	(0.399)
是否为笼养	-0.238	-0.022	0.170	0.100	0.108	0.127	-0.039	0.188	0.319	0.277	0.291	-0.065
	(0.438)	(0.364)	(0.312)	(0.336)	(0.341)	(0.201)	(0.361)	(0.320)	(0.311)	(0.317)	(0.320)	(0.244)
是否为平养	-0.152	-0.119	-0.026	-0.012	-0.017	-0.026	0.045	0.119	0.190	0.196	0.227	0.145
	(0.251)	(0.260)	(0.230)	(0.242)	(0.254)	(0.151)	(0.186)	(0.175)	(0.168)	(0.171)	(0.180)	(0.140)
是否为其他方式饲养	-1.166**	-0.785*	-0.715*	-0.731*	-0.676	0.0580	-0.759*	-0.487	-0.314	-0.386	-0.406	-0.338
	(0.507)	(0.472)	(0.433)	(0.436)	(0.455)	(0.332)	(0.431)	(0.394)	(0.384)	(0.385)	(0.393)	(0.308)
疫苗费用	0.124*	0.170***	0.179***	0.177***	0.199***	0.162***	0.143***	0.188***	0.204***	0.208***	0.206***	0.203***
	(0.063)	(0.044)	(0.040)	(0.050)	(0.047)	(0.035)	(0.045)	(0.029)	(0.028)	(0.029)	(0.029)	(0.028)

续表

变量	鸡白痢净化						禽白血病净化					
	第一年	第二年	第三年	第四年	第五年	五年以上	第一年	第二年	第三年	第四年	第五年	五年以上
养殖的风险偏好												
是否有独立兽医室	-0.627* (0.343)	-0.386 (0.356)	-0.308 (0.352)	-0.440 (0.343)	-0.489 (0.329)	-0.236 (0.267)	-0.141 (0.307)	-0.014 (0.313)	-0.013 (0.322)	-0.175 (0.316)	-0.161 (0.318)	-0.119 (0.292)
是否敢使用新药	0.810*** (0.280)	0.679*** (0.220)	0.682*** (0.187)	0.605*** (0.184)	0.580*** (0.192)	0.465*** (0.138)	0.703*** (0.204)	0.637*** (0.183)	0.642*** (0.178)	0.628*** (0.177)	0.662*** (0.185)	0.528*** (0.162)
对待投资的态度	-0.065 (0.077)	-0.045 (0.078)	-0.046 (0.071)	-0.047 (0.076)	-0.059 (0.077)	0.002 (0.056)	-0.101 (0.064)	-0.106 (0.066)	-0.107 (0.066)	-0.098 (0.066)	-0.096 (0.067)	-0.036 (0.063)
兽药使用方式												
是否根据饲养经验使用兽药	0.471 (0.369)	0.266 (0.339)	0.235 (0.296)	0.104 (0.294)	0.026 (0.296)	0.041 (0.156)	-0.093 (0.181)	-0.160 (0.182)	-0.090 (0.182)	-0.119 (0.183)	-0.129 (0.187)	-0.079 (0.150)
是否根据兽药说明使用兽药	0.091 (0.271)	0.295 (0.264)	0.276 (0.248)	0.267 (0.213)	0.244 (0.227)	-0.030 (0.148)	-0.323* (0.179)	-0.150 (0.197)	-0.183 (0.192)	-0.210 (0.179)	-0.222 (0.185)	-0.180 (0.131)
是否根据兽医指导使用兽药	0.145 (0.292)	0.179 (0.284)	0.137 (0.250)	0.0570 (0.248)	-0.011 (0.247)	0.063 (0.129)	-0.159 (0.154)	-0.174 (0.160)	-0.144 (0.160)	-0.144 (0.161)	-0.163 (0.163)	0.004 (0.128)
是否根据兽药销售者推荐使用兽药	1.170* (0.643)	0.918* (0.471)	0.868** (0.396)	0.732* (0.405)	0.932** (0.390)	1.090*** (0.285)	0.563* (0.316)	0.497 (0.309)	0.502* (0.297)	0.482 (0.301)	0.471 (0.306)	0.250 (0.284)
是否根据兽药网络查询使用兽药	-1.082*** (0.369)	-1.540*** (0.399)	-1.539*** (0.382)	-1.433*** (0.352)	-1.441*** (0.349)	-0.618** (0.278)	-0.508 (0.311)	-0.514 (0.354)	-0.476 (0.336)	-0.446 (0.334)	-0.421 (0.361)	-0.260 (0.319)

续表

变量	鸡白痢净化						禽白血病净化					
	第一年	第二年	第三年	第四年	第五年	五年以上	第一年	第二年	第三年	第四年	第五年	五年以上
是否根据其他方式使用兽药	0	1.243**	1.187***	0.874**	0.637	-0.358	-0.772***	-0.318	-0.301	-0.308	-0.349	-0.630**
	(.)	(0.538)	(0.446)	(0.386)	(0.390)	(0.325)	(0.247)	(0.341)	(0.330)	(0.291)	(0.301)	(0.272)
对兽药效果的认知	-0.310*	-0.354**	-0.360***	-0.333**	-0.335**	-0.129	-0.241**	-0.265***	-0.261***	-0.267***	-0.256***	-0.145*
	(0.163)	(0.142)	(0.131)	(0.146)	(0.141)	(0.091)	(0.104)	(0.097)	(0.094)	(0.096)	(0.097)	(0.081)
对兽药休药期的认知	0.351**	0.451**	0.468***	0.448**	0.378**	0.044	0.168	0.253**	0.275**	0.286**	0.278**	0.204**
	(0.174)	(0.180)	(0.173)	(0.193)	(0.180)	(0.084)	(0.133)	(0.121)	(0.119)	(0.121)	(0.121)	(0.092)
对兽药残留的认知	-0.251	-0.231*	-0.197*	-0.167	-0.141	-0.092	-0.228**	-0.251**	-0.244***	-0.228***	-0.230***	-0.188**
	(0.153)	(0.125)	(0.106)	(0.114)	(0.107)	(0.091)	(0.096)	(0.090)	(0.081)	(0.081)	(0.081)	(0.077)
对禁用兽药的认知	-0.048	-0.126	-0.165	-0.203	-0.197	-0.047	0.128	0.068	0.062	0.050	0.055	-0.015
	(0.188)	(0.161)	(0.151)	(0.153)	(0.146)	(0.116)	(0.138)	(0.127)	(0.124)	(0.125)	(0.126)	(0.114)
控制虚拟变量	YES	YES	YES	YES	YES	YES	YES	YES	YES	YES	YES	YES
常数项	3.018**	2.329**	2.084**	2.297**	2.602***	2.239***	2.058**	1.766**	1.482*	1.615*	1.604*	1.552*
	(1.180)	(1.019)	(0.945)	(0.904)	(0.935)	(0.825)	(0.914)	(0.843)	(0.825)	(0.821)	(0.840)	(0.795)
N	515	526	526	528	514	787	795	797	791	783	775	895
P	0	.	.	.	0	0	0	0	0	0	0	0

（兽药认知）

附表 4 不同净化时间对养鸡场抗生素使用的模型估计结果

变量	两种疫病同时净化						疫病净化					
	第一年	第二年	第三年	第四年	第五年	五年以上	第一年	第二年	第三年	第四年	第五年	五年以上
核心解释变量												
是否开展疫病净化	-0.391* (0.229)	-0.473** (0.194)	-0.334** (0.158)	-0.132 (0.152)	-0.204 (0.169)	-0.153 (0.116)	-0.040 (0.235)	-0.227 (0.201)	-0.087 (0.246)	-0.091 (0.182)	-0.314** (0.138)	-0.257** (0.114)
养鸡场基本特征												
是否为封闭式栏舍	-0.182 (0.184)	-0.226 (0.177)	-0.297 (0.188)	-0.270 (0.191)	-0.275 (0.207)	-0.304** (0.147)	-0.173 (0.303)	-0.237 (0.274)	-0.277 (0.263)	-0.169 (0.258)	-0.122 (0.257)	-0.342** (0.153)
是否为半封闭式栏舍	-0.225 (0.205)	-0.214 (0.196)	-0.312 (0.206)	-0.275 (0.210)	-0.306 (0.227)	-0.144 (0.178)	-0.488 (0.364)	-0.366 (0.307)	-0.233 (0.319)	-0.136 (0.298)	-0.204 (0.277)	-0.195 (0.178)
是否为开放式栏舍	-0.201 (0.149)	-0.197 (0.157)	-0.210 (0.164)	-0.203 (0.171)	-0.206 (0.179)	-0.257 (0.165)	-0.068 (0.168)	-0.119 (0.175)	-0.176 (0.182)	-0.163 (0.175)	-0.148 (0.184)	-0.414*** (0.160)
是否为其他类型栏舍	0.648 (0.477)	0.347 (0.436)	0.265 (0.428)	0.248 (0.426)	0.269 (0.426)	0.0640 (0.393)	1.107* (0.569)	0.546 (0.525)	0.274 (0.490)	0.182 (0.477)	0.107 (0.496)	-0.498 (0.445)
是否为笼养	-0.0380 (0.346)	0.182 (0.308)	0.294 (0.298)	0.267 (0.301)	0.303 (0.306)	0.0410 (0.241)	0.102 (0.416)	0.235 (0.367)	0.250 (0.330)	0.176 (0.352)	0.298 (0.340)	0.161 (0.197)
是否为平养	0.0530 (0.185)	0.127 (0.174)	0.197 (0.167)	0.208 (0.170)	0.236 (0.179)	0.137 (0.140)	-0.100 (0.275)	-0.071 (0.281)	0.090 (0.259)	0.059 (0.247)	0.064 (0.252)	0.066 (0.148)
是否为其他方式同养	-0.768* (0.428)	-0.505 (0.397)	-0.351 (0.391)	-0.406 (0.392)	-0.398 (0.396)	-0.245 (0.298)	-0.977** (0.491)	-0.563 (0.477)	-0.497 (0.442)	-0.602 (0.437)	-0.487 (0.459)	0.063 (0.339)

续表

变量	两种疫病同时净化						疫病净化					
	第一年	第二年	第三年	第四年	第五年	五年以上	第一年	第二年	第三年	第四年	第五年	五年以上
疫苗费用	0.143*** (0.045)	0.187*** (0.029)	0.203*** (0.028)	0.208*** (0.029)	0.205*** (0.029)	0.204*** (0.028)	0.115** (0.056)	0.170*** (0.044)	0.205*** (0.046)	0.185*** (0.050)	0.199*** (0.047)	0.159*** (0.035)
是否有独立兽医室	-0.128 (0.305)	0.004 (0.313)	0.010 (0.321)	-0.148 (0.314)	-0.143 (0.316)	-0.126 (0.291)	0.099 (0.190)	0.376* (0.195)	0.215 (0.349)	0.023 (0.308)	0.254* (0.135)	0.045 (0.259)
养殖的风险偏好												
是否敢使用新药	0.718*** (0.202)	0.651*** (0.182)	0.652*** (0.176)	0.641*** (0.176)	0.680*** (0.183)	0.563*** (0.162)	0.772*** (0.291)	0.599*** (0.224)	0.590*** (0.198)	0.540*** (0.190)	0.494*** (0.186)	0.416*** (0.135)
对待投资的态度	-0.100 (0.063)	-0.102 (0.066)	-0.102 (0.065)	-0.094 (0.065)	-0.092 (0.066)	-0.029 (0.062)	0.002 (0.072)	0.010 (0.077)	-0.020 (0.074)	-0.0120 (0.076)	-0.003 (0.075)	0.024 (0.056)
兽药使用方式												
是否根据饲养经验使用兽药	-0.080 (0.178)	-0.144 (0.179)	-0.079 (0.178)	-0.108 (0.179)	-0.113 (0.183)	-0.055 (0.149)	0.608* (0.364)	0.384 (0.342)	0.193 (0.329)	0.108 (0.302)	0.075 (0.296)	-0.014 (0.158)
是否根据兽药说明使用兽药	-0.317* (0.177)	-0.150 (0.195)	-0.191 (0.190)	-0.216 (0.179)	-0.214 (0.185)	-0.162 (0.132)	-0.009 (0.279)	0.221 (0.272)	0.237 (0.247)	0.206 (0.213)	0.152 (0.226)	-0.101 (0.144)
是否根据兽医指导使用兽药	-0.149 (0.152)	-0.157 (0.158)	-0.129 (0.158)	-0.133 (0.158)	-0.150 (0.160)	0.026 (0.128)	0.072 (0.296)	0.121 (0.287)	0.083 (0.256)	0.011 (0.249)	-0.076 (0.246)	-0.025 (0.129)
是否根据兽药售卖者推荐使用兽药	0.580* (0.305)	0.535* (0.301)	0.531* (0.286)	0.499* (0.290)	0.509* (0.290)	0.328 (0.274)	1.269* (0.661)	0.982** (0.494)	0.648 (0.468)	0.645 (0.435)	0.939** (0.410)	0.978*** (0.331)

续表

变量	两种疫病同时净化						疫病净化					
	第一年	第二年	第三年	第四年	第五年	五年以上	第一年	第二年	第三年	第四年	第五年	五年以上
是否根据网络查询使用兽药	-0.561** (0.279)	-0.617* (0.316)	-0.553* (0.299)	-0.486 (0.298)	-0.506* (0.303)	-0.416 (0.270)	-0.821** (0.377)	-1.460*** (0.409)	-1.540*** (0.410)	-1.473*** (0.373)	-1.445*** (0.362)	-0.408 (0.386)
是否根据其他方式使用兽药	-0.730*** (0.245)	-0.297 (0.323)	-0.288 (0.309)	-0.291 (0.273)	-0.312 (0.293)	-0.553** (0.276)	0 (.)	1.091** (0.541)	0.947** (0.476)	0.681* (0.387)	0.375 (0.371)	-0.419 (0.288)
兽药认知												
对兽药效果的认知	-0.244** (0.104)	-0.272*** (0.097)	-0.270*** (0.094)	-0.279*** (0.096)	-0.267** (0.096)	-0.154* (0.079)	-0.299** (0.150)	-0.307** (0.131)	-0.260* (0.139)	-0.261* (0.146)	-0.267** (0.135)	-0.112 (0.091)
对兽药休药期的认知	0.172 (0.134)	0.255** (0.121)	0.280** (0.119)	0.293** (0.121)	0.278** (0.121)	0.179** (0.091)	0.268 (0.169)	0.344** (0.169)	0.414** (0.172)	0.381** (0.188)	0.284 (0.174)	0.039 (0.084)
对兽药残留的认知	-0.225** (0.096)	-0.247*** (0.090)	-0.241*** (0.081)	-0.226*** (0.081)	-0.228*** (0.081)	-0.181** (0.076)	-0.276* (0.150)	-0.250** (0.124)	-0.192* (0.106)	-0.175 (0.114)	-0.152 (0.106)	-0.103 (0.092)
对禁用兽药的认知	0.121 (0.137)	0.067 (0.126)	0.062 (0.123)	0.047 (0.124)	0.057 (0.125)	0.016 (0.114)	0.151 (0.181)	0.065 (0.159)	-0.099 (0.165)	-0.104 (0.159)	-0.037 (0.145)	-0.006 (0.120)
控制虚拟变量	YES	YES	YES	YES	YES	YES	YES	YES	YES	YES	YES	YES
常数项	2.005** (0.901)	1.680** (0.831)	1.395* (0.815)	1.522* (0.809)	1.526* (0.828)	1.430* (0.783)	1.623 (1.190)	0.920 (0.980)	0.917 (1.015)	1.347 (0.901)	1.183 (0.809)	1.639** (0.809)
N	808	811	805	798	789	900	493	503	505	507	494	779
P	0	0	0	0	0	0	0	.	.	.	0	0

附录二　部分成本收益计算结果

附表5　已净化与未净化蛋鸡场的成本收益核算表　　　　单位：万元

主要成本收益指标	已净化养鸡场			未净化养鸡场			样本均值T检验 H_0: $M_1-M_2\neq0$
	场次	均值	标准差	场次	均值	标准差	
（1）主要收入指标：							
主营业务收入	503	1672	4030	205	716.1	3191	0.0025 ***
非主营业务收入	503	445.7	1613	205	344.5	558.0	0.3806
政府补贴收入	503	16.26	69.99	205	5.927	21.10	0.0383 **
（2）主要成本指标：							
饲料费用	503	690.1	985.8	205	499.8	678.8	0.0116 **
员工工资及福利	503	165.3	275.9	205	71.85	94.87	0.0000 ***
疫病净化费用	503	17.65	51.85	205	0.862	3.488	0.0000 ***
其他成本	503	155.7	296.3	205	70.34	83.48	0.0001 ***
（3）主要利润指标：							
净收益	503	1105	3861	205	423.7	3025	0.0241 **

注：***、**、*分别表示在99%、95%、90%的置信水平下显著。

数据来源：笔者根据实地调研数据，经计算得到。

附表6　已净化与未净化肉鸡场的成本收益核算表　　　　单位：万元

主要成本收益指标	已净化养鸡场			未净化养鸡场			样本均值T检验 H_0: $M_1-M_2\neq0$
	场次	均值	标准差	场次	均值	标准差	
（1）主要收入指标：							
主营业务收入	294	1799	3715	239	1522	2647	0.3322
非主营业务收入	294	175.5	585.5	239	48.95	147.4	0.0012 ***
政府补贴收入	294	28.33	141.6	239	16.65	88.74	0.2676
（2）主要成本指标：							
饲料费用	294	617.2	878.0	239	563.4	771.1	0.4588
员工工资及福利	294	125.8	149.6	239	129.6	183.5	0.7931
疫病净化费用	294	15.75	57.91	239	1.695	5.662	0.0002 ***
其他成本	294	139.5	234.0	239	171.9	299.9	0.1623
（3）主要利润指标：							
净收益	294	1105	3331	239	720.8	2174	0.1252

注：***、**、*分别表示在99%、95%、90%的置信水平下显著。

数据来源：笔者根据实地调研数据，经计算得到。

附表7 已净化与未净化祖代及以上养鸡场的成本收益核算表 单位：万元

主要成本收益指标	已净化养鸡场			未净化养鸡场			样本均值T检验 H_0: $M_1 - M_2 \neq 0$
	场次	均值	标准差	场次	均值	标准差	
（1）主要收入指标：							
主营业务收入	154	1085	1253	71	651.9	823.8	0.0084***
非主营业务收入	154	345.0	905.8	71	17.23	36.01	0.0026***
政府补贴收入	154	50.62	181.6	71	13.91	39.73	0.0938*
（2）主要成本指标：							
饲料费用	154	446.1	727.2	71	201.6	222.3	0.0061***
员工工资及福利	154	111.0	101.9	71	58.97	46.10	0.0001***
疫病净化费用	154	50.01	109.2	71	2.513	7.051	0.0003***
其他成本	154	139.9	138.5	71	79.63	119.2	0.0018***
（3）主要利润指标：							
净收益	154	733.6	1174	71	340.4	638.9	0.0087***

注：***、**、*分别表示在99%、95%、90%的置信水平下显著。

数据来源：笔者根据实地调研数据，经计算得到。

附表8 已净化与未净化父母代养鸡场的成本收益核算表 单位：万元

主要成本收益指标	已净化养鸡场			未净化养鸡场			样本均值T检验 H_0: $M_1 - M_2 \neq 0$
	场次	均值	标准差	场次	均值	标准差	
（1）主要收入指标：							
主营业务收入	498	1905	4553	252	1651	3765	0.4455
非主营业务收入	498	273.0	1165	252	88.33	302.6	0.0136**
政府补贴收入	498	12.20	65.07	252	14.87	85.47	0.6338
（2）主要成本指标：							
饲料费用	498	729.1	993.5	252	568.1	762.8	0.0242**
员工工资及福利	498	150.8	187.3	252	131.8	186.4	0.1893
疫病净化费用	498	8.413	16.80	252	1.232	4.735	0.0000***
其他成本	498	159.6	321.7	252	165.8	292.7	0.7981
（3）主要利润指标：							
净收益	498	1142	4121	252	887.4	3367	0.3961

注：***、**、*分别表示在99%、95%、90%的置信水平下显著。

数据来源：笔者根据实地调研数据，经计算得到。

附表9　已净化与未净化商品代养鸡场的成本收益核算表　单位：万元

主要成本收益指标	已净化养鸡场			未净化养鸡场			样本均值 T 检验 H_0: $M_1 - M_2 \neq 0$
	场次	均值	标准差	场次	均值	标准差	
（1）主要收入指标：							
主营业务收入	35	365.0	709.2	80	167.3	199.7	0.0230 **
非主营业务收入	35	238.3	188.0	80	639.3	622.8	0.0003 ***
政府补贴收入	35	4.453	11.76	80	3.702	15.28	0.7962
（2）主要成本指标：							
饲料费用	35	280.0	232.8	80	694.9	840.3	0.0049 ***
员工工资及福利	35	62.09	76.21	80	42.43	34.10	0.0577 *
疫病净化费用	35	4.439	4.472	80	0.00872	0.0780	0.0000 ***
其他成本	35	45.37	53.17	80	46.54	49.20	0.9090
（3）主要利润指标：							
净收益	35	215.9	554.4	80	26.43	655.3	0.1385

注：***、**、*分别表示在99%、95%、90%的置信水平下显著。

数据来源：笔者根据实地调研数据，经计算得到。

附表10　已净化与未净化混合代养鸡场的成本收益核算表　单位：万元

主要成本收益指标	已净化养鸡场			未净化养鸡场			样本均值 T 检验 H_0: $M_1 - M_2 \neq 0$
	场次	均值	标准差	场次	均值	标准差	
（1）主要收入指标：							
主营业务收入	110	2194	3676	41	847.8	1070	0.0226 **
非主营业务收入	110	712.7	2347	41	187.6	306.3	0.1561
政府补贴收入	110	22.57	96.93	41	3.968	10.96	0.2232
（2）主要成本指标：							
饲料费用	110	790.9	1071	41	587.1	713.0	0.2612
员工工资及福利	110	234.2	474.6	41	119.5	122.2	0.1293
疫病净化费用	110	13.30	37.92	41	2.248	4.488	0.0652 *
其他成本	110	152.0	219.1	41	105.8	70.38	0.1877
（3）主要利润指标：							
净收益	110	1739	4259	41	224.8	947.0	0.0258 **

注：***、**、*分别表示在99%、95%、90%的置信水平下显著。

数据来源：笔者根据实地调研数据，经计算得到。

附表 11　华北地区已净化与未净化养鸡场的成本收益核算表　单位：万元

主要成本收益指标	已净化养鸡场			未净化养鸡场			样本均值T检验 H_0: $M_1 - M_2 \neq 0$
	场次	均值	标准差	场次	均值	标准差	
（1）主要收入指标：							
主营业务收入	174	2121	4520	39	2666	5872	0.5215
非主营业务收入	174	643.0	2026	39	80.16	140.3	0.0850 *
政府补贴收入	174	12.30	86.79	39	58.05	208.5	0.0302 **
（2）主要成本指标：							
饲料费用	174	969.7	1379	39	718.9	1335	0.3032
员工工资及福利	174	164.0	202.2	39	160.5	281.1	0.9283
疫病净化费用	174	18.42	59.97	39	0.445	1.338	0.0631 *
其他成本	174	145.2	206.3	39	214.6	465.5	0.1508
（3）主要利润指标：							
净收益	174	1479	4147	39	1710	4752	0.7602

注：＊＊＊、＊＊、＊分别表示在99%、95%、90%的置信水平下显著。

数据来源：笔者根据实地调研数据，经计算得到。

附表 12　华东地区已净化与未净化养鸡场的成本收益核算表　单位：万元

主要成本收益指标	已净化养鸡场			未净化养鸡场			样本均值T检验 H_0: $M_1 - M_2 \neq 0$
	场次	均值	标准差	场次	均值	标准差	
（1）主要收入指标：							
主营业务收入	194	1806	5446	126	1048	3548	0.2260
非主营业务收入	194	151.3	335.3	126	114.8	385.4	0.4951
政府补贴收入	194	40.75	166.3	126	5.694	15.74	0.0247 **
（2）主要成本指标：							
饲料费用	194	437.0	421.0	126	414.9	653.1	0.8673
员工工资及福利	194	126.9	169.1	126	111.2	184.6	0.6911
疫病净化费用	194	25.99	74.70	126	1.854	6.198	0.0006 ***
其他成本	194	116.7	184.4	126	133.5	272.9	0.3400
（3）主要利润指标：							
净收益	194	1291	5091	118	537.9	3340	0.1536

注：＊＊＊、＊＊、＊分别表示在99%、95%、90%的置信水平下显著。

数据来源：笔者根据实地调研数据，经计算得到。

附表 13 华中地区已净化与未净化养鸡场的成本收益核算表   单位：万元

主要成本收益指标	已净化养鸡场			未净化养鸡场			样本均值 T 检验 H_0: $M_1 - M_2 \neq 0$
	场次	均值	标准差	场次	均值	标准差	
（1）主要收入指标：							
主营业务收入	88	891.6	729.2	66	1295	3035	0.2308
非主营业务收入	88	56.63	117.5	66	524.7	608.7	0.0000 ***
政府补贴收入	88	4.277	16.81	66	0.497	2.867	0.0730 *
（2）主要成本指标：							
饲料费用	88	387.2	271.7	66	677.4	866.4	0.0036 ***
员工工资及福利	88	103.8	139.9	66	59.00	29.66	0.0116 **
疫病净化费用	88	7.979	15.16	66	2.925	6.147	0.0116 **
其他成本	88	65.57	63.29	66	59.62	48.35	0.5255
（3）主要利润指标：							
净收益	88	388.0	612.7	66	1021	3059	0.0601 *

注：***、**、*分别表示在99%、95%、90%的置信水平下显著。

数据来源：笔者根据实地调研数据，经计算得到。

附表 14 华南地区已净化与未净化养鸡场的成本收益核算表   单位：万元

主要成本收益指标	已净化养鸡场			未净化养鸡场			样本均值 T 检验 H_0: $M_1 - M_2 \neq 0$
	场次	均值	标准差	场次	均值	标准差	
（1）主要收入指标：							
主营业务收入	26	2948	4042	24	862.1	886.4	0.0170 **
非主营业务收入	26	419.8	777.1	24	223.3	352.8	0.2622
政府补贴收入	26	45.52	89.40	24	9.336	20.48	0.0589 *
（2）主要成本指标：							
饲料费用	26	977.7	1216	24	762.4	664.7	0.4466
员工工资及福利	26	315.8	310.5	24	166.7	74.78	0.0265 **
疫病净化费用	26	33.17	50.49	24	0	0	0.0023 ***
其他成本	26	719.6	982.3	24	182.0	134.7	0.0107 **
（3）主要利润指标：							
净收益	26	1367	2082	24	-16.36	1014	0.0049 ***

注：***、**、*分别表示在99%、95%、90%的置信水平下显著。

数据来源：笔者根据实地调研数据，经计算得到。

附表 15　西南地区已净化与未净化养鸡场的成本收益核算表　单位：万元

主要成本收益指标	已净化养鸡场			未净化养鸡场			样本均值 T 检验 H₀: $M_1 - M_2 \neq 0$
	场次	均值	标准差	场次	均值	标准差	
（1）主要收入指标：							
主营业务收入	117	1656	2160	125	958.7	993.8	0.0013 ***
非主营业务收入	117	243.8	431.2	125	71.17	129.7	0.0000 ***
政府补贴收入	117	14.77	39.19	125	12.05	32.41	0.5551
（2）主要成本指标：							
饲料费用	117	655.9	594.3	125	400.2	382.6	0.0001 ***
员工工资及福利	117	131.9	109.3	125	94.87	115.9	0.0113 **
疫病净化费用	117	20.42	62.03	125	0.630	2.698	0.0004 ***
其他成本	117	144.8	164.2	125	125.9	174.4	0.3877
（3）主要利润指标：							
净收益	117	961.2	1770	125	420.3	681.8	0.0017 ***

注：***、**、*分别表示在 99%、95%、90% 的置信水平下显著。

数据来源：笔者根据实地调研数据，经计算得到。

附表 16　西北地区已净化与未净化养鸡场的成本收益核算表　单位：万元

主要成本收益指标	已净化养鸡场			未净化养鸡场			样本均值 T 检验 H₀: $M_1 - M_2 \neq 0$
	场次	均值	标准差	场次	均值	标准差	
（1）主要收入指标：							
主营业务收入	79	2743	4244	33	540.5	1039	0.0040 ***
非主营业务收入	79	891.4	2723	33	211.1	333.5	0.1564
政府补贴收入	79	28.56	114.9	33	3.975	16.11	0.2246
（2）主要成本指标：							
饲料费用	79	909.8	1059	33	516.0	561.1	0.0461 **
员工工资及福利	79	273.7	541.0	33	31.62	24.07	0.0117 **
疫病净化费用	79	4.978	5.685	33	0.186	0.604	0.0000 ***
其他成本	79	192.7	267.6	33	21.92	19.45	0.0004 ***
（3）主要利润指标：							
净收益	79	2282	4951	33	185.8	714.2	0.0174 **

注：***、**、*分别表示在 99%、95%、90% 的置信水平下显著。

数据来源：笔者根据实地调研数据，经计算得到。

附表 17　东北地区已净化与未净化养鸡场的成本收益核算表　单位：万元

主要成本收益指标	已净化养鸡场			未净化养鸡场			样本均值 T 检验 H_0: $M_1 - M_2 \neq 0$
	场次	均值	标准差	场次	均值	标准差	
（1）主要收入指标：							
主营业务收入	119	714.9	1335	39	785.6	1170	0.7678
非主营业务收入	119	165.8	321.7	39	227.6	654.8	0.4344
政府补贴收入	119	7.704	33.58	39	8.167	35.40	0.9414
（2）主要成本指标：							
饲料费用	119	562.7	1081	39	672.7	733.5	0.5551
员工工资及福利	119	105.7	116.7	39	118.8	127.5	0.5521
疫病净化费用	119	7.688	20.20	39	1.356	6.455	0.0564 *
其他成本	119	124.4	173.2	39	144.3	172.4	0.5334
（3）主要利润指标：							
净收益	119	87.89	485.3	39	84.27	1056	0.9767

注：***、**、*分别表示在99%、95%、90%的置信水平下显著。

数据来源：笔者根据实地调研数据，经计算得到。

附表 18　已净化与未净化养鸡场的成本收益核算表（2015 年）　单位：万元

主要成本收益指标	已净化养鸡场			未净化养鸡场			样本均值 T 检验 H_0: $M_1 - M_2 \neq 0$
	场次	均值	标准差	场次	均值	标准差	
（1）主要收入指标：							
主营业务收入	190	1918	4420	80	907.0	1611	0.0478 **
非主营业务收入	190	314.7	1265	80	266.3	518.3	0.7416
政府补贴收入	190	8.610	29.24	80	6.274	14.85	0.4983
（2）主要成本指标：							
饲料费用	190	693.1	1036	80	657.4	805.9	0.7831
员工工资及福利	190	168.2	256.2	80	105.3	140.2	0.0396 **
疫病净化费用	190	19.15	60.55	80	1.866	6.926	0.0115 **
其他成本	190	163.5	305.0	80	129.6	202.1	0.3627
（3）主要利润指标：							
净收益	190	1197	4130	80	285.4	1521	0.0561 *

注：***、**、*分别表示在99%、95%、90%的置信水平下显著。

数据来源：笔者根据实地调研数据，经计算得到。

附表19　2014年已净化与未净化养鸡场的成本收益核算表　　单位：万元

主要成本收益指标	已净化养鸡场			未净化养鸡场			样本均值T检验 H_0: $M_1 - M_2 \neq 0$
	场次	均值	标准差	场次	均值	标准差	
（1）主要收入指标：							
主营业务收入	180	1849	4214	84	916.3	1501	0.0500**
非主营业务收入	180	325.1	1297	84	263.8	590.8	0.6799
政府补贴收入	180	40.63	169.5	84	5.929	14.05	0.0624*
（2）主要成本指标：							
饲料费用	180	659.6	956.3	84	540.0	660.4	0.3009
员工工资及福利	180	157.9	246.1	84	104.4	134.2	0.0630*
疫病净化费用	180	17.94	59.97	84	1.569	5.279	0.0132**
其他成本	180	162.2	303.9	84	122.3	193.5	0.2705
（3）主要利润指标：							
净收益	180	1217	3883	84	417.8	1400	0.0685*

注：***、**、*分别表示在99%、95%、90%的置信水平下显著。

数据来源：笔者根据实地调研数据，经计算得到。

附表20　2013年已净化与未净化养鸡场的成本收益核算表　　单位：万元

主要成本收益指标	已净化养鸡场			未净化养鸡场			样本均值T检验 H_0: $M_1 - M_2 \neq 0$
	场次	均值	标准差	场次	均值	标准差	
（1）主要收入指标：							
主营业务收入	165	1541	3756	90	971.3	2069	0.1837
非主营业务收入	165	319.1	1327	90	183.7	375.8	0.3445
政府补贴收入	165	35.73	127.7	90	27.27	88.49	0.5768
（2）主要成本指标：							
饲料费用	165	644.4	899.3	90	589.6	821.6	0.6323
员工工资及福利	165	142.1	220.6	90	106.6	164.1	0.1819
疫病净化费用	165	17.15	55.54	90	1.493	5.096	0.0082***
其他成本	165	145.9	313.4	90	138.8	256.9	0.8555
（3）主要利润指标：							
净收益	165	946.7	3570	90	345.8	1719	0.1399

注：***、**、*分别表示在99%、95%、90%的置信水平下显著。

数据来源：笔者根据实地调研数据，经计算得到。

附表 21　2012 年已净化与未净化养鸡场的成本收益核算表　　单位：万元

主要成本收益指标	已净化养鸡场			未净化养鸡场			样本均值 T 检验 H₀: $M_1 - M_2 \neq 0$
	场次	均值	标准差	场次	均值	标准差	
（1）主要收入指标：							
主营业务收入	141	1661	3951	94	1176	2656	0.2978
非主营业务收入	141	373.4	1394	94	122.6	277.8	0.0866 *
政府补贴收入	141	8.367	34.27	94	16.38	113.7	0.4329
（2）主要成本指标：							
饲料费用	141	636.2	876.5	94	454.6	624.5	0.0839 *
员工工资及福利	141	140.5	229.0	94	99.68	157.3	0.1334
疫病净化费用	141	14.87	44.01	94	1.025	3.468	0.0026 ***
其他成本	141	132.3	202.0	94	124.9	259.1	0.8057
（3）主要利润指标：							
净收益	141	1119	3785	94	634.4	2120	0.2606

注：*** 、** 、* 分别表示在 99%、95%、90% 的置信水平下显著。

数据来源：笔者根据实地调研数据，经计算得到。

附表 22　2011 年已净化与未净化养鸡场的成本收益核算表　　单位：万元

主要成本收益指标	已净化养鸡场			未净化养鸡场			样本均值 T 检验 H₀: $M_1 - M_2 \neq 0$
	场次	均值	标准差	场次	均值	标准差	
（1）主要收入指标：							
主营业务收入	121	1524	2599	96	1698	4969	0.7390
非主营业务收入	121	431.4	1455	96	112.4	260.9	0.0351 **
政府补贴收入	121	4.006	15.28	96	2.077	8.198	0.2659
（2）主要成本指标：							
饲料费用	121	678.8	947.0	96	451.8	720.9	0.0533 *
员工工资及福利	121	136.2	230.1	96	99.36	161.1	0.1849
疫病净化费用	121	14.18	42.48	96	0.729	2.478	0.0022 ***
其他成本	121	135.2	184.5	96	110.7	239.9	0.3954
（3）主要利润指标：							
净收益	121	994.8	2427	96	1150	4507	0.7459

注：*** 、** 、* 分别表示在 99%、95%、90% 的置信水平下显著。

数据来源：笔者根据实地调研数据，经计算得到。

附录三　调查问卷

规模化养殖场禽白血病、鸡白痢净化经济及社会效益调查表
（蛋鸡场）

中国农业大学经济管理学院
中国动物疫病预防控制中心疫情监测处
2016 年 8 月

填表说明

1. 本套调查表包括养殖场基本信息调查表；养殖场养殖规模及日常管理调查表；职工工资及福利年收入调查表；养殖场相关成本及收益调查表；养殖场生产性能调查表 5 个不同类型的表格。

2. 本套调查表收集数据的时间为 2011 年至 2015 年，请各养殖场参照规定时间填写，不要漏填错填。如果表格不够使用，可进行拷贝完成填写。

3. 为保证调查数据的一致性，研究对各项指标进行了定义，请参照指标定义进行调查数据的填写。

养殖场基本信息情况（A1）

养殖场名称：			建场时间：＿＿＿年＿＿＿月	
联系地址：＿＿＿＿省/直辖市/自治区＿＿＿＿市县/区			邮编：	
负责人：		联系方式：	传真：	
销售区域：1 = 国内 2 = 国外		如果国内销售（代码1）：	养殖场类型（代码2）：	
饲养方式（代码3）：		引种来源（代码4）：	引种方式（代码5）：	
栏舍类型（代码6）：		是否全进全出：1 = 是 0 = 否	是否整批出栏：1 = 是 0 = 否	
净化所处阶段（代码7）：			蛋壳颜色（代码8）：	
疫病名称	是否已开展下列疫病净化？（如果是，请在下面的括号内填写1，如果不是，则填0）		净化开始年份：	
禽白血病	1 = 是 0 = 否请选择 （　）			
鸡白痢	1 = 是 0 = 否请选择 （　）			
其他1	1 = 是（请注明疫病名）0 = 否请选择 （　）			
其他2	1 = 是（请注明疫病名）0 = 否请选择 （　）			
其他3	1 = 是（请注明疫病名）0 = 否请选择 （　）			

填写说明：（上表中仅需填写对应的数字，如果选择了其他，请具体说明）

（1）国内销售区域：1 = 北京，2 = 天津，3 = 河北，4 = 山西，5 = 内蒙古，6 = 黑龙江，7 = 吉林，8 = 辽宁，9 = 山东，10 = 上海，11 = 江苏，12 = 浙江，13 = 江西，14 = 安徽，15 = 福建，16 = 广东，17 = 广西，18 = 湖南，19 = 湖北，20 = 重庆，21 = 贵州，22 = 云南，23 = 四川，24 = 陕西，25 = 河南，26 = 宁夏，27 = 甘肃，28 = 青海，29 = 新疆，30 = 西藏，31 = 海南，32 = 港澳台，33 = 其他（请注明），只需填写销售省份的代码，如果在多个省份销售，请全部填写，并在代码中间用逗号隔开。

（2）养殖场类型：1＝纯系场，2＝曾祖代场，3＝祖代场，4＝父母代场，5＝商品代场，6＝其他（请注明）。

（3）饲养方式：1＝笼养，2＝平养，3＝其他（请注明）。

（4）引种来源：1＝国内，2＝国外，3＝其他（请注明）。

（5）引种方式：1＝自繁自养，2＝引进种蛋，3＝引进雏鸡，4＝其他（请注明）。

（6）栏舍类型：1＝封闭式，2＝半封闭式，3＝开放式，4＝其他（请注明）。

（7）净化所处阶段：1＝本底调查阶段，2＝检测淘汰阶段，3＝达到净化目标，4＝维持阶段，5＝尚未开展，6＝其他（请注明）。

（8）蛋壳颜色：1＝红色，2＝粉色，3＝白色，4＝绿色，5＝其他（请注明）。

养殖场政府补贴情况（A2）

政府补贴名称	2015 年	2014 年	2013 年	2012 年	2011 年
重大动物疫病强制免疫疫苗补助（万元/年）					
动物疫病强制捕杀补助（万元/年）					
基层动物防疫工作补助（万元/年）					
种养业废弃物资源化利用支持补贴（万元/年）					
农业保险支持补贴（万元/年）					
禽流感补贴（万元/年）					
其他补贴 1：（万元/年）					
其他补贴 2：（万元/年）					

填表说明：在"其他补贴"行请注明具体补贴的名称，如果享有了除上述政策之外多个补贴政策，可在表末加行。

养殖场饲养规模及日常管理变化情况（2015 年）

规模及收入变化情况	种用公鸡	雏鸡（0~6 周）		育成鸡（7~20 周）		产蛋鸡（21~65 周）	备注
		母鸡	公鸡	母鸡	公鸡		
年末存栏量（只）							
出栏量（只/年）							
出售合格鸡数量（只/年）							
当年合格鸡出栏时平均价格（元/只）							
淘汰不合格鸡数量（只/年）							

规模及收入变化情况	种用公鸡	雏鸡（0~6周）		育成鸡（7~20周）		产蛋鸡（21~65周）	备注
		母鸡	公鸡	母鸡	公鸡		
当年不合格鸡出售时平均价格（元/只）							
平均每天每只鸡吃饲料量（克/天）							
平均每天每只鸡吃饲料的费用（元/天）							
料肉比（每千克饲料/每千克肉）							
料蛋比（每千克饲料/每千克鸡蛋）							
注射疫苗次数（次）							

养殖场饲养规模及日常管理变化情况（2014年）

规模及收入变化情况	种用公鸡	雏鸡（0~6周）		育成鸡（7~20周）		产蛋鸡（21~65周）	备注
		母鸡	公鸡	母鸡	公鸡		
年末存栏量（只）							
出栏量（只/年）							
出售合格鸡数量（只/年）							
当年合格鸡出栏时平均价格（元/只）							
淘汰不合格鸡数量（只/年）							
当年不合格鸡出售时平均价格（元/只）							
平均每天每只鸡吃饲料量（克/天）							
平均每天每只鸡吃饲料的费用（元/天）							
料肉比（每千克饲料/每千克肉）							
料蛋比（每千克饲料/每千克鸡蛋）							
注射疫苗次数（次）							

养殖场饲养规模及日常管理变化情况（2013 年）

规模及收入变化情况	种用公鸡	雏鸡（0~6 周）		育成鸡（7~20 周）		产蛋鸡（21~65 周）	备注
		母鸡	公鸡	母鸡	公鸡		
年末存栏量（只）							
出栏量（只/年）							
出售合格鸡数量（只/年）							
当年合格鸡出栏时平均价格（元/只）							
淘汰不合格鸡数量（只/年）							
当年不合格鸡出售时平均价格（元/只）							
平均每天每只鸡吃饲料量（克/天）							
平均每天每只鸡吃饲料的费用（元/天）							
料肉比（每千克饲料/每千克肉）							
料蛋比（每千克饲料/每千克鸡蛋）							
注射疫苗次数（次）							

养殖场饲养规模及日常管理变化情况（2012 年）

规模及收入变化情况	种用公鸡	雏鸡（0~6 周）		育成鸡（7~20 周）		产蛋鸡（21~65 周）	备注
		母鸡	公鸡	母鸡	公鸡		
年末存栏量（只）							
出栏量（只/年）							
出售合格鸡数量（只/年）							
当年合格鸡出栏时平均价格（元/只）							
淘汰不合格鸡数量（只/年）							
当年不合格鸡出售时平均价格（元/只）							
平均每天每只鸡吃饲料量（克/天）							

规模及收入变化情况	种用公鸡	雏鸡（0~6周）		育成鸡（7~20周）		产蛋鸡（21~65周）	备注
		母鸡	公鸡	母鸡	公鸡		
平均每天每只鸡吃饲料的费用（元/天）							
料肉比（每千克饲料/每千克肉）							
料蛋比（每千克饲料/每千克鸡蛋）							
注射疫苗次数（次）							

养殖场饲养规模及日常管理变化情况（2011年）

规模及收入变化情况	种用公鸡	雏鸡（0~6周）		育成鸡（7~20周）		产蛋鸡（21~65周）	备注
		母鸡	公鸡	母鸡	公鸡		
年末存栏量（只）							
出栏量（只/年）							
出售合格鸡数量（只/年）							
当年合格鸡出栏时平均价格（元/只）							
淘汰不合格鸡数量（只/年）							
当年不合格鸡出售时平均价格（元/只）							
平均每天每只鸡吃饲料量（克/天）							
平均每天每只鸡吃饲料的费用（元/天）							
料肉比（每千克饲料/每千克肉）							
料蛋比（每千克饲料/每千克鸡蛋）							
注射疫苗次数（次）							

职工工资及福利年收入变动情况（C1）

净化前后工作人员及工资变化情况	管理人员	技术员	饲养员	其他人员	备注	职称（人）
2015 年工作人员数量（人）						高级：
工资及福利年平均收入（万元/年）						中级： 初级：
2014 年工作人员数量（人）						高级：
工资及福利年平均收入（万元/年）						中级： 初级：
2013 年工作人员数量（人）						高级：
工资及福利年平均收入（万元/年）						中级： 初级：
2012 年工作人员数量（人）						高级：
工资及福利年平均收入（万元/年）						中级： 初级：
2011 年工作人员数量（人）						高级：
工资及福利年平均收入（万元/年）						中级： 初级：

开展疫病净化发生的额外成本（D1）（只需净化场填写）

项目名称		2015 年	2014 年	2013 年	2012 年	2011 年
禽白血病净化	抗体检测费用（万元/年）					
	抗原检测费用（万元/年）					
	疫苗质检费用（万元/年）					
鸡白痢净化	抗体检测费用（万元/年）					
	抗原检测费用（万元/年）					
	疫苗质检费用（万元/年）					

养殖场相关成本与收益变化情况（D2）（所有场都填写）

项目名称		2015 年	2014 年	2013 年	2012 年	2011 年
除禽白血病、鸡白痢之外的其他疫病净化	抗体检测费用（万元/年）					
	抗原检测费用（万元/年）					
	疫苗质检费用（万元/年）					

项目名称	2015 年	2014 年	2013 年	2012 年	2011 年
疫苗费用（万元/年）					
诊疗费用（包含兽药）（万元/年）					
其中：抗生素花销占诊疗费用比重（%）					
土地租赁或使用费用（万元/年）					
固定资产投资（包括各种房屋建筑、设施设备、检测器械、禽舍用具等）（万元/年）					
动力费用（水、电、暖等）（万元/年）					
日常消耗品费用（工作服、鞋帽等）（万元/年）					
垫脚料成本（万元/年）					
病死鸡无害化处理费用（万元/年）					
保险费用（万元/年）					
其他费用（万元/年）					
副产品收益（如：鸡蛋、毛蛋等）（万元/年）					
粪便处理净收益（万元/年）					
废弃物处理净收益（万元/年）					
其他收益（万元/年）					

其中：如果净收益为负，请在数据前面加负号。

养殖场生产性能指标

指标		2015 年	2014 年	2013 年	2012 年	2011 年
禽白血病发病率（%）						
禽白血病病死率（%）						
鸡白痢发病率（%）						
鸡白痢病死率（%）						
雏鸡	白血病发病率（%）					
	白血病病死率（%）					
	白痢发病率（%）					
	白痢病死率（%）					
	死亡率（%）					
	淘汰率（%）					

指标		2015 年	2014 年	2013 年	2012 年	2011 年
育成鸡	白血病发病率（%）					
	白血病病死率（%）					
	白痢发病率（%）					
	白痢病死率（%）					
	死亡率（%）					
	淘汰率（%）					
产蛋鸡	白血病发病率（%）					
	白血病病死率（%）					
	白痢发病率（%）					
	白痢病死率（%）					
	死亡率（%）					
	淘汰率（%）					
种用公鸡	白血病发病率（%）					
	白血病病死率（%）					
	白痢发病率（%）					
	白痢病死率（%）					
	死亡率（%）					
	淘汰率（%）					
开产日龄（天）						
入舍母鸡产蛋量（65 周内）（枚）						
日最高产蛋率（%）						
种蛋合格率（%）						
种蛋受精率（%）						
受精蛋孵化率（%）						
健母雏率（%）						
整体的平均死亡率（%）						
整体的平均淘汰率（%）						

请回答以下问题：

基本情况	Q1 目前该养殖场的占地面积为多大？＿＿＿＿＿亩，其中养殖区域面积为＿＿＿＿亩

Q1 目前该养殖场的占地面积为多大？＿＿＿＿＿亩，其中养殖区域面积为＿＿＿＿亩

Q2 该养殖场所在旳位置，离最近的：

居民区	米	生活用水水源地	米
乡镇政府	米	主干道路	米
其他养殖场	米	屠宰场	米
交易市场	米	化工厂	米

基本情况

Q3 周围是否有绿化带？1＝是；0＝否（　）

Q4 此养殖场是否有以下区域？1＝是；0＝否

（　）生活区；（　）办公区；（　）饲料库；（　）鸡蛋库；（　）兽医室；（　）消毒更衣区；

（　）孵化室；（　）育雏舍；（　）育成舍；（　）蛋鸡舍；（　）隔离室；（　）鸡粪处理区；

（　）种禽舍；（　）后备舍；（　）废弃物处理区；（　）污水处理区；（　）无害化处理区；

（　）净道；（　）污道；

其中：育雏舍＿＿＿＿栋；育成舍＿＿＿＿栋；蛋鸡舍＿＿＿＿栋；种禽舍＿＿＿＿栋

档案管理

Q5 贵场是否建立了以下档案？

档案名称	是否建立？1＝是 0＝否	登记频率（次/月）
生产档案		
防疫消毒档案		
病死畜禽处理档案		
员工培训档案		
投入品使用档案		
产品销售档案		

Q6 贵场是否有严格的车辆及人员出入记录？1＝是；0＝否（　）

Q7 贵场是否建立了产品追溯制度？1＝是；0＝否（　）

Q8 贵场的运输车辆是否定期消毒？1＝是；0＝否（　）若是，消毒频率为＿＿＿＿次/月

日常管理

Q9 贵场是否定期向当地动物卫生监督机构上报信息？1＝是；0＝否（　）若是，频率为＿＿＿＿次/月

Q10 贵场是否建立了企业网站？1＝是；0＝否（　）若是，贵场是否定期发布新闻报道、相关资料、情况说明等？1＝是；0＝否（　）若是，频率为＿＿＿＿次/月

Q11 贵场鸡的饲养密度为：1~3周＿＿＿＿只/平方米；4~6周＿＿＿＿只/平方米；7周及以上＿＿＿＿只/平方米；

日常管理	Q12 贵场兽药的选择主要凭借？（　）

日常管理

Q12 贵场兽药的选择主要凭借？（　）

1. 饲养经验　2. 兽药说明　3. 兽医指导　4. 兽药售卖者推荐　5. 网上查询　6. 其他_____

Q13 贵场是否会尝试别人不敢使用的新型兽药？1 = 是；0 = 否（　）

Q14 贵场的病死鸡处理方式为？（　）

1. 深埋　2. 焚烧　3. 化制　4. 发酵　5. 丢弃　6. 出售　7. 其他_____

Q15 贵场的废水处理方式为？（　）

1. 沼气池发酵处理　2. 氧化塘（沟）处理　3. 人工湿地净化　4. 曝气复氧处理　5. 无处理直接排放　6. 生物菌处理　7. 其他_____

Q16 贵场清粪方式为下列哪种？（　）

1. 自动刮粪机清粪　2. 日常性人工清粪　3. 饲养期结束一次性清粪　4. 其他_____

Q17 贵场年粪便排放量大约_____方，主要处理方式为？（　）

1. 无处理，直接出售或施用　2. 半处理（半发酵）后出售或施用　3. 生产有机肥后出售　4. 全自动饲养管理的养殖场直接出售　5. 制取沼气、水产养殖、培育生物等　6. 没有处理直接排放　7. 其他_____

Q18 贵场对待投资的态度是？（　）

1. 风险规避　2. 风险中立　3. 风险追随　4. 其他_____

Q19 贵场认为治理污染，应该是：（　）

1. 政府责任　2. 企业责任　3. 政府与企业共同承担　4. 其他_____

Q20 请您根据贵企业的实际情况对下列陈述做出判断，得出的答案可直接将数字填写在选择结果那一列。其中，1 代表非常不同意，5 代表非常同意，数字越大表示符合程度越高。

内容	非常不同意——非常同意	选择结果
贵场认为定期对员工培训非常重要	1　2　3　4　5	
贵场非常重视员工的发展与成长、福利的发放	1　2　3　4　5	
贵场认为本场员工充满活力、乐观向上	1　2　3　4　5	
贵场对周边养殖企业发展起到了示范带头作用	1　2　3　4　5	
贵场认为本场的饲养管理非常有效	1　2　3　4　5	

内容	非常不同意——→非常同意	选择结果
贵场认为生态养殖能够带来很高的经济效益	1 2 3 4 5	
贵场认为支持公益可以给企业带来经济效益	1 2 3 4 5	
贵场对各种兽药的效果非常了解	1 2 3 4 5	
贵场对各种兽药休药期非常了解	1 2 3 4 5	
贵场认为兽药残留对人体健康非常有影响	1 2 3 4 5	
贵场对各种禁用兽药非常了解	1 2 3 4 5	
贵场对生物安全非常了解	1 2 3 4 5	
贵场对动物福利非常了解	1 2 3 4 5	
贵场对畜禽养殖环境保护政策非常了解	1 2 3 4 5	
贵场认为畜禽粪便对环境非常有影响	1 2 3 4 5	
贵场非常满意当前的废弃物管理现状	1 2 3 4 5	
贵场非常了解废弃物减量的方式方法	1 2 3 4 5	
贵场认为养殖的质量有保证可以增加收入	1 2 3 4 5	
贵场认为本场可以生产优质的肉和蛋	1 2 3 4 5	
贵场认为本场的防疫工作非常有效	1 2 3 4 5	
贵场认为疫病的发生会影响员工的健康	1 2 3 4 5	
贵场认为政府对养殖各环节的监管非常有效	1 2 3 4 5	
贵场认为政府对养殖的违法、违规行为处理非常有效	1 2 3 4 5	
贵场认为政府及产业组织的培训非常有效果	1 2 3 4 5	
贵场非常愿意处理因养殖造成的环境污染	1 2 3 4 5	
贵场认为开展净化工作能够提高经济效益	1 2 3 4 5	

第 20 题量表填写者基本信息

性别（代码）	年龄（周岁）	教育程度（代码）	职位（代码）	工龄（年）

性别代码：1 = 男，0 = 女

教育程度代码：1 = 小学及以下，2 = 初中，3 = 高中/中专，4 = 大学/大专，5 = 研究生及以上

职位代码：1 = 管理人员，2 = 技术员，3 = 饲养员，4 = 其他人员（请注明）

附录四 养鸡场主要动物疫病净化的评定条件

必备条件（任何一项不符合不达标）
1. 土地使用符合相关法律法规与区域内土地使用规划，场址选择符合《中华人民共和国畜牧法》和《中华人民共和国动物防疫法》有关规定
2. 具有县级以上畜牧兽医行政主管部门备案登记证明，并按照农业部《畜禽标识和养殖档案管理办法》要求，建立养殖档案
3. 具有县级以上畜牧兽医部门颁发的《动物防疫条件合格证》，两年内无重大疫病和产品质量安全事件发生记录
4. 种畜禽养殖企业具有县级以上畜牧兽医部门颁发的《种畜禽生产经营许可证》
5. 具有县级以上环保行政主管部门的环评验收报告或许可
6. 祖代禽场种禽存栏2万套以上，父母代种禽场种禽存栏5万套以上（地方保种场除外）
7. 有疫病监测合格的历史证明

类别	项目	评定内容
一、结构布局	（一）结构布局	场区位置独立，与主要交通干道、生活区、屠宰场、交易市场有效隔离
		禽舍布局合理，育雏舍、后备舍、种禽舍、孵化室分别设在不同区域，禽舍相互距离不小于15米
		生活区、生产区、污水处理区与病死禽无害化处理区分开，各区相距50米以上
		采用全进全出饲养模式（采用按栋全进全出饲养模式次之）
二、设施与设备	（一）栏舍	鸡舍为全封闭式，分后备鸡舍和产蛋鸡舍，半封闭式次之
	（二）生产设施	蛋种鸡有专用笼具
		有风机和湿帘通风降温设备，仅用风扇作为通风降温设备次之
		有自动饮水系统
		有自动清粪系统
		有储料库或储料塔
		有自动光照控制系统
	（三）防疫设施	场区四周有围墙，防疫标志明显
		场区门口有车辆和人员消毒通道
		进入生产区采用淋浴、喷雾消毒或紫外线消毒；进入鸡舍采用消毒池或桶、盆消毒
		有独立兽医室；具备正常开展临床诊疗和采样条件

三、防疫与管理	（一）制度建设	建立了投入品（含饲料、兽药、生物制品）采购使用制度
		建立了免疫、引种、隔离、兽医诊疗与用药、疫情报告、病死禽无害化处理、消毒防疫等制度
		制定有特种禽销售的质量管理制度；销售种禽附具《种禽合格证》等，销售记录健全
		有严格的车辆及人员出入管理制度，执行良好并附有记录
	（二）人员素质	全面负责疫病防治工作的技术负责人具有畜牧兽医专业本科以上学历或中级以上职称并从事养禽业三年以上
		从业人员健康有证明
		有1名以上本场专职兽医技术人员获得《职业兽医资格证书》
	（三）档案管理	生产记录完整，分别有日产蛋记录、日死亡淘汰记录、日饲料消耗记录、饲料添加剂、兽药使用记录
		有员工培训计划和培训考核记录；就生产管理制度，每位员工至少参加过1次培训
	（四）引种管理	引种来源于有《种畜禽生产经营许可证》的中畜禽场或复合相关规定国外进口的种禽或种蛋
		引种禽苗/种蛋证件（动物检疫合格证明、种禽合格证、系谱证）齐全
		有引进种禽/种蛋抽检检测报告结果：禽流感、新城疫病原学阴性；禽白血病抗原、抗体阴性；鸡白痢抗体阴性
	（五）主要疫病监测与净化	制定了科学合理的免疫程序，有完整的防疫档案，包括消毒、免疫和实验室检测记录，档案保存3年以上
		有禽流感、新城疫、禽白血病、鸡白痢年度（或更短周期）监测计划，并切实可行
		根据监测计划开展检测，检测报告保存3年以上
		有动物疫病发病记录或阶段性疫病流行情况档案
		有完整的病死鸡刨检、无害化处理记录，记录保存3年以上
		开展过主要动物疫病净化工作，有禽流感/新城疫/禽白血病/鸡白痢净化方案及近三年实施记录
	（六）场群健康状态	育雏成活率95%以上，育成率95%以上，产蛋期月死淘率1.6%以下
		具有近一年内有资质的兽医实验室检测报告结果并且结果符合以下要求：禽流感（H5亚型）免疫抗体合格率≥80%；新城疫免疫抗体合格率≥70%；禽白血病A−B、J群抗体阳性率≤10%或禽白血病P27抗原阳性率≤10%；鸡白痢抗体阳性率≤1%，每次抽检只数不少于30

续表

四、环保要求	（一）环保设施	固定的鸡粪储存、堆放设施和场所，并有防雨、防渗漏、防溢流措施，或及时转运
		病死禽只和废物（感染性物质）进行无害化处理，且记录完整
	（二）废水排放	能实现雨污分流，废水、污水排放符合相关规定
		净道与污道分开，不交叉
	（三）环境卫生	场区内垃圾及时处理，无杂物堆放
	（四）水质	水质符合人畜饮水卫生标准（NY5027－2008）

资料来源：中国动物疫病预防控制中心，《规模化养殖场主要动物疫病净化工作材料汇编（一）》，2013 年 11 月。

附录五　养鸡场主要动物疫病净化的过程

一、总体要求

（1）实行自繁自养，以栋舍或者场区为单位全进全出养殖，

（2）强化卫生消毒措施，建立完善的鸡场生物安全防护体系。

（3）加强饲养管理，严格执行各项规章制度。

（4）对全场所有养殖单元的鸡只进行血清学或病原学检测，及时淘汰阳性鸡只。

（5）对所有引进鸡只隔离饲养，并进行疫病监测，确保引进的为未感染鸡群。

（6）采用临床监测和实验室检测相结合的方式，准确、及时地进行鸡群带毒检测。

（7）制定合理的鸡场疫病监测和净化认证标准，连续3次病原学检测为阴性。

根据以上要求，鸡场可以参照评定条件的要求查找风险点，改善饲养管理模式、加强卫生消毒措施及生物安全措施，分阶段实施疫病净化。

二、禽白血病净化的具体步骤①

根据该病的特点，将通过本底调查、清除带毒鸡、净化后维持、认证评估共四个阶段，逐步清除带毒鸡，实现种群净化。

（一）本底调查阶段

（1）抗体检测。对不同年龄段的鸡群，各采集血清样品100只，采用ELISA方法，测定鸡群禽白血病病毒A－B亚群和J亚群抗体。

（2）带毒检测。采集1日龄雏鸡胎粪，种蛋蛋清各100份，病鸡采取组织样品，用ELISA方法检测禽白血病病毒p27抗原。采集后备种鸡血浆样本100份，

---

① 资料来源：中国动物疫病预防控制中心，《规模化养殖场主要动物疫病净化工作材料汇编（二）》（2013年11月，第55~61页）。

进行病毒分离培养。

（二）清除带毒鸡阶段

（1）引种控制。

从禽白血病血清抗体阴性的群体引进种鸡。采集全部鸡血样和泄殖腔拭子，用 ELISA 方法检测血清中禽白血病 A－B 亚群和 J 亚群抗体，用 ELISA 检测泄殖腔拭子中禽白血病病毒 p27 抗原，用血浆样品分离培养禽白血病病毒。阴性鸡方能入场，并在相对隔离的禽舍中单独饲养。

（2）种群净化程序。

对同一批次的种鸡群，按以下顺序开展净化工作。依次完成多个世代的检测净化，直至建立阴性种鸡群。

孵化室雏鸡检测：收集阴性种鸡的种蛋，同一种鸡来源的种蛋放在一起，分群孵化。采集全部 1 日龄雏鸡的胎粪，检测 p27 抗原，有一只雏鸡为阳性，则同一种鸡来源的雏鸡均判为阳性，不作种用。阴性雏鸡分成小群饲养（20～50只），接种疫苗时避免共用注射器。

后备种鸡筛选检测：采集 5～6 周龄血浆，分离培养 ALV。选出阴性鸡，隔离饲养，作为后备种鸡。

种鸡检测净化：选择开产鸡最初的 2～3 枚蛋，取蛋清的混合样品，用 ELISA 方法检测蛋清中的 p27 抗原，淘汰阳性鸡。

开始下一个世代后备种鸡筛选检测，方法同孵化室雏鸡检测。

（3）公鸡检测程序。

首先，孵化室 1 日龄雏鸡检测，同母鸡（先收集胎粪 1 次，再鉴别雌雄）。

其次，第一次挑选公鸡时，采集血浆进行病毒分离检测。在开始供精之前，至少经过病毒分离检测 1 次。

最后，在生产阶段采血浆进行病毒分离检测 1 次。

（4）每 6 个月抽检血清样品 200 份，检测 A－B 亚群抗体和 J 亚群抗体。

（5）连续进行多个世代种鸡的 ALV 检测与净化，直至 p27 抗原、A－B 亚群抗体和 J 亚群抗体达到净化标准。

（三）净化后维持阶段

（1）严格引种检疫。

（2）每 6 个月抽样检测 1 次，每次抽检 200 份。进行禽白血病 A－B 亚群抗体和 J 亚群抗体检测与蛋清 p27 抗原检测，达不到净化标准的，重新开展净化。

（四）认证评估阶段

净化种鸡群两年以上无临床病例，按净化评估标准采样，进行两次检测，中间间隔6个月，经检测蛋清p27抗原、A–B亚群抗体和J亚群抗体达到净化标准，可以申请认证。

后 记

时光如水，生命如歌，时间总如白驹过隙一般。值此书稿完成之际，我首先要感谢我的博士生导师中国农业大学的刘玉梅教授，正是她多次在百忙之中帮我修改书稿，尤其是对一些细节进行反复打磨，并对本书的撰写提供了很多中肯且宝贵的意见和建议，才使本书得以成功地完成。

感谢中国动物疫病预防控制中心的翟新验、杨林、张淼洁、杨文欢等工作人员，是你们在我制作和回收调查问卷的过程中给予了大量的帮助和协作，让我顺利地完成了全部问卷数据的收集。感谢北京兴创数通数据科技有限公司的张静，在我整理数据的过程中提供诸多便利，让我迅速地做好了数据的整理工作。

感谢我的父母。感谢他们一贯以来对我人生理想的理解和肯定，并无私地给予物质上和精神上的支持！

感谢北方民族大学商学院的同事们对本书的支持和鼓励！

最后，本书受中国动物疫病预防控制中心委托课题"主要禽病主要禽病定点监测净化经济学分析与评估"、国家民委创新团队"西部地区特色农产品营销创新"、国家民委工商管理重点学科、宁夏哲学社会科学规划项目（20NXRCC02）、北方民族大学一般科研项目（2020XJYBSXY03）的经费支持，特此表示感谢！当然，对于本书的错误和疏漏文责自负，将会在今后的进一步研究中补足短版。

张 锐
2020 年 7 月于银川